JIANZHU JIEGOU CAD
SHEJI YU SHILI

第二版

建筑结构CAD
设计与实例

甘民 余瑜 陈永庆 等编著

U0311165

 化学工业出版社
·北京·

本书以钢筋混凝土结构最新规范、最新标准为基础，以与新规范相对应的软件 PM、PK、SATWE 作为具体实践和应用，全面介绍了钢筋混凝土结构 CAD 软件的设计思想、设计方法以及最新规范下软件的操作使用方法和步骤，并着重介绍了新软件的应用方法、参数选取、操作技巧以及结构设计的基本思想、概念和基本方法。本书在编写内容中还精选了很多富有时代特色的工程实例，特别突出当前的工程实际，以适应新形势下建筑结构工程人才的培养要求。本书是一本全面掌握建筑结构 CAD 设计的辅导用书和培训教材。

本书可供广大土木工程、路桥、隧道、边坡支护结构、地下工程等相关专业设计人员使用，也可供相关建筑结构工程专业在校师生参考。

图书在版编目（CIP）数据

建筑结构 CAD 设计与实例/甘民等编著. —2 版. —北京：化学工业出版社，2015.1（2021.1 重印）
ISBN 978-7-122-22299-2

Ⅰ.①建…　Ⅱ.①甘…　Ⅲ.①建筑结构-计算机辅助设计-AutoCAD 软件　Ⅳ.①TU311.41

中国版本图书馆 CIP 数据核字（2014）第 260674 号

责任编辑：朱　彤　　　　　　　　　　　　装帧设计：张　辉
责任校对：吴　静

出版发行：化学工业出版社（北京市东城区青年湖南街 13 号　邮政编码 100011）
印　　装：北京虎彩文化传播有限公司
787mm×1092mm　1/16　印张 15　字数 383 千字　2021 年 1 月北京第 2 版第 3 次印刷

购书咨询：010-64518888　　　　　　　　售后服务：010-64518899
网　　址：http://www.cip.com.cn
凡购买本书，如有缺损质量问题，本社销售中心负责调换。

定　　价：49.00 元

第二版前言

本书出版以来，受到广大读者朋友的欢迎。对此，编者表示衷心的感谢！

本次再版，依然力求强化工程实际，即精选了有代表性的工程实例，特别突出当前的工程实际，以适应新形势下本科及研究生卓越工程师的培养要求，并基本保持了原有的内容和体系。

本次再版修订的内容主要有以下几个方面。

(1) 由于我国制图规范及结构设计规范从 2010 年以来陆续修订完成，本次再版依据现行的《建筑结构制图标准》GB/T 50105—2010，《混凝土结构设计规范》GB 50010—2010，《建筑抗震设计规范》GB 50011—2010，《建筑结构荷载规范》GB 50009—2012，《砌体结构设计规范》GB 50003—2011，《高层建筑混凝土结构技术规程》JGJ 3—2010 等最新规范，对第一版原插图、设计方法和规范条文进行大量修订，力求全面、实用。

(2) 本次再版修订时，对涉及的《平面整体表示方法制图规则和构造详图》11G101—1 插图及文字说明，也进行了全面修订。

(3) 由于本书工程实例所采用的结构 CAD 软件 PKPM 已经升级到 2010 V2. xx 版本，本次再版时修订了新软件操作方法、插图及文字内容，同时补充了新软件中新增功能的全面使用方法。

参加本次修订的有：甘民（第1、6、8、9章），余瑜（第2、3、4章），重庆房地产职业技术学院张岩（第5章、附录），重庆大学陈永庆、张岩（第7章）。全书由甘民负责统稿并定稿。

由于时间和水平有限，书中疏漏在所难免，敬请广大读者批评、指正。

编著者
2014 年 10 月

第一版前言

随着我国建筑工程行业的迅速发展，建筑设计技术水平不断提高，对建筑设计人员的计算机应用能力和要求也越来越高。随着国家建筑新规范、新标准的颁布和实施，新规范、新标准的应用软件也不断涌现。为了更好地贯彻国家对建筑行业的新规范、新标准，为广大建筑工程结构设计人员和在校师生服务，编写了《建筑结构 CAD 设计与实例》一书，使读者可以较方便地学习、理解建筑结构 CAD 设计的新规范、新标准。

本书以钢筋混凝土结构新规范、新标准为基础，以与新规范相应的软件 PM、PK、SATWE 进行具体实践和应用，全面介绍了钢筋混凝土结构 CAD 软件的设计思想、设计方法以及新规范下软件的操作方法和步骤，并着重介绍了新软件的参数选取、操作技巧以及结构设计的基本思想、概念和基本方法。本书在编写内容中还精选了很多富有时代特色的工程实例，特别突出当前的工程实际，以适应新形势下建筑结构工程人才的培养要求。本书可供广大土木工程、路桥、隧道、边坡支护结构、地下工程等专业人员使用，也可供相关建筑结构工程专业的在校学生学习和参考。本书既是一本供广大结构工程设计人员使用的较全面的结构 CAD 设计参考书，也是一本有关建筑结构工程专业学生全新的建筑结构 CAD 设计辅导和培训教材。

本书由甘民等编著，参加编写的分工如下：甘民（第 2、3、4、7、8 章），张岩（第 5章），于群力（第 6 章），范幸义（第 1 章），何培斌（第 9 章）。

由于编者水平有限，书中疏漏在所难免，敬请广大读者批评、指正。

编者
2009 年 2 月

目 录

第3章

平面荷载显示与校核

第4章

PM综合操作

第5章

统计工程量

第6章

平面杆系结构设计实例

第7章
空间体系结构设计实例

第8章

工程实际操作实例

第9章
建筑结构施工图的组成

附录

参考文献

第1章 结构CAD软件系统设计技术

随着我国结构 CAD 软件的发展，CAD 软件的开发技术也迅速发展起来，本章针对建筑结构 CAD 软件的开发，也就是结构 CAD 软件系统的设计，对其设计的基本思想、基本方法进行介绍，使读者对结构 CAD 系统的设计有一个较全面的了解。

1.1 结构 CAD 软件设计的要求

1.1.1 结构 CAD 软件设计的环境

结构 CAD 软件设计的环境是指应用环境和操作环境。应用环境指应用的专业环境：工业建筑结构、民用建筑结构或者特种建筑结构。一定要满足国家规范的现行要求，包括结构计算要求与构造要求。

操作系统指 CAD 软件应用操作时候的环境，主要针对计算机而言，单机或网络系统，单用户操作系统或多用户操作系统。对单机而言，多用视窗操作系统单用户多任务操作系统，目前多为 Windows 操作系统。多用户指网络操作系统，多数为局域网计算机系统。

结构 CAD 软件的系统设计首先是选定在何种计算机、何种操作系统的前提下开发，这是 CAD 软件系统最主要的开发要求。

1.1.2 结构 CAD 软件设计的硬件支持

结构 CAD 软件设计的总前提是：结构计算要求速度快；图形方式要求转换快；有方便的操作界面；绘图质量高。这也是结构 CAD 软件设计时所要求达到的指标。

然而软件设计的条件取决于硬件的支持，因此，良好的硬件支持是保证软件设计指标的基础，结构 CAD 软件设计一般应有较好的硬件支持。对目前的发展而言，对于单机结构 CAD 软件（主要用于个人设计、异地出差设计等）的硬件支持如下。

（1）计算机

目前主流的采用 i5 或 i7 为 CPU 的台式或笔记本式单机，要求内存为 4～8GB，硬盘为 500～1000GB，显卡缓冲区存储（显卡缓存）为 1～2GB，以保证图形输出输入的质量。

（2）输入设备

对于软件要求的图形输入，应采用良好的输入设备，如彩色图形扫描仪、高分辨率的数码相机（兼摄像机）。为保证图形文件快速方便的输入，以 USB 接口的活动硬盘、优盘也是不可缺少的设备。

(3) 输出设备

输出设备主要用于图形的输出，对结构 CAD 软件设计而言，最终是要得到高质量的用于施工的施工图。目前较为流行的图形输出设备主要有日本产 EPSON 系列彩色喷墨打印机，日本产 CANON 系列彩色喷墨式打印机，美国产 H/P 系列喷墨式绘图仪，美国产 D/P 系列彩色喷墨绘图仪，美国产 Calcomp 系列彩色喷墨式绘图仪。

1.2 结构 CAD 软件设计技术

结构 CAD 软件设计技术指结构 CAD 软件的开发技术，在确定专业开发项目之后，选定计算机硬件支持的同时，对结构 CAD 软件系统设计就显得尤为重要。

1.2.1 结构 CAD 软件设计的思想

一个实用的结构 CAD 软件系统，是针对建筑工程行业中某种结构体系而言，就建筑结构而言，钢筋混凝土结构中有框架、排架、框剪、剪力墙、框筒、筒体等结构，在工业建筑中还有很多特种结构，例如动力基础、专用设备基础、专用设备的特种结构等。钢结构中的网架、桁架、刚架、拱、桥梁、工业厂房等。路桥专业中还有钢结构桥梁、混凝土桥梁、混凝土钢结构结合桥梁等。在实用结构 CAD 软件开发时应针对某一个专题的结构，而不能设计一个软件包括所有的结构种类，这是不现实的。

计算机辅助设计（CAD）的概念，是利用计算机技术进行辅助设计，而绝不是让计算机完全代替人去设计，一个不懂建筑结构的人员可能会非常熟练地使用结构 CAD 软件，也能做出相应的施工图纸，但问题的关键是该人员是否具有对计算结构分析和判断的能力，施工员是否能按图纸正确施工，该人员是否能解决施工中出现的问题。因此，设计结构 CAD 软件的目的，是使结构设计人员利用软件进行辅助设计，为结构设计人员提供一个强有力的工具。

目前结构 CAD 软件的设计思想主要有两类。一类为参照设计，其思想为设计是参照过去的设计思想和方法，如平面框架由内力分析、强度计算、绘图构成。现有结构 CAD 平面框架的模式也是如此。只不过利用计算机技术增加了前处理、交互图形输入、后处理等功能。现在我国流行的各种结构 CAD 软件的开发，绝大多数采用此类设计思想。另一类是利用工程数据库中已经建立的大量工程数据（参数），根据目前的设计要求、指标的要求，从工程数据库中由计算机去查找出相应的数据（参数），自动完成初步设计。初步设计完成后，再由人工修改设计，从而使之能达到实用设计要求。这一类称为参数法设计思想。工程参数的建立多用于机械设计，如飞机、汽车、轮船等。在建筑行业中，由于环境、地质的不同，建筑平面和功能以及建筑高度等因素的可随意性，一般很难建立标准的工程数据。故结构 CAD 软件设计目前不宜采用此类设计思想，而采用参照设计思想。

随着云计算及大数据时代的到来，智能化工程数据库的建立，利用参数法进行结构 CAD 软件的开发也是可能和可行的。

1.2.2 结构 CAD 软件的系统设计

在任意一个 CAD 软件系统中，由于专业、专题的不同，所涉及的计算机处理方式也可能不同。就一般结构 CAD 软件设计的模式和结构来说，可以用以下框图来说明，如图 1-1

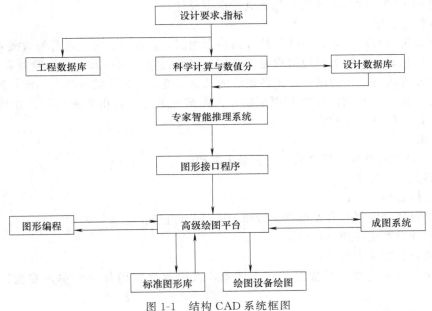

图 1-1 结构 CAD 系统框图

所示。

以上系统框图是一个结构 CAD 软件的一般设计框图，目前我国流行的建筑结构 CAD 软件一般没有工程数据库和专家智能推理系统部分，这也是今后结构 CAD 软件开发需要努力的方向。

1.2.3 结构 CAD 软件的文档要求

结构 CAD 软件的开发过程中，建立相应的文档是至关重要的，对一般情况而言，建筑结构 CAD 软件开发的文档要求如下。

(1) 结构 CAD 设计项目

任何一个结构 CAD 设计项目开发之前，要有明确的立项。在立项中，各相关专业要集成化，要提出项目要求，指标和明确的开发任务书。

(2) 可行性分析报告

软件开发之前，是否可行，要进行可行性分析，并写出可行性报告，供有关部门审批。可行性分析报告中要说明选定的计算机系统，单机（单用户）或者网络（多用户），大、中、小型计算机；要说明选定的图形输入或输出设备，打印机、绘图仪、数码相机、扫描仪等。要说明软件的支持环境，Windows、MAC OS、UNIX 等。要说明编程的语言系统，算法语言、汇编语言、机器语言，VB、VC、VFOR（Windows 环境），混合编程的集成（Windows、网络环境）。

在可行性分析报告中，还要说明软件开发的综合情况：市场前景、价格定位、加密手段等。总之，在可行性分析报告中说明软件开发是可行的，不存在硬件及软件技术问题。

(3) 程序算法设计

软件开发之前，要有程序算法的程序文档，文档要详细说明软件开发的算法设计，这是以后开发软件具体实施时的算法依据，包括模块程序独立算法设计，模块组装算法设计，人机界面程序算法设计。

这些算法设计的具体体现是有各种算法设计的详细说明和程序设计的详细框图。有了程序设计的详细框图，就可以分段、分工进行程序设计。

（4）测试验收与鉴定

软件开发初步成功以后，要进行软件的综合测试，发现问题马上进行修改或者扩充。软件开发成功以后，应由相关单位组成专家小组，对软件进行验收和鉴定。验收和鉴定之前，由专家组对软件进行严格测试：测试各模块的独立功能；测试系统的综合功能；测试人机界面是否方便、无误；测试绘图时的图纸质量。测试完成之后，由专家组写出相应的鉴定报告，由开发商对软件进行验收。

（5）文档要求

结构 CAD 软件开发完成之后，应有如下文档：

① 项目设计任务书；

② 可行性分析报告；

③ 项目设计合同书（开发经费、版权、商品化分成）；

④ 项目开发系统算法分析设计书；

⑤ 系统编程的流程框图；

⑥ 模块源程序清单，系统组装程序清单，人机界面菜单程序清单，安装程序源程序清单；

⑦ 程序加密文档；

⑧ 编制原理书；

⑨ 软件维护手册；

⑩ 用户手册；

⑪ 使用手册；

⑫ 用户测试报告（试用单位写出报告，签字，盖章）；

⑬ 软件测试报告（专家签字、盖章）；

⑭ 软件验收报告（开发商签字、盖章）；

⑮ 专业设计的范例、实例；

⑯ 工程实例图纸集；

⑰ 专家级鉴定报告（专家组成员签字）。

这些文档应全部存档，有的机密文档应专人保管，如程序算法、源程序清单、加密文档等。有的提供给用户，如维护手册、用户手册、使用手册等。这些文档是结构 CAD 软件开发的最基本的文档资料，是缺一不可的，最好是做好文档后可刻成光盘，以便于存档和保管。

1.3　图形平台设计与选用

在结构 CAD 软件的开发过程中，有一个非常重要的环节，就是计算机自动成图系统。而计算成图要有一个图形平台，这个图形平台的设计尤为重要，如中国建筑科学研究院 PK-PM 系列软件使用的是 CFG-FORTRAN 语言图形平台。由于图形平台的设计是一个非常困难而复杂的工作，要占用大量工作时间而且周期很长。为了加快结构 CAD 软件的开发速度，有时也选用通用的图形平台，目前最常用的是选用 AutoCAD 为图形平台。由于 AutoCAD 2014 系列是目前世界上公认的较好的图形平台，并为用户留有二次开发的空间，所以目前很多软件开发都选取 AutoCAD 2014 系列图形平台，以接口程序的方式来完成计算机自动成图。

第2章 三维模型的建立

PMCAD 是中国建筑科学研究院开发的 PKPM 系列结构 CAD 软件的核心，是剪力墙、楼梯施工图、高层空间三维分析和各类基础 CAD 的必备接口软件。PMCAD 也是建筑 CAD 与结构 CAD 的必要接口。本章介绍执行 PMCAD 的主菜单 1 "PM 交互式数据输入"输入各层平面数据，建立建筑物的三维结构整体模型。

2.1 PMCAD 软件的基本功能与应用范围

2.1.1 基本功能

(1) 人机交互建立全楼结构模型

PMCAD 通过人机交互方式引导用户在屏幕上逐层布置柱、梁、墙、洞口、楼板等结构构件，快速搭起全楼的三维结构模型。

(2) 自动导算荷载建立荷载库

① 对于用户给出的楼面恒载、活载，程序自动进行板到次梁、次梁到框架梁或承重墙的分析计算，所有次梁传到主梁的支座反力及梁到梁、梁到节点、梁到柱传递的力均通过平面交叉梁系计算求得。

② 计算次梁、主梁及承重墙的自重。

③ 引导用户交互式地输入或修改各层楼面荷载、梁上荷载、墙间荷载、节点荷载及柱间荷载，并为方便提供复制、拷贝、反复修改等功能。

④ 各类荷载均可以平面图形的方式标注输出，也可以数据文件方式输出；可分类详细输出各类荷载，也可综合迭加输出各类荷载。

(3) 为各种计算模型提供所需数据文件

① 可以指定任何一个轴线形成 PK 数据文件，包括结构简图、荷载数据。

② 可以指定任一层平面的任意一组主、次梁形成 PK 数据文件。

③ 为多、高层建筑结构有限元分析软件 SATWE 提供计算数据。

④ 为多、高层建筑结构三维分析软件 TAT 提供计算数据。

⑤ 为特殊多、高层建筑结构分析与设计程序 PMSAP 提供计算数据。

(4) 为上部结构的各种绘图 CAD 模块提供结构构件的精确尺寸

这里面包括各种构件的几何尺寸、平面定位等。

（5）为基础设计 CAD 模块提供数据

为基础设计 CAD 模块提供底层结构布置与轴线网格布置，并提供上部结构传下的恒载和活载。

（6）现浇钢筋混凝土楼板结构计算与配筋设计

① 单向板、双向板、异形板的板内力及配筋计算。

② 提供多种楼板钢筋画图方式和标注方式。

（7）结构平面施工图辅助设计

① 自动绘制梁、柱、墙和门窗洞口尺寸。

② 标注轴线，包括弧轴线。

③ 标注尺寸，可对截面尺寸自动标注，也可对任意图素标注尺寸。

④ 标注各种构件的名称。

⑤ 写中文说明。

⑥ 画预制楼板。

⑦ 自动设置图层，并可以对图层进行管理。

⑧ 绘制各种线型图素，任意标注字符。

⑨ 图形的编辑与修改，如删除、缩放、拖动、复制等。

2.1.2 软件的应用范围

结构平面形式任意，平面网格可以正交，也可以斜交成复杂体形平面，并且可以处理弧墙、弧梁、圆柱、异形柱、各类偏心、转角。主要技术参数如下。

① 层数≤190 层。

② 标准层≤190 层。

③ 正交网格时，纵横向网格各≤100 个。

斜交网格时，网格线条数≤5000 条。

命名的轴线总条数≤5000 条。

④ 网格节点总数≤8000 个。

⑤ 标准柱截面≤300 个。

标准梁截面≤300 个。

标准墙体洞口≤240 个。

标准楼板洞口≤80 个。

标准墙截面≤80 个。

标准斜杆截面≤200 个。

标准荷载定义≤6000 个。

⑥ 每层柱根数≤3000 根。

每层主梁根数（不包括次梁）≤8000 根。

每层墙数≤2500 个。

每层房间总数≤3600 间。

每层次梁根数≤1200 根。

每个房间周围最多可以容纳的梁墙数＜150 个。

每个节点周围不重叠的梁墙数≤6 个。

每层房间次梁布置种类数≤40 个。

每层房间预制板布置种类数≤40 个。

每层房间楼板开洞种类数≤40 个。

每个房间楼板开洞数≤7 个。

每个房间次梁布置数≤16 个。

每层层内斜杆布置数≤2000 个。

全楼空间斜杆布置数≤2000 个。

⑦ 两个节点之间最多安置一个洞口。需要安置两个时，应在两洞口之间增设一条网格线与节点。

⑧ 房间是指有墙或梁围成的一个平面闭合体。

⑨ 次梁是指在 PMCAD 主菜单 1 中"次梁布置"时输入的梁。次梁布置时不需要网格线，次梁和主梁、墙相交也不产生节点。

⑩ PMCAD 输入的墙是指结构承重墙或抗侧力墙，框架填充墙不应作为墙输入，它的重量仅作为外加荷载输入。

⑪ 平面布置时，应避免大房间内套小房间的布置，否则会在荷载导算或统计材料时重叠计算，可在大小房间之间用虚梁连接，将大房间切割。

注意：PMCAD 三维建模可达 190 层，但具体实际操作时应选择相应的结构分析软件，如 SATWE、TAT 能完成的层数并与之相对应。

2.1.3　PMCAD 的使用及安装环境

(1) PMCAD 的安装环境

PMCAD 是 PKPM 软件中的一个模块，其安装环境就是 PKPM 软件的安装环境。

① 软件环境。PKPM 软件可以运行在 Microsoft 公司的 Win9x/Win2000/WinMe/WinXP/Win7/Win8 中的任意一种操作系统下。

② 硬件环境。PKPM 软件运行在个人电脑上，对所需的硬件配置要求并不苛刻，仅要求机器能够运行 Win9x/Win2000/WinMe/WinXP/ Win7/Win8 几种操作系统中的一种即可。基本的配置是 i3，内存不少于 2GB，硬盘保证应有 5MB 安装空间（不包括使用软件产生的数据文件所需的硬盘空间），配有光驱和 USB 端口。

(2) PMCAD 的启动及工作界面

点取桌面上的 PKPM 快捷方式，启动 PKPM 主界面，在主界面左上角的专业分项上选择"结构"菜单。点取左侧菜单中"PMCAD"，右侧菜单就可以切换成 PMCAD 主菜单。主菜单共 7 项，如图 2-1 所示。

移动光标到相关菜单，双击鼠标左键启动，或单击主界面右下方"应用"按钮启动相应的菜单。

进行任何一个工程前，必须用 Windows 系统的"我的电脑"或"资源管理器"建立该项工程的专用工作目录，工作目录名称任意。还需将 PKPM 主界面下方的"当前工作目录"改变为新工程的工作目录。改变工作目录的方法是，按 PKPM 主界面上"改变目录"按钮，此时弹出"改变工作目录"对话框，如图 2-2 所示。用户可以利用该对话框将当前工作目录改变为新工程的工作目录。"改变工作目录"对话框使用方法与 Windows 系统的"资源管理器"使用方法较相似，这里就不详细阐述了。

不同的工程应有不同的工作目录，这是因为 PMCAD 使用中所产生的数据文件都保存在当前工作目录中，而且数据文件有许多是同名的。

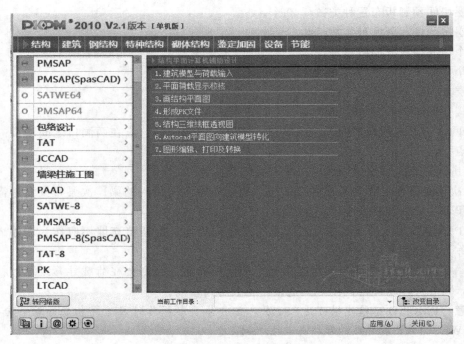

图 2-1 PMCAD 主菜单

图 2-2 "改变工作目录"对话框

2.2 建立结构模型概述

2.2.1 PMCAD 建立模型的特点

PMCAD 采用屏幕交互式进行数据输入，具有直观、易学，不易出错和修改方便等特点。PMCAD 系统的数据主要有两类：其一是几何数据，对于斜交平面或不规则平面，描述几何数据是十分繁重的工作，为此本程序提供了一套可以精确定位的制图工具和多种直观便捷的布置方法；其二是数字信息，PMCAD 大量采用提供常用参考值隐含列表方式，允许进行选择、修改，使数值输入的效率大大提高。对于各种信息的输入结果可以随意修改、增删，并立即以图形方式显示出来。

由于该程序采用自行开发的图形支持系统，具有下拉菜单、弹出菜单等目前最流行的界面风格，图形快捷清晰、色彩鲜明悦目、中文提示一目了然，支持各类显示屏。

2.2.2　交互式输入数据基本概念

（1）节点

本程序将建筑物定位轴线的交点定义为节点，如图 2-3 所示。用户可以在节点上布置柱子。

（2）网格

节点之间的连线称为网格，如图 2-3 所示。用户可以在网格线上布置梁、承重墙、斜杆、墙上洞口等构件。

（3）标准层

将结构平面布置、层高、材料、荷载完全相同的相邻楼层作为一个标准层。在每个标准层上交互式输入梁、板、柱、墙、墙上洞口、斜杆、荷载等信息。输入前要统计好标准层总数、各层层高、材料及荷载信息。

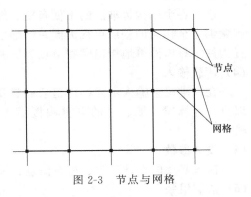

图 2-3　节点与网格

2.2.3　如何开始交互输入数据

在运行程序之前应进行下列准备工作。

① 熟知各功能键的定义。

② 为交互输入程序准备配置文件。配置文件为 WORK. CFG，只有在该文件处于当前目录时，程序才能按该文件设置的条件进行工作，如果当前目录没有该文件，程序将按缺省值创建一个配置文件。在 PM 程序所在子目录中可以找到该文件的样本，如果需要修改配置，可将其拷入当前的工作目录中，并根据工程的规模修改其中的"Width"值和"Height"值，它们的含意是屏幕显示区域所代表的工程的实际距离。其他项一般不必修改。

图 2-4　屏幕主菜单

③ 从 PMCAD 主菜单进入交互式数据输入程序，程序将显示出如图 2-4 所示屏幕主菜单。对于新建文件，应依次执行各菜单项；对于旧文件，可根据需要直接进入某项菜单。完成后切勿忘记保存文件，否则输入的数据将部分或全部放弃。

④ 程序所输的尺寸单位全部为毫米（mm）。

2.2.4　新建工程的建立步骤

本程序对于建筑物的描述是通过建立其定位轴线，相互交织形成网格和节点，再在网格和节点上布置构件形成标准层的平面布局，各标准层配以不同的层高、荷载形成建筑物的竖向结构布局，完成建筑结构的整体描述。具体步骤与进入程序时所出现的菜单次序一样。

（1）轴线输入

利用作图工具绘制建筑物整体的平面定位轴线。这些轴线可以是与墙、梁等长的线段，也可以是一整条建筑轴线。可为各标准层定义不同的轴线，即各层可有不同的轴线网格。拷贝某一标准层后，其轴线和构件布置同时被拷贝。用户可对某层轴线单独修改。

（2）网格生成

程序自动将绘制的定位轴线分割为网格和节点。凡是轴线相交处都会产生一个节点，轴线线段的起止点也作为节点。可对程序自动分割所产生的网格和节点进行进一步修改、审核和测试。网格确定后即可以给轴线命名。

（3）楼层定义

进行各个结构标准层的平面布置、编辑、修改和本层信息的设置。凡是结构布置和荷载布置都完全相同的楼层可视为同一标准层，只需输入一次。由于定位轴线和网点已形成，布置构件时只需简单地指出哪些节点放置哪些柱；哪条网格上放置哪个墙、梁或洞口。

（4）荷载输入

在标准层上输入本层楼面恒活荷载及作用在梁、墙、柱和节点上的恒载和活载。程序可以自动计算梁、墙、柱的自重和楼面传导到梁、墙上的恒载和活载，因此这些荷载不应输入。

（5）设计参数

输入必要的设计参数、材料信息、风荷载和抗震计算信息等。

（6）楼层组装

进行结构竖向布置，为每个实际楼层指定其对应哪个标准层，同时指定其层高和层底标高，从而完成楼层的竖向布置。在这里还可以看到楼层组装后的三维实际效果图。

（7）保存文件

保存上述各项工作所形成的数据，并生成 PMCAD 自身使用的工作数据文件。

2.3　基本定义和工作方式

本节所述内容利于快速查询之用，初学者可以跳过本节，阅读"轴线输入"一节，需要使用本节相关知识时在返回查阅。

2.3.1　功能键定义

鼠标左键＝键盘［Enter］，用于确认、输入等。

鼠标右键＝键盘［Esc］键，用于否定、放弃、返回菜单等。

键盘［Tab］，用于功能转换，在绘图时为选取参考点。

以下提及［Enter］键、［Tab］键和［Esc］键时也即表示鼠标的左键、中键和右键，而不再单独说明鼠标键。

鼠标滚轮的操作：向前滚动，连续放大图形；向后滚动，连续缩小图形；按住滚轮平移，拖动平移显示的图形。

［F1］＝帮助热键，提供必要的帮助信息。

［Ctrl］＋按住滚轮平移：三维线框显示时变换空间透视的方位角度。

［F2］＝坐标显示开关，交替控制光标的坐标值是否显示。

［Ctrl］＋［F2］＝点网显示开关，交替控制点网是否在屏幕背景上显示。

［F3］＝点网捕捉开关，交替控制点网捕捉方式是否打开。

［Ctrl］＋［F3］＝节点捕捉开关，交替控制节点捕捉方式是否打开。

［F4］＝角度捕捉开关，交替控制角度捕捉方式是否打开。

[Ctrl]+[F4]＝十字准线显示开关，可以打开或关闭十字准线。

[F5]＝重新显示当前图、刷新修改结果。

[Ctrl]+[F5]＝恢复上次显示。

[F6]＝充满显示。

[Ctrl]+[F6]＝显示全图。

[F7]＝放大一倍显示。

[F8]＝缩小一倍显示。

[Ctrl]+[W]＝提示选窗口放大图形。

[F9]＝设置捕捉值。

[Ctrl]+[←]＝左移显示的图形。

[Ctrl]+[→]＝右移显示的图形。

[Ctrl]+[↑]＝上移显示的图形。

[Ctrl]+[↓]＝下移显示的图形。

如［ScrollLock］打开，以上的四项［Ctrl］键可取消。

[←]＝使光标左移一步。

[→]＝使光标右移一步。

[↑]＝使光标上移一步。

[↓]＝使光标下移一步。

[Page Up]＝增加键盘移动光标时的步长。

[Page Down]＝减少键盘移动光标时的步长。

[U]＝在绘图时，后退一步操作。

[S]＝在绘图时，选择节点捕捉方式。

[Ctrl]+[A]＝当重显过程较慢时，中断重显过程。

[Ctrl]+[P]＝打印或绘出当前屏幕上的图形。

[Ctrl]+[～]＝具有多视窗时，顺序切换视窗。

[Ctrl]+[E]＝具有多视窗时，将当前视窗充满。

[Ctrl]+[T]＝具有多视窗时，将各视窗重排。

以上这些热键不仅在人机交互建模菜单起作用，在其他图形状态下也起作用。

2.3.2 界面环境和工作方式

程序将屏幕划分为右侧的屏幕菜单区，上侧的下拉菜单区、工具栏、结构标准层列表，下侧的命令提示区和状态栏，中部的图形显示区，详见图2-5。

右侧菜单区主要为软件的专业功能，下拉菜单则主要包含文件、显示、工作状态管理及图素编辑等工具。具体菜单和内容都从 pmsrwc. mnu 菜单文件中读取。该文件安装在 PM 目录的 menu 子目录中。

在屏幕下侧是命令提示区，一些数据、选择和命令由键盘在此敲入，如果熟悉命令名，可以在"命令:"的提示下直接敲入一个命令而不必使用菜单。例如，当程序运行时没有菜单显示，可敲"QUIT"退出程序。当然也可以完全依靠输入命令方式完成全部工作，所有菜单内容均有与之对应的命令名。这些命令是由名为"WORK. ALI"的文件支持的，这个文件一般安装在 PM 目录中。可把该文件拷入当前的工作目录中自行编辑以自定义简化命令。

在"命令:"的提示下敲入？[Enter] 或 ALIAS [Enter] 或 COMMAND [Enter] 可查

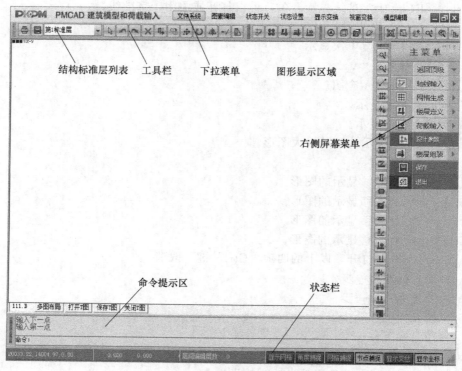

图 2-5　界面环境

阅所有命令，并可选择执行。

程序运行中光标有以下三种形态。

① 箭头。表示程序等待输入数据、命令或点取菜单。这时应通过键盘输入所需的内容或移动光标至所点菜单处点取菜单。

② 十字叉。为坐标定点状态，这时应移动光标至所需位置［Enter］后即输入了一个坐标点。

③ 方框。为靶区捕捉状态，用于捕捉一个图素或一个目标，这时应移动光标（靶）至所需位置［Enter］后即输入了一个捕捉点。

2.3.3　工作状态配置

"WORK. CFG"文件是程序的配置文件，只有在该文件处于当前目录时，程序才能按该文件设置的条件进行工作。如果当前目录没有该文件，程序将按缺省值创建一个配置文件，这个文件一般是安装在 PM 目录中，用户在进行程序前应把它拷入当前工作目录中。该文件的内容如下。

"Width"设定显示区域的宽度所表示的工程平面的长度。

"Height"设定显示区域的高度所表示的工程平面的宽度。

"Unit"设定单位，其值应为 1，表示毫米（mm），不应修改。

"Ratio"设定图比例，该值暂不使用。

"Xorign"坐标系原点距屏幕左侧的距离。

"Yorign"坐标系原点距屏幕下端的距离。

"Bcolor"命令提示区、右侧菜单区和绘图区的背景颜色，该颜色值按 6 位整数编码，即个位和十位表示绘图区背景色号，百位和千位表示右侧菜单区的背景色号，万位和十万位为命令提示区背景色号，背景色号有效范围是 0～15，分别表示黑（0）、蓝（1）、绿（2）、青（3）、红（4）、紫（5）、黄（6）、白（7）、灰（8）、亮蓝（9）、亮绿（10）、亮青（11）、亮红（12）、亮紫（13）、亮黄（14）和亮白（15）。可根据个人喜好配置。如 020308 表示提示区绿色、菜单区青色，绘图区灰色。建议不要使用 8 以上的颜色值，否则会造成部分图与背景混淆不清。

"Status" 状态显示开关，一般应为 0。

"Coord" 坐标显示开关，记忆和设置 [F2] 键状态。

"Snap" 点网捕捉开关，记忆和设置 [F3] 键状态。

"Dsnap" 角度捕捉开关，记忆和设置 [F4] 键状态。

"Targer" 捕捉靶大小，记忆和设置 [Ctrl] + [F9] 键状态。

"Cfgend" 配置文件结束。

一般需要改动的是系统配置文件 WORK.CFG 中显示区域的宽（Width）、高（Height）、原点位置（Xorign，Yorogn），其他项目在进入程序后可以随时变动（显示区域的高度设置对图幅起着决定作用，宽度再取高度的 4/3 倍）。例如，对于一个长 150m、宽 70m 的平面，可以设'Width'为 150000，'Height'为 70000。如果坐标原点设在屏幕中心，可以设'Xotign'为 75000，'Yorign'为 35000。虽然在程序中有显示变换工具可以在数百万倍的范围内缩放，但是设定合适的显示区域可以使"显示全图"或 [F6] 热键一次就能达到最佳显示区域，而省去频繁缩放调整。

2.4　轴线输入

"轴线输入"菜单是整个交互输入程序最为重要的一环，只有在此绘制出准确的轴线和网格才能为以后的布置工作打下良好的基础。

2.4.1　轴线绘制

程序提供了"节点"、"两点直线"、"平行直线"、"辐射线"及"折线"、"矩形"、"圆环"、"圆弧"、"三点圆弧"等基本图素，它们配合各种捕捉工具、热键和下拉菜单中的各项工具，构成了一小型绘图系统，用于绘制各种形式的轴线。

（1）节点

用于直接绘制节点，供以节点定位的构件使用，绘制是单个进行的，如果需要成批输入可以使用图形编辑菜单的相关工具进行复制。

（2）两点直线

用于绘制零散的直轴线，可以使用任何方式和工具进行绘制。

（3）平行直线

适用于绘制一组平行的直轴线。首先绘制第一条轴线，以第一条轴线为基准，输入复制的间距和次数，就可以绘制一组平行的直轴线。复制间距值的正负决定了复制的方向以"上、右为正"。复制可以分别按不同的间距连续复制，提示区自动累计复制的总间距。

（4）辐射线

适用于绘制一组辐射状直轴线。首先沿指定的旋转中心绘制第一条直轴线，输入复制角度和次数，就可以绘制一组辐射状直轴线。复制角度的正负决定了复制的方向，以"逆时针方向为正"。可以分别按不同角度连续复制，提示区自动累计复制的总角度。

(5) 折线

适用于绘制连续首尾相接的直轴线和弧轴线，按〔Esc〕键可以结束一条折线，输入另一条折线或切换为切向圆弧。

(6) 矩形

适用于绘制一个与X、Y轴平行的闭合矩形轴线，它只需要两个对角的坐标，因此它比用"折线"绘制的同样轴线更快速。

(7) 圆环

适用于绘制一组闭合同心圆环轴线。在确定圆心和半径后可以绘制第一个圆，输入复制间距和次数可绘制同心圆，复制间距值的正负决定了复制方向，以"半径增加方向为正"，可以分别按不同的间距连续复制，提示区自动累计半径增减的总和。

(8) 圆弧

适用于绘制一组同心圆弧轴线。按圆心起始角、终止角的次序绘出第一条弧轴线。绘制过程中，还可以使用热键直接输入数值或改变顺逆时针方向。输入复制间距的次数，复制间距值的正负表示复制方向，以"半径增加方向为正"，可以分别按不同间距连续复制，提示区自动累计半径增减总和。

(9) 三点圆弧

适用于绘制一组同心圆弧轴线。按第一点、第二点、中间点或第一点、第二点、第三点的次序输入第一个圆弧轴线。绘制过程中还可以使用热键直接输入数值。输入复制间距和次数，复制间距的正负表示复制方向，以"半径增加方向为正"，可以分别按不同的间距连续复制，提示区自动累计半径增减总和。

2.4.2　定位输入方式和工具

在进入程序后，缺省的绘图方式是采用鼠标或键盘方向键控制光标在显示区域上直接绘制。当光标为捕捉靶状态，若用光标套住一个节点，捕捉靶将自动锁住这个节点；若捕捉靶内无图素则取光标所在位置。也可以根据需要选择不同的输入方式和捕捉工具。由于工具较多，可能一时难以充分加以利用。建议首先使用单一方式和工具，当各种方式分别掌握后再组合使用，便可以使效率大大提高。

(1) 纯键盘坐标输入方式

该方式是在十字光标出现后，在提示区直接输入绝对坐标、相对坐标或极坐标值。格式如下（R为极距，A为角度）：绝对直角坐标输入！X，Y，Z或！X，Y；相对直角坐标输入 X，Y，Z或 X，Y。

直角坐标过滤输入以XYZ字母前缀加数字表示：X123表示只输入X坐标123，Y、Z坐标不变；XY123，456表示输入X坐标123，Y坐标456，Z坐标不变；只输入XYZ不跟数字表示X、Y、Z坐标均取上次输入值。

具体过程如下。

绝对极坐标输入！R<A。

相对极坐标输入R<A。

绝对柱坐标输入！R<A，Z。

相对柱坐标输入R<A，Z。

绝对球坐标输入！R<A，A。

相对球坐标输入R<A，A。

极坐标、柱坐标和球坐标不能过滤输入。

例如，欲输入一条直线，第一点由绝对坐标（100，200）确定，在"输入第一点"的提示下在提示区键入！100，200〔Enter〕（注：提示区提示的 Z 坐标可以忽略）；第二点坐标希望用相对极坐标输入，该点位于第一点 30°方向，距离第一点 1000。这时屏幕上出现的是要求输入第二点的坐标，这时键入 1000＜30〔Enter〕输入相对极坐标（注：提示区提示的 Dxy 是指相对于 X-Y 平面的空间角度，可以忽略），即完成第二点输入。

特点：适合无鼠标的用户。输入误差小，但击键次数多，速度慢。

（2）利用追踪方式输入点

输入一点后该点即出现橙黄色的方形框套住该点，随后移动鼠标在某些特定方向，如水平或垂直方向时，屏幕上会出现拉长的虚线，这时输入一个数值即可得到沿虚线方向该数值距离的点。我们称这种虚线为追踪线。这种输入方式为追踪线方式。

鼠标在任何点上稍停留都会在该点出现橙黄色方形框，该点即成为参照点，随后都可以采用追踪线方式。

（3）鼠标键盘配合使用输入相对距离

输入相对距离时，用鼠标在屏幕上拉出方向，用键盘输入距离数值。为了准确找出方向，应在〔F4〕角度捕捉开关打开的状态下进行。

（4）点网捕捉工具

所谓点网是一些点沿 X、Y、Z 方向按一定间距排列形成的阵列（类似于 AutoCAD 的 SNAP），它与我们通过轴线生成的网格和节点完全不是一个概念。这个点网可以是可见的，也可以是不可见的，由"点网显示"开关控制其可见或不可见。如果用户打开了〔F3〕点网捕捉开关，光标将总是停留在这些点上，而不会停留在两点之间。程序对于这个点网阵列的初始设置是在 WORK.CFG 中进行的，当进入程序后可以用〔F9〕键随时修改这一设置。

点网捕捉工具在纯键盘坐标输入方式时不起作用。

（5）角度和距离捕捉工具

与在直角坐标系下的点网捕捉的概念一致，在相对极坐标下可以利用本工具控制一条线段的角度和距离，这是 CFG 系统特有的工具。当打开控制开关〔F4〕后，所有线段都可以锁定在预设的角度上，其长度也同时锁定在预设的模数上，捕捉值的初始设置是在 WORK.CFG 中进行的。进入程序后，可以用〔F9〕随时修改这一设置如图 2-6 所示。

角度和距离捕捉工具在纯键盘输入方式中不起作用。另外，该工具只能控制 X-Y 平面内的线段，因此用户只有在平面图窗口中使用才有意义。由〔F9〕设置的捕捉值有：要捕捉的角度个数（n），不大于 10 个；要捕捉的各个角度值（d1，d2……d10），每个角度的有效值为 ±（0°～360°），但注意凡相差 180°和 360°的角度是同一个角度，不要输重复了；要捕捉的距离（d），若 d 为 0，表示任意长度都可以，非 0 表示捕捉的模数，如 300 表

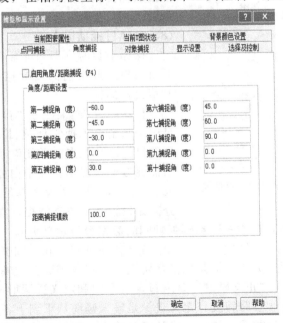

图 2-6　角度长度控制对话框

15

示画出的线段只能是 0、300、600、900……等长度。d 不能输入负值。

(6) 节点捕捉工具（捕捉靶方框）

这是本系统非常有用的工具（类似于 AutoCAD 的对象捕捉工具）。在缺省方式下有一方框靶随光标移动，当输入了一个点后，此方框可以捕捉到在靶范围中的一些特殊的点，如线段的端点、交点等，从而可以根据已有图素绘出准确图形。当图中内容很多时，由于靶要搜索较多可能的节点，反应会慢些，此时可以用［Ctrl］＋［F3］关掉捕捉靶。靶的大小是在 WORK.CFG 中设置的，可以用［F9］修改靶的尺寸。

特点：能够精确捕捉所需要的特殊点。

使用键：［Ctrl］＋［F3］捕捉靶开关；［F9］设置捕捉靶的大小。

说明：定点工具有以下三项功能。

① 捕捉图素节点。直线的两个端点，圆弧的两个端点，折线或多边形的顶点，圆或圆弧的圆心，直线与直线、直线与圆弧、圆弧与圆弧之间的交点。图素被捕捉靶套中后首先判断是否靠近这些节点，如果选中，光标便置于该点之上。

② 捕捉拖动与图素的交点。如果图素的节点未能找到，该工具便试图找到拖动线与这个图素的交点，所谓拖动线就是在捕捉中从上一点到当前光标的连线，由于上一点已成为历史，不可移动，而当前光标正被操纵，因此可以有意控制这条线的角度，如打开［F4］进行角度捕捉等。这样可以在任意图形上画出不出头的准确图形。

③ 捕捉光标点到一个直线的水平或垂直投影点。如果当前光标作为第一点输入而没有拖动线时，光标靶如果套住了一条直线而且远离直线的两个端点时，光标将沿水平或垂直方向移向其在直线上的投影点，这对于画线段的第一点或画节点时十分有用。

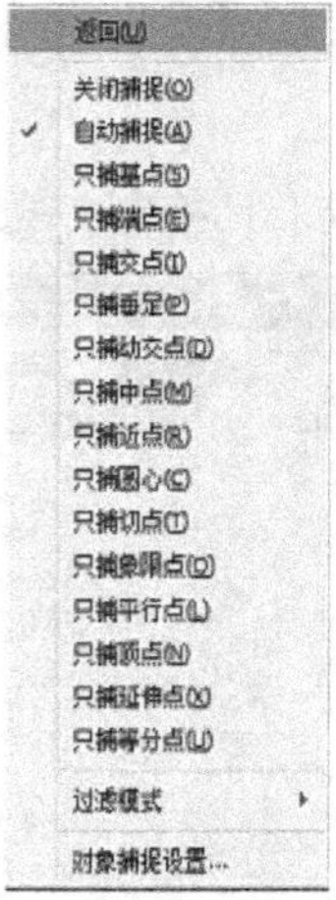

(7) 定向定距移动光标（找参考点）

如果用纯键盘坐标输入方式输入时往往第一点没有参照，那么可以将光标移到一个参照节点上，按下［Tab］键，光标即可捕捉到该节点，但这次捕捉到的点并未真正输入，只是将其作为一个参考点，以便用键盘输入相对坐标。

(8) 选择目标捕捉方式

操作捕捉时（即当屏幕有捕捉靶方框出现时），按一下［S］字母键，可由用户选择当前的目标捕捉方式，屏幕上将出现窗口选项，如图 2-7 所示目标捕捉。

程序隐含按如上的"自动"方式实现捕捉，即从端点、交点、垂足……从上往下搜索捕捉目标，以最先找到的为准。用户用光标选择上列的目标之一，点"关闭"项则关闭捕捉靶；点"取消"项则不改变当前捕捉方式，退出；点空白方框可将窗口移开避免挡住图形；点"垂足"或"中点"，即可实现对垂足和中点的捕捉；捕捉圆心时，要点取圆弧部分。如设置一个单项捕捉，在捕捉一次后，恢复为"自动"方式。

图 2-7　目标捕捉

(9) 正交轴网和圆弧轴网的数据参数定义方式

在轴线输入菜单中有"正交轴网"和"圆弧轴网"两项菜单，这两项菜单可不通过屏幕画图方式，而是以参数定义方式形成平面正交轴线或圆弧轴网。

"正交轴网"是通过定义开间和定义进深形成正交网格，定义开间是输入横向从左到右连续各跨跨度，定义进深是输入竖向从下到上各跨跨度，跨度数据可用光标从屏幕上已有的常见数据中挑选，或从键盘输入。用键盘输入数据时不同的开间或进深数值，用","号分开，如图 2-8 所示，开间"3900，3600，3900，3600"表示从左到右的四个开间分别是

3900mm、3600mm、3900mm、3600mm。相同的开间或进深可以输入开间的尺寸和开间数量，如"7200＊5"表示5个7200mm的开间或进深。输完开间进深后应再点取"确定"按钮，这时可形成一个正交轴网，可移光标将此轴线布放在平面上任意位置，布置时可输入轴线的倾斜角度，也可以与已有网格捕捉连接。

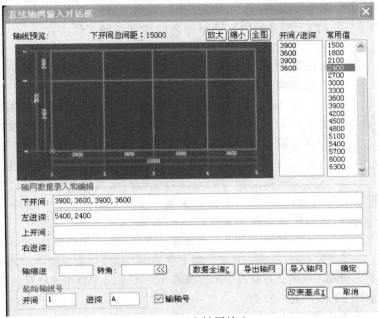

图2-8　正交轴网输入

"圆弧轴网"的开间是指轴线展开角度，进深是指沿半径方向的跨度，点取"确定"按钮，这时形成一个圆弧轴网，详见图2-9。

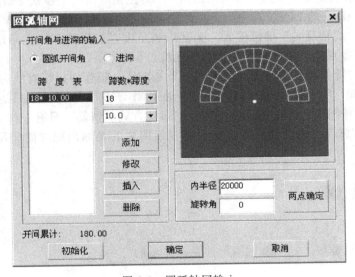

图2-9　圆弧轴网输入

2.4.3　图素编辑工具

在"图素编辑"下拉菜单中，用光标点取下拉菜单中的命令选项，该命令即运行。运行

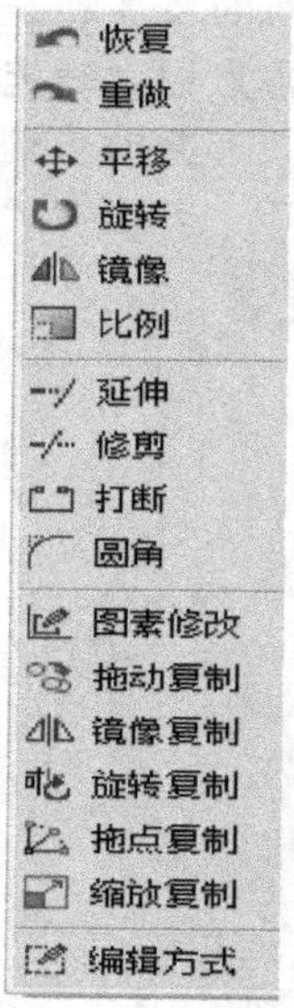

恢复

重做

平移

旋转

镜像

比例

延伸

修剪

打断

圆角

图素修改

拖动复制

镜像复制

旋转复制

拖点复制

缩放复制

编辑方式

图 2-10 图素编辑
下拉菜单

完毕后按［Esc］键可以回到右侧菜单区或命令方式。图素编辑下拉菜单（图 2-10）可用于编辑轴线、网格、节点和各种构件。

凡是有对称性、可复制性的图素尽量使用编辑工具，如有一组平行线，首先画出一根，然后按指定方向和间距复制几次，如有一个三叉形的平面，首先画出一块后，用"镜像复制"或"旋转复制"画出另外两块。

(1)"图素编辑"菜单中各项均有三种工作方式。

① 点选方式。当选择"图素编辑"菜单命令后，系统提示"用光标选取图素"，此时可以直接点取图素。这对于量少或在较繁图素中抽取图素是很方便的。

② 窗口选择方式。当系统提示"用光标选取图素"，按［Tab］键可以切换到窗口选择方式。出现箭头后，程序要求在图中用两个对角点截取窗口，当第一点在左边时，完全包在窗口中的所有图素都不经确认地被选中而被编辑（类似 AutoCAD 中选择对象的 W 窗口）。当第一点在右边时，与窗口边框相交或完全包在窗口中的所有图素都不经确认地被选中而被编辑（类似 AutoCAD 中选择对象的 C 窗口）。这对于整块图形的操作是很方便的。

③ 直线方式。当系统提示"用光标选取图素"，按［Tab］键还可以切换到直线选择方式。出现十字叉后，程序要求在图中用两个点画一条直线，与直线相交的所有图素都不经确认地被选中而被编辑（类似 AutoCAD 中选择对象的"F"栏选）。

三种方式间用［Tab］键来转换。

(2)"图素编辑"菜单中各项使用方法

"拖点复制"和"平移"首先要求选择对象，可以用鼠标单个点取对象，也可以按［Tab］键开窗口选择对象，按［Esc］键或鼠标右键结束选择，程序提示"选择基点"，用鼠标左键在屏幕上拾取平移或复制的基准点，最后用鼠标在屏幕上拾取需要平移或复制的下一点。拖点复制类似于 AutoCAD 中的 COPY 命令，平移命令类似于 AutoCAD 中的 MOVE 命令。

"旋转"和"旋转复制"要求输入一个基点和角度，如果放弃输入角度值，程序会让用户从基点画出两条直线，用其夹角作为旋转角度。

"镜像"和"镜像复制"首先要求输入一条基准线，镜像便以该直线为对称轴进行。

"恢复（undo）"可以使用户退回一步绘图操作，多次"恢复"只适用于由"轴线输入"菜单中的各种图素产生的图形，对构件的布置方式"恢复"只有一次。

［U］键与"恢复"的功能相同，它只能在绘图中的光标出现才能使用，在布置构件时不允许使用。

2.5 网格生成

(1) 轴线显示

用来控制建筑轴线、轴号及轴网尺寸是否显示的开关。

(2) 形成网点

可将输入的几何线条转变成楼层布置需用的白色节点和红色网格线，并显示轴线与网点的总数。这项功能在输入轴线后自动执行，一般不必专门点此菜单。

(3) 网点编辑

它有 4 个子菜单，"删除节点"和"删除网格"是在形成网点图后对网格和节点进行删除的菜单，删除节点过程中若节点已被布置的墙线挡住，可点"状态"下拉菜单中的"填充开关"项使墙线变为非填充状态。节点的删除将导致与之联系的网格也被删除。"删除轴线"可以删除已经命名的轴线名。"平移网点"可以对网格和节点的间距进行调整。对于与圆弧有关的节点应使所有与该圆弧有关的节点一起移动，否则圆弧的新位置无法确定。网点编辑对原构件的布置有如下影响。

① 删除网格或节点，布置在上面的构件也将同时被删除。

② 平移网点，布置在网格和节点上的构件将随着网点的变化自动调整其位置。

（4）轴线命名

在网点生成之后，通过此菜单为轴线命名。在此输入的轴线名将在施工图中使用，而不能在本菜单中进行标注。在输入轴线中，凡在同一条直线上的线段无论其是否贯通都视为同一轴线，在执行本菜单时可以逐个点取每根网格，为其所在的轴线命名，对于平行的直轴线可以在按一次［Tab］键后进行成批命名，这时程序要求点取相互平行的起始轴线以及虽然平行但不希望命名的轴线，点取之后输入起始轴线后程序自动顺序地为轴线编号。

注意：同一位置上在施工图中出现的轴线名称，取决于这个工程中最上一层（或最靠近顶层）中命名的名称，所以当想修改轴线名称时，应重新命名的为靠近顶层的层；轴线命名时屏幕上显示的轴号及轴网尺寸位置只是参照，并非施工图中的真实位置，用户不能对它调整。若用户需要调整，可在PMCAD主菜单5"画结构平面图"中实现。

（5）网点查询

运行此命令后，用鼠标捕捉节点或网格，可获得该节点网格及其关联构件的信息，效果与直接在节点、网格上点击鼠标右键类似。

（6）网点显示

显示网点上的数据。该数据分为两项显示，一项是每条网格的编号和长度，另一项是每个节点的标号，可帮助用户了解网点生成的情况。如果文字太小，可执行显示放大后再执行本菜单。程序初始值设定为50mm。

（7）节点距离

由于程序的计算精度限制，要求控制节点间的最小间距时，应执行本菜单。程序要求输入一个归并间距（程序初始值设定为50mm），如输入200mm，这样凡是间距小于200mm的节点都会归并为同一个节点。

（8）节点对齐

将上面各标准层的各节点与第一层的相近节点对齐，归并的距离就是"6"中定义的节点距离，用于纠正上面各层节点网格输入不准的情况。

（9）上节点高

上节点高即是本层在层高处相对于楼层高的高差，程序隐含为每一节点高位于层高处，及其上节点高为0。改变上节点高，也就改变了该节点处的柱高、墙高和与之相连的梁的坡度。用该菜单可更方便地处理坡屋顶。

（10）清理网点

程序会清除本层平面上没有用到的网格和节点。无用的网格会对程序的运行产生不良影响，建议在构件布置完毕后执行本菜单。

2.6 楼层定义

"楼层定义"是结构整体模型输入的核心。在楼层定义中，可以建立新的标准层，交互式布置各种结构构件，定义标准层的基本信息，并可以对标准层进行编辑修改。这里的标准层要求结构布置，包括板厚、开洞、构件截面尺寸，材料、荷载等应完全相同。

2.6.1 构件定义

构件定义是定义全楼包含的柱、主梁、墙、洞口、斜杆、次梁的截面尺寸及材料信息。对于柱、主梁、斜杆、次梁需输入截面形状类型、尺寸及材料。对于墙定义其厚度，墙高程序自动取层高。对于洞口限于矩形，需输入宽和高的尺寸。

按屏幕右侧菜单"楼层定义"，系统打开"楼层定义"子菜单，如图 2-11 所示。以柱定义为例说明构件定义的操作过程。

首先点取"柱布置"按钮，系统打开柱截面列表（如图 2-12），点"新建"按钮，程序弹出柱截面定义对话框（如图 2-13）即开始定义一个新的截面，在已定义的构件处点取则可修改该截面。

① 选择柱截面形状。用光标点取截面类型按钮，系统会弹出截面选择对话框，如图 2-14 所示，用户可以选择图中 25 类形状中的一种柱形状。

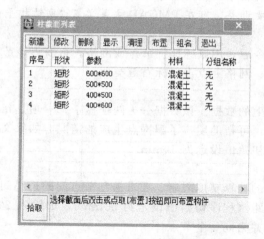

图 2-11 "楼层定义"子菜单　　　　图 2-12 柱截面列表

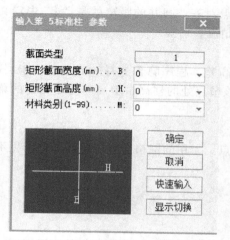

图 2-13 柱截面定义对话框

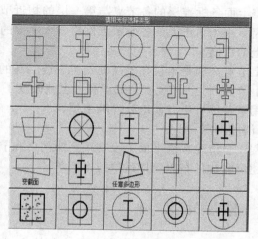

图 2-14 柱截面类型

20

② 选择柱材料及尺寸。在出现的页面上键入柱的截面尺寸和材料类别，混凝土材料类型号为 6，钢材料类型号为 5，砌体类型号为 1，刚性杆类型号为 10，轻骨料类型号为 16。若输入其他数值，程序都按混凝土材料进行处理。若此时按"快速输入"按钮，程序则在右侧出现柱截面常用值系列，用光标套中合适的数值回车即可定义各截面尺寸和材料。

进行了一次正确的输入后，程序自动将其计入标准构件表，各类构件分别可以输入 300 种标准截面。如果输入的数据与前面已经定义的完全相同，则程序提示该截面在前面的第几类中已经输入。

定义的构件将控制全楼各层的布置，如某个构件尺寸改变后，已布置于各层的这种构件的尺寸会自动改变。在柱截面列表中"参数"按钮可以将截面列表中的标准构件按断面的尺寸进行递增或递减两种方法排序。

"序号"按钮可以将截面列表中的标准构件按输入的先后顺序进行排序。

"形状"按钮可以将截面列表中的标准构件按截面的类型进行排序。

"显示"按钮用于查看指定的构件定义类型在当前标准层上的布置情况。

"清理"按钮可由程序自动将定义了但在各结构标准层中未使用的标准构件清除掉。

"删除"按钮可以将不需要的标准构件删除。值得说明的是，一旦要删除某个标准构件，系统会提示"被取消的构件将从各层中删除，并不能用"UNDO"恢复，意思是已布置于各层的这种构件将会从各结构标准层中删除，而不管该构件是否正在使用。并且不能用 UNDO 恢复。应谨慎使用该命令，而是尽量少用构件"删除"命令。

"拾取"按钮直接从图形上选取构件，然后将其布置到新的平面位置上。拾取的构件不仅包括它的截面类型信息，还包括它的偏心、转角、标高等布置参数信息。

程序里设置了构件导入/导出功能，可以将某工程的构件截面定义信息存入独立的文件，在进行类似工程的建模时，再将此文件内含的构件截面定义导入。该功能按钮位于下拉菜单"网点编辑"下面。当截面尺寸类型较多，或者使用了异形构件时，截面定义的工作量比较大，可以提高建模的工作效率。

2.6.2　构件布置

柱布置在节点上，每节点上只能布置一根柱。主梁、墙布置在网格上，两节点之间的一段网格上仅能布置一根主梁或墙，梁、墙长度即是两节点之间的距离。洞口也布置在网格上，可在一段网格上布置多个洞口，但程序会在两洞口之间自动增加节点，如洞口跨越节点布置，则该洞口会被节点截成两个标准洞口。斜柱连接在两个节点上，可定义支撑两点不同的高度。

当布置构件时，选取构件截面后，屏幕上弹出偏心信息对话框（如图 2-15），这是无模式对话框，如不修改其窗口中隐含数值则可不操作该对话框而直接在网格节点上布置构件。如果需要输入偏心信息时，应点取对话框中项目输入，该值将作为今后布置的隐含值直到下次被修改。采用这种方式工作的好处是，当偏心不变时每次的布置可省略一次输入偏心的操作，如感觉屏幕上显示的无模式对话框的位置妨碍了布置操作，可用光标点取移开该对话框。

柱相对于节点可以有偏心和转角，柱宽方向与 X 轴的夹角称为转角，逆时针方向为正。沿柱宽方向的偏心称为沿轴偏心，左偏为正，沿柱高方向的偏心称为偏轴偏心，以向上为正。柱沿轴线布置时，柱的方向自动取轴线的方向。

主梁或墙偏心布置时，一般输入偏心的绝对值；布置主梁和

图 2-15　偏心信息对话框

墙时，光标偏向网格的哪一边，主梁和墙就也偏向那一边。

布置洞口时，输入洞口左（下）节点距网格左（下）节点距离和洞口下端与本层地面的距离。除此之外，还有中点定位方式、右端定位方式和左端定位方式，在提示输入洞口距左（下）点距离时，若键入大于0的数，则为左端定位；若键入0，则该洞口在该网格线上居中布置；若键入一个小于0的负数（如−D），程序将该洞口布置在距该网格右端为D的位置上。如需洞口紧贴左或右节点布置，可输入1或−1（再输窗台高），如第一个数输入一个大于0小于1的小数，则洞口左端位置可由光标直接点取确定。

在选择标准构件时，或在程序要求输入构件相对于网格或节点的偏心值的时候，用户可回答提问，也可在已布置了构件的图上拾取数据，此时，按一次[Tab]键出现"从图中拾取数"的提示和捕捉靶，当选中时，构件的断面和偏心为选中值让用户加以确认。

次梁布置时，选取两端相交的主梁或墙构件，连续次梁的首、尾两端可以跨越若干跨一次布置，不需要在次梁下布置网格线，次梁的顶标高和与它相连的主梁或墙构件的标高相同。次梁与主梁采用同一套截面定义数据。如果对梁的截面进行修改，次梁也会随之修改。

布置层间梁时，层间梁也与主梁采用同一套截面定义数据。布置时仅能选择其两端相交的柱构件。层间梁结构可以传到SATWE软件进行计算，但TAT软件还不能处理层间梁结构。

值得注意的是：程序里的主梁布置菜单是指按主梁来布置的梁，必须先布置轴网，再布置梁。程序里的次梁布置菜单是指按次梁布置的梁，不需要布置轴网即可布置。通过次梁布置菜单布置的梁，在后续三维整体计算程序中不能一同参与空间整体作用。一般情况下对于楼屋面结构中的主梁和次梁都通过主梁布置菜单来完成。

PMCAD在布置构件时提供了四种方式，可以根据布置需要选择其中的一种方式布置构件。按[Tab]键，可使程序在这四种方式间依次转换。

（1）直接布置方式

在选择了标准构件，并输入了偏心值后程序首先进入该方式，凡是被捕捉靶点取的网格或节点将被插入该构件，若该处已有构件，将被当前值替换，可随时用[F5]键刷新屏幕，观察布置结果。

（2）沿轴线布置方式

在出现了"直接布置"的提示和捕捉靶后按一次[Tab]键，程序转换为"沿轴线布置"方式。此时，被捕捉靶套住的轴线上的所有节点或网格将被插入该构件。

（3）按窗口布置方式

在出现了"沿轴线布置"的提示和捕捉靶后按一次[Tab]键，程序转换为"按窗口布置"方式，此时用光标在图中截取一个窗口，窗口内的所有网格或节点上将被插入该构件。

（4）按围栏布置方式

用光标点取多个点围成一个任意形状的围栏，将围栏内所有节点与网格上插入构件。

2.6.3 楼板生成

楼板生成菜单位于屏幕右侧菜单的"楼层定义"下，包含10项子菜单，如图2-16所示，这些操作在各标准层中逐层进行。

（1）生成楼板

运行此命令，程序按"本层信息"菜单中设置的板厚自动生成各房间楼板，同时产生了由主梁和墙围成的各房间信息。本菜单其他功能除悬挑板外，都要按房间进行操作。生成楼板后，如果修改"本层信息"中的板厚，没有进行过"修改板厚"调整的房间板厚将自动按

照新的板厚取值。布置预制板时，同样需要用到此功能生成的房间
信息，因此要先运行一次生成楼板命令，再在生成好的楼板上布置
预制板，覆盖原来的板厚信息。

（2）楼板错层

　　当个别房间的楼层标高不同于该层楼层标高，即出现错层时，
点此菜单输入个别房间与该楼层标高的差值，如图 2-17 所示，房间
标高低于楼层标高时的错层值为正。然后移动光标直接在屏幕上点
错层所在的房间。

　　本菜单仅对某一房间楼板进行错层处理，使该房间楼板的支座
筋在错层处断开，不能对房间周围的梁进行错层处理。

　　多次执行生成楼板命令，对于角点没有变化的房间楼板自动保
留错层信息。

（3）修改板厚

　　每层现浇楼板厚度按已在"本层信息"中的板厚值中设置。这
个数据是本层所有房间都采用的厚度，当某房间板厚度并非此值时，
则点此菜单，可以将此房间板厚度进行修正。

图 2-16　楼板生成菜单

图 2-17　楼板错层对话框

图 2-19　板洞布置菜单

图 2-18　修改板厚

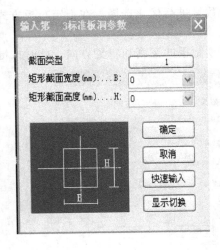

图 2-20　洞口形状定义菜单

　　当房间为空洞口如楼梯间时，或某房间内容不打
算画出时，可将该房间板厚修改成 0。

　　选择此项菜单程序后，如图 2-18 所示。随后用光标点
取需变更楼板厚度的房间，改完后可按〔Esc〕键退出。

　　某房间楼板厚度为 0 时，该房间上的荷载仍传到房
间四周的梁或墙上，但不会画出房间内楼板钢筋。

（4）板洞布置

　　板洞布置方式与一般构件类似，需要先进行洞口
形状的定义，然后再将定义好的板洞布置到楼板上。
选择板洞布置后，如图 2-19 所示。点取"新建"按钮，
如图 2-20 所示，截面类型中可以定义为矩形、圆形、
自定义多边形三种洞口形状。定义完洞口形状，回到
图 2-19 中双击定义好的洞口形状，即可布置洞口；也

23

可先选择定义好的洞口形状，再点取"布置"按钮。

布置洞口时，移动鼠标至参照房间，图形上将加粗标识出该房间布置洞口的基准点和基准边，将鼠标靠近围成房间的某个节点，则基准点将挪动到该点上。矩形洞口以左下角点为插入点，圆形洞口以圆心点为插入点，自定义多边形以自定义点为插入点。若洞口有沿轴偏心，则输入插入点与基准点之间沿基准边方向的偏移值，偏轴偏心指洞口插入点距离基准点沿基准边法向方向的偏移值；轴转角指洞口绕其插入点，沿基准边正方向开始逆时针旋转的角度。

（5）全房间洞

选择此项菜单可以将指定房间全部设置为洞口。对非矩形房间也可以开全房间洞。一般情况下，在大洞口的周边都有墙或梁，所以对此洞口均采用此项菜单的功能开洞。全房间开洞时，该房间无楼板，也无楼面荷载。

（6）板洞删除

选择此项菜单可以将已经布置的洞口删除。

（7）布悬挑板

在平面外围的梁或墙上均可设置现浇悬臂板，布置方式与一般构件类似，需进行悬挑板形状的定义，然后再将定义好的悬挑板布置到楼面上。定义时，需要输入悬挑板宽度、挑出长度及板厚，悬挑板宽度参数输入 0 时，表示宽度为网格宽度。板厚输入为 0 时，表示同相邻板。

布置时，用光标点取指示需设悬挑板的梁或墙，可连续指示几段梁或墙，按［Esc］键即完成布置。

（8）删悬挑板

此项菜单用于删除悬挑板。用光标直接点取布置悬挑板的梁或墙，悬挑板即被删除。

（9）布预制板

先执行"生成楼板"菜单，在房间上生成现浇板信息。随后再布置预制板，覆盖原来的现浇板信息。点取布置预制板按钮，如图 2-21 所示菜单。自动布板：输入预制板宽度（每间可有两种宽度）、板缝的最大宽度限值与最小宽度限值，由程序自动选择板的数量、板缝，并将剩余部分做成现浇带放在最右或最上。指定布板：程序将按照指定宽度和数量、板缝宽度、现浇带所在位置，将预制板布置到指定的房间上。每个房间中预制板可有两种宽度，在自动布板方式下，程序以最小现浇带为目标对两种板的数量进行优化选择。在指定布板方式下，要求自己计算现浇板带的宽度。

确定布置后鼠标光标停留在房间上会以高亮显示出预制板的宽度和布置方向，此时按键

图 2-21　预制板布置

盘［Tab］键，可以进行布置方向的切换。

(10) 删预制板

此项菜单用于删除已经布置的预制楼板。如果某个房间的预制楼板被删除后，程序认为该房间为现浇板，与未布置预制楼板时相同。

(11) 层间复制

选择此项菜单可以选择性地将楼板开洞、悬挑楼板、楼板错层、现浇板厚、预制楼板信息复制到其他标准层，从而简化操作，如图 2-22 所示。

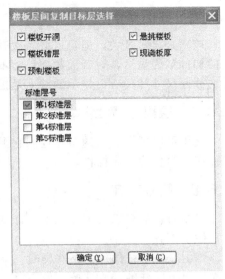

图 2-22 层间复制

2.6.4 本层修改

对已布置好的构件做删除、替换或查改的操作。删除构件的方式同样也有四种，即逐个用光标点取、沿轴线选取、窗口选取和围栏选取。用本菜单仅能删除构件本身，不能删除构件所在的网格或节点，若构件所在的网格或节点没有用处，需要用"网点编辑"下拉菜单中的删除节点或删除网格的功能将没用的网格或节点删除，否则无用的节点或网格可能引起后序结构计算错误。在设计中经常会遇到结构平面或结构方案调整，可以直接用"网点编辑"下拉菜单中的删除网格或节点的功能直接删除构件所在的网格或节点，这样不仅可以删除网格和节点，同时还可以删除网格节点上的构件，可以避免无用网格或节点产生的计算错误。

替换就是把平面上某一类型截面的构件用另一类截面替换，如柱截面由 500m×500m 改为 600m×600m。点取"本层修改"子菜单下的"柱替换"，程序显示如图 2-12 所示的柱截面列表，首先选择需要替换的柱子原截面"500×500"，程序弹出柱截面定义对话框（如图 2-13），不修改其参数，直接按确定，程序又返回柱截面列表，然后选择新截面"600×600"，确定后，本层平面中的所有 500mm×500mm 被替换为 600mm×600mm。主梁替换、墙替换、洞口替换以及斜杆替换的方法与上述柱替换一样，这里就不再举例了。

查改就是用光标点取在平面上的某一已经布置的构件，即可弹出对话框，可对该构件的截面尺寸和布置参数进行修改。对已输入在平面上的内容可随时用光标指点，梁、墙洞口点在网格线上，柱节点在节点上。自动弹出提示条显示构件截面尺寸、偏心、长短、窗口大小、位置等数据。

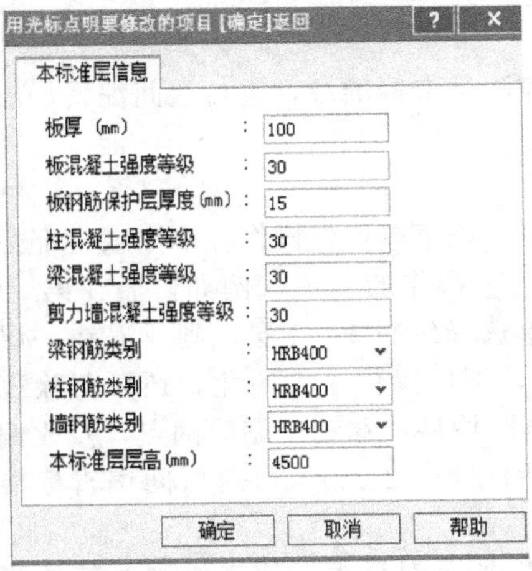

图 2-23 本层信息输入对话框

2.6.5 本层信息

本层信息是每个标准层必须进行的操作，要求用户输入和确认以下结构信息：板厚、板混凝土保护层厚度及梁、板、柱与剪力墙混凝土强度等级和梁柱钢筋强度等级、本标准层层高，如图 2-23 所示。"本标准层层高"仅用来"定向观察"某一轴线立面时作为立面高度的参考值，各层层高的数据应在"楼层组装"菜单中输入。

2.6.6 截面显示

该项是显示开关，即每点取一次开关菜单可实现显示开和关的切换，程序隐含对画在图上的构件截面显示，对截面数据尺寸不显示。显示内容有数据和截面两类。显示的数据有构件的截面尺寸和偏心。显示的截面是把某一类构件从图面上关掉。

2.6.7 绘梁、墙线

这里可以把梁、墙的布置连同它上面的轴线一起输入，省去先输轴线再布置梁、墙的两步操作，简化为一步操作。

2.6.8 偏心对齐

根据布置的要求自动完成偏心计算与偏心布置，举例说明如下。

（1）柱上下齐

当上、下层柱的尺寸不一样时，可让上层柱按下层柱某一边对齐（或中心对齐）的要求自动算出下层柱的偏心并按该偏心对上层柱的布置自动修正。此时如打开"层间编辑"菜单可使从上到下各标准层的某些柱都与第一层的某边对齐。因此，布置柱时可先省去偏心的输入，在各层布置完后再用本菜单修正各层柱偏心。

（2）梁与柱齐

可使梁与柱的某一边自动对齐，按轴线或窗口方式选择某一列梁时可使这些梁全部自动与柱对齐，这样在布置梁时不必输入偏心，省去人工计算偏心的过程。共有12项对齐操作的菜单，分别是柱上下齐、柱与柱齐、柱与墙齐、柱与梁齐、梁上下齐、梁与梁齐、梁与柱齐、梁与墙齐、墙上下齐、墙与墙齐、墙与柱齐、墙与梁齐。可以根据工程的需要，对不同的构件采取不同的对齐方式。

2.6.9 构件查询和修改

对已输入在平面上的构件可随时用光标指点，程序自动弹出提示条显示构件截面尺寸、偏心及标高和洞口的大小、位置与标高等数据。对光标所停留处的构件按鼠标右键，可随时对该构件的布置编辑修改。在"本层修改"菜单也有对柱、梁、墙、洞口查改功能。

2.6.10 层编辑

此项菜单可以在两标准层之间插入新的标准层，删除某个标准层，进行层间编辑、层间复制、工程拼装等操作。各子菜单的使用方法如下。

（1）层间编辑

这里和"网点编辑"下拉菜单均设置层间编辑菜单，该菜单可将操作在多个或全部标准层上同时进行，省去来回切换到不同标准层再去执行同一操作的麻烦。例如，需在第1～5标准层的同一位置上增加一根梁，可先在层间编辑菜单选择编辑1～5层，则只需在一层布置该梁，程序将对2～5层自动完成相同的布置。这样，不但操作大大简化，还可免除逐层操作造成的布置误差。类似操作还有画轴线，布置、删除构件，移动、删除网点，修改偏心等。点层间编辑菜单后程序提供一个层间编辑设置对话框（图2-24），可对层间编辑标准层进行增删操作，全部删除的效果就是取消层间编辑操作。

层间编辑状态下，对每一个操作程序会出现图2-25所示对话框，用来控制对其他层的相同操作。如果取消层间编辑操作，点取第5各选项即可。

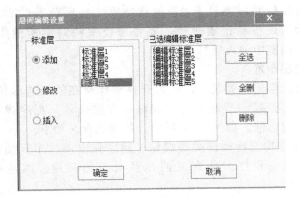

图 2-24　层间编辑设置对话框　　　　　图 2-25　层间编辑对话框

（2）层间复制

"层间复制"可把当前一个标准层上的部分内容拷贝到其他标准层上，要拷贝的源层（包含拷贝内容的层）一定要处在当前层。先选择各目标层（有全部选择/部分选择两种方式，全部选择就是所有标准层都是拷贝目标层，部分选择则从左列显示的各标准层中逐一挑选拷贝目标层），选择完目标层后，在当前层上选择要拷贝的内容，可用多种方式选择，选择的内容经确认后立即拷贝到目标层，然后继续选择其他拷贝内容，按［Esc］键退回原菜单。例如，需要将 1 层的一根梁复制到 2~5 层的同一位置上，可先在层间复制对话框中选择 2~5 层，则只需要在 1 层上选择要复制的梁后，程序会自动将该梁复制到 2~5 层相同的位置上。方法与层间编辑较相似。需要注意的是层间复制的构件不能执行 UNDO 操作。

（3）工程拼装

可调入其他工程或本工程的任意一个标准层，将其全部或部分地拼装到当前标准层上。如果设置了"层间编辑"，还可以将其拼装到"层间编辑"所指定的标准层上。在布置复杂的结构标准层时，可以将其分成若干个较简单的分区，对每个分区单独进行结构层布置，然后再利用工程拼装命令，在新结构层布置时，利用已经输好的楼层，把它们拼装在一起成为新的标准层，从而简化楼层布置的输入。步骤如下。

① 调入工程名，如按［Tab］键则可调入本工程的层进行拼装。

② 选择要拼装的标准层。

③ 选择是全层拼装还是局部拼装，如为局部拼装则挑选要拼装的部分。

④ 提示是否移动（若非本工程则无此选择），回车为移动方式，不移动则拼装内容坐标保持不变被拷贝到当前层。需要移动则需输入基准点、旋转角度、插入点进行拷贝内容的准确定位。

（4）插标准层

在两标准层之间插入新的标准层，插入的新标准层，一般是在旧的标准层基础上复制。复制方法与"换标准层"相同。

（5）删除标准层

可以通过本菜单删除无用的标准层。点击"删标准层"，弹出删除标准层列表（图 2-26）。在列表中选择需要删除标注层，按"确定"按钮，系统要求再次确认是否删除标准层，同时屏幕显示出准备删除的标准层，以便用户查看。

2.6.11　楼梯布置

如果不考虑楼梯对整个结构整体刚度的影响，楼梯间可以全房间开洞、直接导入荷载或

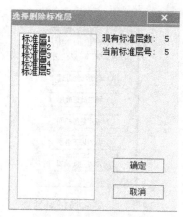

图 2-26 删除标准层列表

者是将楼梯间板厚设为 0，荷载换算为楼面荷载的方法建模。为了适应新抗震规范，要考虑楼梯间对结构的影响，可以在模型中输入楼梯。

（1）楼梯布置

点击楼梯布置菜单，要求选择楼梯所在的四边形房间，当光标移到某一房间时，点取鼠标左键确认，程序弹出楼梯定义对话框，如图 2-27 所示。各参数含义如下。

① 点击选择楼梯类型按钮。程序弹出楼梯布置类型对话框，目前程序只能定义两跑及对折的三跑、四跑板式楼梯。

② 踏步总数。输入楼梯的总踏步数。

③ 踏步高宽。定义踏步尺寸。

④ 坡度。当修改踏步参数时，程序根据层高自动调整楼梯坡度，并显示计算结果。

⑤ 起始节点号。用来修改楼梯布置方向。

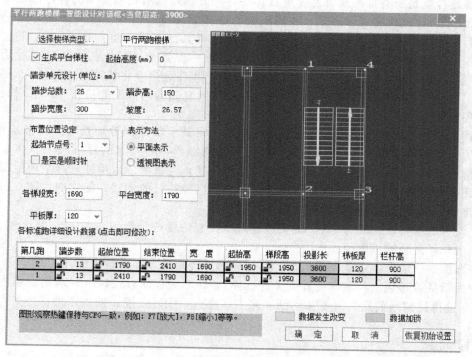

图 2-27 楼梯定义对话框

⑥ 是否顺时针。确定楼梯走向。

⑦ 表示方法。可在平面与透视图表示方法之间切换。

⑧ 各梯段宽。设置梯板宽度。

⑨ 平台宽度。设置平台宽度。

⑩ 平板厚。设置平台板厚度。

⑪ 各标准跑详细设计数据。设置各梯跑定义与布置参数。

点击"确定"按钮，完成楼梯定义。

（2）楼梯删除

点击"楼梯删除"菜单，程序弹出构件删除对话框，鼠标移至与楼梯平行的房间边界，点取左键即可删除。

（3）层间复制

此处的"层间复制"菜单与"层编辑"下的"层间复制"菜单功能是一样的。程序要求复制的楼梯各层层高相同，且必须布置了和上跑梯板相接的杆件。

（4）楼梯修改

移动鼠标至要修改的楼梯，点取左键，出现该楼梯定义对话框，修改。

模型输入完成，退出时可选择是否将楼梯转化为梁到模型中，如选择此项，则程序将已建好的模型拷入工作子目录下的 LT 子目录，并自动将每一跑楼梯和其上下相连的平台转化为一段折梁，在中间休息平台处增设 250×250 层间梁。两跑楼梯的第一跑下接于下层的框架梁；上接中间平台梁；第二跑下接中间平台梁，上接于本层框架梁。

原有工作子目录中的模型将不考虑模型中的楼梯布置作用，楼梯只是一个显示，不参与整体计算，其计算与往常相同。而在 LT 子目录下的模型中，楼梯已转化为折梁杆件，该模型可进一步修改。在 LT 子目录下进行 SATWE 等计算，则会考虑楼梯的作用。

注意：①最好在楼层组装完成后再进行楼梯布置，这样程序就能自动计算出踏步高度与数量；②转换后的楼梯模型将原来的 1 个房间划分为 3 个房间，且原有房间的板厚、恒活荷载等信息丢失，如果对这部分生成楼板则程序对这 3 个房间的板厚、恒活荷载取为本层统一的输入值，需要时应手工修改；③退出 PMCAD 时要勾选"楼梯自动转换为梁（数据在 LT 目录下）"选项，这样程序才能在 LT 文件夹中生成模型数据。如果已经将目录指向了 LT 目录，则在退出 PMCAD 时不要勾选该选项。

2.6.12 换标准层

完成一个标准层平面布置后，可以在这里用于一个新的标准层输入，新标准层应在旧标准层基础上输入，以保证上下节点网格的对应，为此应将旧标准层的全部或一部分拷贝成新的标准层，在此基础上修改。在图 2-28 所示的标准层列表中点取添加新标准层，程序即认为增加一层新的标准层。复制标准层时，可将一层全部复制，也可只复制平面的某一或某几部分。当局部复制时，可按照直接、轴线、窗口、围栏 4 种方式选择复制的部分。复制标准层时，该层的轴线也被复制，可对轴线增删修改，再形成网点生成该层新的网格。

工程上一般情况下，新标准层与旧标准层的柱网剪力墙布置不会有太大差别，因此添加新标准层时一般是采用全部复制旧标准层中内容，然后在此基础上通过网点编辑和图素编辑进行修改。

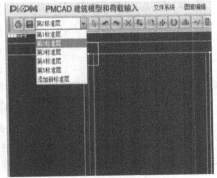

图 2-28 标准层列表

2.7 荷载输入

对每一标准层，需输入本标准层结构上的各类荷载，包括楼面恒活荷载；非楼面传来的梁间荷载、柱间荷载、墙间荷载及节点荷载；人防荷载；吊车荷载。荷载输入菜单如图 2-29 所示。

2.7.1 楼面荷载输入

"恒活设置"是输入本本标准层的均布恒载及活载标准值，如图 2-30 所示。

自动计算现浇楼板自重：点选该项后，程序根据板厚自动计算楼板重量，折合成房间的均布面荷载，此时输入楼面恒荷载值中不应该包含楼板的自重，程序会将自动算得的板荷叠加到恒荷载上。不选该项，在输入恒载时，需包括楼板自重。

图 2-29　荷载输入菜单

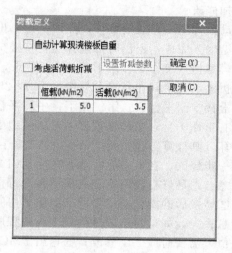

图 2-30　荷载定义对话框

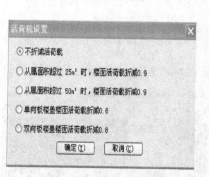

图 2-31　活荷载折减对话框

另外，应考虑活荷载折减。此项是按照《建筑结构荷载规范》GB 50009 第 5.1.2 条规定，考虑对传到梁上的活荷载进行折减。选取该项，则需要设置折减参数，如图 2-31 所示。折减后算出的主梁活荷载均进行了折减。在后面所有菜单中的梁活荷载均使用此折减后的结果。另外，需注意，程序对倒算至墙上的活荷载没有进行折减。还需注意，这里的折减和后面 SATWE 等三维计算、基础荷载导算时考虑楼层数的活荷载折减是可以同时进行的。也就是说，如果在这里选择了某种活荷载折减，后面 SATWE 等三维计算又选择了某种活荷载折减，则活荷载被折减了两次。

恒载值和活载值需填入本标准层大多数房间统一的恒载及活载，实际工程各房间的楼面恒载及活载可能是不同的，这必须要在后面的荷载修改中进行修正。

2.7.2 楼面荷载修改

从图 2-29 进入"楼面荷载"菜单，如图 2-32 所示。点击"楼面恒载"命令，该标准层所有房间的恒载值将在图形上显示，此时可在弹出的"修改恒载"对话框中输入必须要修改的恒荷载值，再在模型上选择需要修改的房间即可。活荷载的修改方式与上述修改相同。

程序自动设定的房间周围杆件传导楼面荷载的方式有三种：①矩形房间现浇楼板按梯形、三角形导算（其房间周边必须是含有 4 根梁或墙）；②预制板按铺板方向单向导算；③非矩形房间现浇楼板按边长分配传递。"导荷方式"可以修改程序自动设定的楼面荷载传导方向。当运行导荷方式命令后，程序弹出对话框，选择其中一种导荷方式，即可对目标房间的荷载传导方向进行修改。

"调屈服线"菜单，主要针对梯形、三角形方式导算的房间，当需要对屈服线角度特殊设定时使用。程序缺省屈服线角度为45°。通过调整屈服线角度，可实现房间两边、三边受力状态。

2.7.3　梁间荷载

这里可以输入非楼面传来的作用在梁上的恒载或活载，如图2-33所示。

图2-32　楼面荷载

图2-33　梁间荷载

(1) 梁荷定义

梁荷布置前，要对各种需要输入的梁荷进行定义，定义其类型、数值、参数等信息。它包括填充墙荷载、楼梯荷载、门窗荷载、玻璃幕墙、金属幕墙等荷载。需要手工计算这些外加荷载。点击"荷载定义"菜单，程序弹出如图2-34所示的梁荷载定义及布置对话框。对话框下面是〔添加〕、〔删除〕、〔修改〕、〔布置〕、〔退出〕按钮。

点击〔添加〕按钮，程序弹出如图2-35所示的选择荷载类型对话框。其中包括均布荷载、局部荷载、集中荷载、梯形荷载、三角形荷载等荷载。用鼠标点击相应的荷载类型程序，弹出如图2-36所示的输入荷载参数对话框。在这个对话框中可以输入荷载值及加载位置。

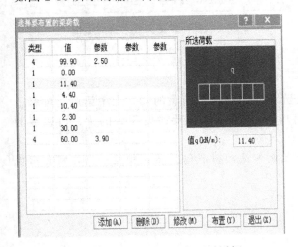

图2-34　梁荷载定义及布置对话框

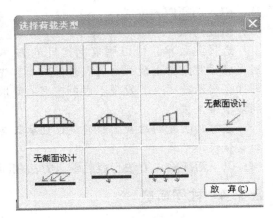

图2-35　选择荷载类型对话框

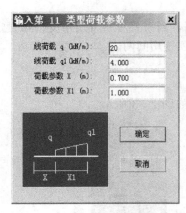

图 2-36　输入荷载参数对话框

点击［修改］按钮，可以修改已经定义过的荷载信息。如果修改了标准荷载，对于已经布置于各个梁上的这种荷载将自动变化。

点击［删除］按钮，可以删除已经定义过的荷载信息。如果删除了标准荷载，对于已经布置于各个梁上的这种荷载将自动删除掉。

软件将梁墙的标准荷载统一，定义完梁的荷载后，在墙荷定义中也会出现这些荷载。

（2）数据开关

选择后可打开显示荷载的详细数据，数据的字符大小可以调节。再选择一次，该菜单又可以关闭数据显示。

（3）恒载输入

点击"恒载输入"菜单，首先显示出如图 2-37 所示的选择荷载定义及布置对话框。如果已定义了荷载，在左边标准荷载选择栏中以列表的形式列出来。用鼠标选择列表，被选到的变为蓝色，并在预览框内显示荷载的类型，并在预览框下面显示荷载值及相关参数。

选择一种荷载类型后，按［布置］按钮，将荷载布置在梁上。布置方式包括光标选择、轴线选择、框选、围区选择四种方式。

（4）恒载修改

修改已经布置到梁上的恒荷载。如果修改后的荷载值在已经定义完成的标准荷载中不存在，此荷载自动添加到标准荷载中。

（5）恒载显示

此项功能是打开或关闭梁恒载显示。在执行荷载输入、荷载修改、荷载删除、荷载拷贝时自动打开显示。

（6）恒载删除

可以删除已经布置到梁上的恒荷载。删除方式包括光标选择、轴线选择、框选、围区选择四种方式。

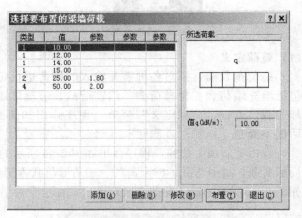

图 2-37　选择荷载定义及布置对话框

（7）恒载拷贝

选择此菜单，可以用复制拷贝的方法将已输完的梁上荷载拷贝到其他梁上。先用光标点取被拷贝荷载的梁，点中梁后，屏幕上即加亮显示此梁（若发现不对可按 Esc 键取消），再按提示选择要拷贝荷载的梁，可以复制到多根梁上去。

注意：被复制的梁上的荷载位置参数与需复制的梁的荷载位置参数相适应，否则会出现加载错误。

（8）以下活载输入方法与恒载输入方法相同。

2.7.4　柱间荷载

这项是输入作用在柱间的恒载和活载，子菜单是 12 项，如图 2-38 所示。它包括如下内容。

（1）柱荷定义

首先显示出如图 2-39 所示选择柱荷载的对话框。如果已定义了荷载，在左边标准荷载选择栏中以列表的形式列出来。用鼠标选择列表，被选到的变为蓝色，并在预览框内显示荷载类型，并在预览框下面显示荷载值及相关参数。

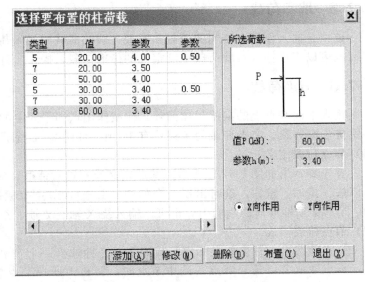

图 2-38　柱间荷载菜单　　　　　　　　图 2-39　选择柱荷载定义及布置对话框

对于标准荷载选择栏中没有的荷载，可以按［添加］，这时出现一个如图 2-40 所示的选择荷载类型的对话框，使用方法与定义梁标准荷载类似。

（2）恒载输入

点击"恒载输入"菜单，首先显示出如图 2-39 所示的选择柱荷载定义及布置对话框。选择荷载，点击布置将它布置到柱上。由于柱的恒载有 X 向和 Y 向两种，需要选择作用力方向，柱 X 方向荷载向右为正，Y 方向荷载向上为正。

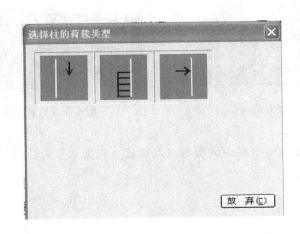

图 2-40　柱的荷载类型　　　　　　　　图 2-41　节点荷载

柱荷输入首先要在标准荷载库中用光标选择一个荷载，并选择 X 或 Y 方向复选框，然后按［布置］，此时可以用光标点取或窗口点取柱，布置过荷载的柱会显示红色的加载标志。又回到选择荷载对话框……。如果结束布置，在荷载定义及布置对话框中点取［退出］。其余步骤都与梁间荷载输入方法相同，不再重述。

2.7.5　墙间荷载

该项是输入作用在墙间的恒载和活载，墙间荷载同梁间荷载采用同一个标准荷载库，墙间荷载可以直接输入梁间荷载中已定义的标准荷载，操作步骤与梁间荷载输入方法相同。

2.7.6　节点荷载

输入平面节点上的某些附加荷载，荷载作用点即平面上的节点，各方向弯矩的正向以右手螺旋法则为准。节点荷载的子菜单有 12 项，如图 2-41 所示。

(1) 节点荷载定义

首先显示出如图 2-42 选择节点荷载定义及布置对话框，对于标准荷载库中没有的荷载，可以按［添加］按钮，这时出现一个如图 2-43 输入节点荷载值对话框。在这里可以输入 X 轴、Y 轴、Z 轴方向的轴向力，也可以输入绕 X 轴、Y 轴、Z 轴的弯矩或扭矩。

(2) 节点荷载输入

节点荷载输入首先要在标准荷载库中用光标选择一个荷载，然后按［确定］，此时可以用光标点取或窗口选取节点。选中节点时，屏幕上所选节点变为红色，按［Esc］键取消，又回到选择荷载对话框……。如果结束布置，在选择荷载对话框中，点取［退出］。

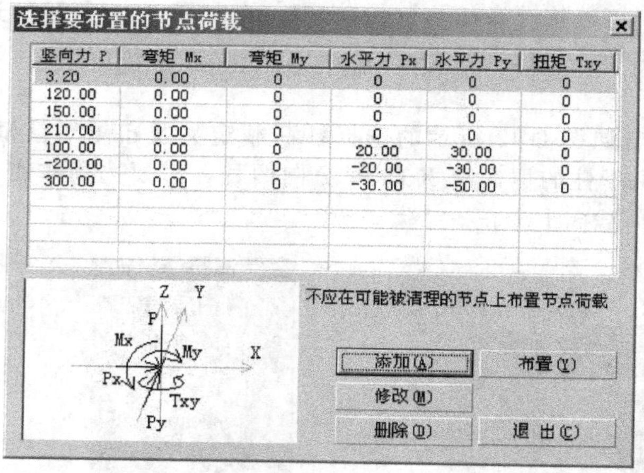

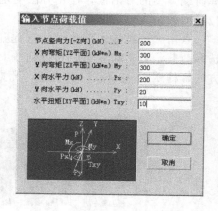

图 2-42　选择节点荷载定义及布置对话框

图 2-43　输入节点荷载值对话框

在 PK 程序中，可以考虑作用于框架平面内的所有节点荷载（包括水平力）。

2.7.7　次梁荷载

操作步骤与梁间荷载输入方法相同。

2.7.8　墙洞荷载

用于在剪力墙洞口上方施加荷载。

2.7.9　人防荷载

点取"人防荷载"菜单，进入"荷载设置,"界面如图 2-44 所示，为本标准层所有房间设置统一的人防等效荷载。当更改了"人防等级"时，顶板人防等效荷载自动给出该人防等级的等效荷载值。

"荷载修改"可以修改局部房间的人防荷载值。点取"荷载修改"菜单后，在弹出的修改人防对话框（图 2-45）中输入争取的人防值，再选取要修改的房间即可。

图 2-44　人防设置对话框

图 2-45　修改人防对话框

2.8　设计参数

屏幕上弹出 5 页参数供修改输入，相关参数内容是结构分析所需要的总信息、材料、地震、风荷载及钢筋信息，下面分项介绍如下。

2.8.1　总信息

总信息对话框如图 2-46 所示。

(1) 结构体系

指本工程的结构体系，可选选项包括：框架结构、框剪结构、框筒结构、筒中筒结构、剪力墙结构、短肢剪力墙结构、转换层结构、复杂结构、砌体结构和底框结构、配筋砌体、板柱剪力墙、异形柱框架、异形柱框剪、部分框支剪力墙结构、单层钢结构厂房、多层钢结构厂房、钢框架结构等选项。可以根据工程的结构体系进行选择。

(2) 结构主材

指本工程主体结构所选用的主要材料，其中包括：钢筋混凝土、砌体、钢和混凝土等选项。可以根据工程所选用的主要材料进行选择。

(3) 结构重要性系数

按 GB 50010《混凝土结构设计规范》的规定，根据结构的安全等级，选择结构重要性系数。对安全等级为一级或设计使用年

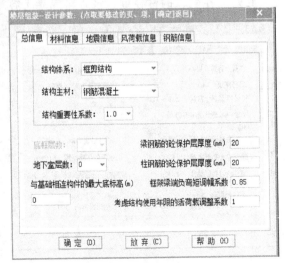

图 2-46　总信息对话框

限为 100 年及以上的结构，不应小于 1.1；对安全等级为二级或设计使用年限为 50 年的结构，不应小于 1.0；对安全等级为三级或设计使用年限为 5 年以下的结构，不应小于 0.9。

（4）底框层数

当结构体系为底部框架结构时，此选项可以使用。按 GB 50011《建筑结构抗震设计规范》的规定，底部框架的最大层数为 2 层。

（5）地下室层数

当建筑有地下室时，在这里输入地下室层数。后续计算软件就按照地下室对结构进行计算。

（6）与基础相连的最大楼层号

是指除底层外，其他层的柱、墙也可以与基础相连，如建在坡地上的建筑，当此值大于 1 时，一层以上的柱或墙可以悬空布置，这些层的悬空柱或墙在形成平面框架的 PK 文件或空间计算 TAT、SATWE 数据时可以自动取为固定端。以上各设计参数在从 PM 生成的各种结构计算文件中均起控制作用。仅有底层与基础相连时此数为 1，如果二层有部分与基础相连此数为 2，依此类推。

（7）梁、柱的混凝土保护层厚度

应按 GB 50010《混凝土结构设计规范》的规定，根据结构构件所处的环境类别填写，默认值为 20mm。

（8）框架梁端的调幅系数

根据《高层建筑混凝土结构技术规程》第 5.2.3 条规定，在竖向荷载作用下，可考虑框架梁端负弯矩乘以调幅系数进行调幅。负弯矩调幅系数取值范围是 0.7～1.0，一般工程取 0.85。可以根据工程的情况对框架梁支座弯矩进行调幅，并确定相应的跨中弯矩。弯矩调幅系数一般采用 0.8～0.9 且不小于 0.8。

（9）考虑结构使用年限的活荷载调整系数

根据《高层建筑混凝土结构技术规程》第 5.6.1 条确定，默认值为 1.0。

2.8.2 材料信息

如图 2-47 所示。

（1）材料容重

混凝土容重、钢材容重、轻骨料混凝土容重、砌体容重根据《建筑结构荷载规范》附录 A 确定，若要考虑构件表面装修层重量时，容重可以适当取大，如混凝土取为 27kN/m³。轻骨料混凝土密度等级，默认值为 1800，钢构件钢材为：Q235、Q345、Q390、Q420。根据《钢结构设计规范》第 3.4.1 条确定，钢截面净毛面积比值为钢构件截面净面积与毛面积的比值。主要墙体材料根据承重墙体的材料选择混凝土、烧结砖、蒸压砖、混凝土砌块。

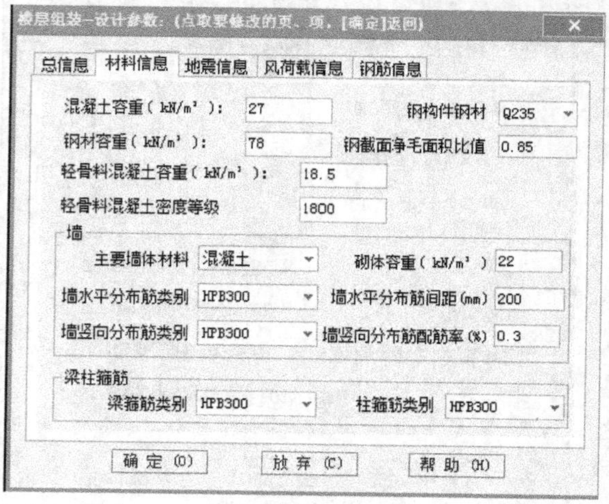

图 2-47 材料信息

（2）钢筋级别

墙水平分布筋和竖向分布筋类别为：HPB300、HRB335、HRB400、HRB500 及 CRB550 级冷轧带肋钢筋、HPB235。

墙水平分布筋间距（单位为毫米，mm）取值范围是 100～400。墙竖向钢筋配筋率（单位为％）的取值范围是 0.15～1.2。

2.8.3 地震信息

此选项组中输入的是有关结构抗震设防的一些参数，包括设计地震分组、地震设防烈度、场地土类别、框架及剪力墙的抗震等级、计算振型个数、结构周期折减系数，如图 2-48 所示。

(1) 设防烈度

应根据 GB 50011《建筑结构抗震设计规范》附录 A 确定工程所在地设防烈度，并根据建筑物的抗震设防类别确定建筑物的设防烈度。用鼠标点击"地震烈度"，程序弹出 6 度（0.05g）、7 度（0.1g）、7 度（0.15g）、8 度（0.2g）、8 度（0.3g）、9 度（0.4g）6 种设防烈度供选择。

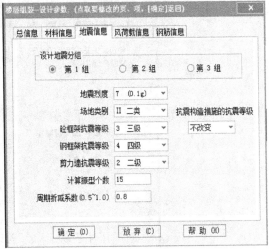

图 2-48　地震信息

(2) 场地类别

应根据 GB 50011《建筑结构抗震设计规范》确定，一般场地类别由该工程的《工程地质勘察报告》提供。用鼠标点击"场地类别"，程序弹出 I_0 一类、I_1 一类、II 二类、III 三类、IV 四类及 V 上海专用场地土类别供选择。

(3) 砼框架、剪力墙抗震等级和钢框架抗震等级

应根据 GB 50011《建筑结构抗震设计规范》及 JGJ 3《高层建筑混凝土结构技术规程》确定。用鼠标点击"砼框架抗震等级"或"钢框架抗震等级"或"剪力墙抗震等级"，程序弹出 0 特一级、1 一级、2 二级、3 三级、4 四级和 5 非抗震 6 种抗震等级供选择。对于不抗震设防或设防烈度小于 6 度的框架或剪力墙采用非抗震选项。

(4) 抗震构造措施的抗震等级

抗震等级分为提高两级、提高一级、不改变、降低一级、降低两级。根据《高层建筑混凝土结构技术规程》3.9.7 条进行调整。

(5) 计算振型个数

计算振型个数一般不少于 15，多塔结构振型数不应小于塔楼数的 9 倍，但这些都是估算方法。一般要根据结构类型选择振型个数，对于大开洞的错层、连体、空旷工业厂房及体育馆等结构要适当增加振型个数。规范规定的振型参与质量的判定方法是一个严格的方法。不论哪种结构类型，应保证每个地震方向的振型参与质量都超过总质量 90％作为选取足够的结构振型数的唯一判断条件。特别注意的是此处指定的振型数不能超过结构固有振型的总数。

(6) 周期折减系数

周期折减的目的是为了充分考虑有填充墙结构的填充砖墙刚度对周期的影响。对框架结构，若砖墙较多，周期折减系数可取 0.6～0.7，砖墙较少时可取 0.7～0.8。对框架剪力墙结构，可取 0.8～0.9。对全剪力墙结构的周期不折减。其他结构形式可以根据填充砖墙的多少参照调整。

2.8.4　风荷载信息

此选项组中输入有关风荷载的信息。包括修正后的基本风压、地面粗糙度类别、体型系数等，如图 2-49 所示。

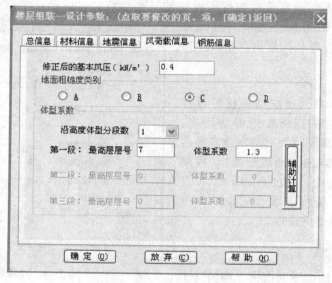

图 2-49　风荷载信息

修正后的基本风压、地面粗糙度类别由《建筑结构荷载规范》确定。具体要求如下。

① 沿高度体型分段数。现代多、高层结构立面变化较大，不同区段内的体型系数可能不一样，程序限定体型系数最多可分三段取值。

② 各段最高层层号。根据实际情况填写。若体型系数只分一段或两段时，仅需填写前一段或两段的信息，其余信息可不填。

③ 各段体型系数。根据《建筑结构荷载规范》确定，也可以点击辅助计算按钮，弹出确定风荷载体型系数对话框，根据对话框中的提示选择建筑体型，确定当前段的风荷载体型系数。

2.8.5　钢筋信息

钢筋强度设计值应根据《混凝土结构设计规范》确定，如图 2-50 所示。如果自行调整了此选项卡中的钢筋强度设计值，后续计算模块将采用修改过的钢筋强度设计值进行计算。

以上对于 PMCAD 模块"设计参数"在对话框中的各类设计参数，当执行"保存"命令时，会自动存储到 .JWS 文件中，对后续各种结构计算模块均起控制作用。

2.9　楼层组装

当各标准层定义完成以后，在图 2-4 屏幕主菜单中选取"楼层组装"进入楼层组装菜单，如图 2-51 所示。

2.9.1　楼层组装

要求把已经定义的各标准层按指定次序搭建为建筑结构整体模型，如图 2-52 所示。

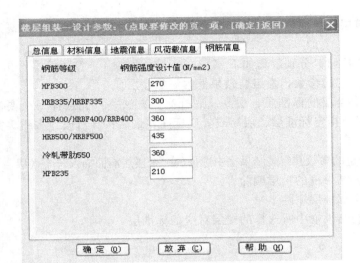

图 2-50　钢筋信息

图 2-51　楼层组装菜单

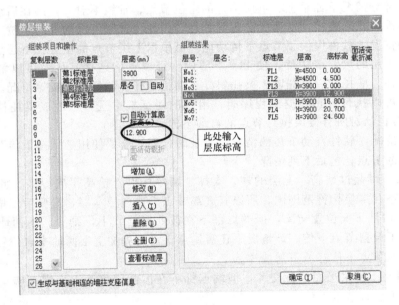

图 2-52　楼层组装对话框

组装项目和操作框有以下参数指定框。

① 复制层数。需要增加的具有同一个标准层的连续楼层数。

② 标准层。需要增加的楼层对应的标准层。

③ 层高。需要增加的楼层的层高。

④ 层名。需要增加的楼层的层名，以便在后续计算程序生成的计算书等结果文件中标识出某个楼层。可以不填。

⑤ 自动计算底标高。选中此项时，新增加的楼层会根据其前一层的底标高加上前一层层高获得一个默认的底标高数值。

⑥ 层底标高输入。指定或者修改需要增加楼层的层底标高。

⑦ 生成与基础相连的墙柱支座信息。勾选此项，确定退出对话框时程序会自动进行相

应处理。

组装结果框列出了每个建筑层的组成信息，它包括层号、层名、对应的标准层、层高及层底标高。

组装项目和操作框中有 6 个按钮，分别解释如下。

① 添加。根据参数指定框指定的参数，在组装结果框内添加楼层。

② 修改。修改组装结果框中楼层的标准层、层高及底标高。方法是：先选择一个要修改的楼层，再从参数指定框内重新指定标准层、层高或者底标高，最后按"修改"按钮，完成修改。

③ 插入。根据参数指定框指定的参数在组装结果框中选择的一个楼层前面插入若干楼层。

④ 删除。将当前选择的组装结果框的楼层删除。

⑤ 全删。将组装结果框中全部楼层删除。

⑥ 查看标准层。显示在组装结果框中所选择的楼层对应的标准层。

2.9.2 节点下传

上下楼层之间的节点和轴网的对齐，是 PMCAD 中上、下楼层构件之间对齐和正确连接的基础，大部分情况下如果上、下层构件的定位节点、轴线不对齐，则在后续的其他程序中往往会视为没有正确连接，从而无法正确处理。因此，针对上层构件的定位节点在下层没有对齐节点的情况，软件提供了节点下传功能，可根据上层节点的位置在下层生成一个对齐节点，并打断下层的梁、墙构件，使上、下层构件可以正确连接，从而可以解决大部分问题，包括梁托柱、墙托柱、梁托墙、梁托斜杆、墙托斜杆、斜杆上铰接等情况。自动下传功能除了在这里可以执行外，在退出程序时，出现的对话框中选择"生成梁托柱、墙托柱节点"，则程序会自动对所有楼层执行节点的自动下传。

对于部分情况，软件自动下传的情况没有及时处理，需要使用"选择下传"功能。交互选取需要下传的节点，包括下列情况。

① 本层梁、墙超过层高、上层的柱、支撑、墙等构件，抬高了底标高。此类情况由于上层构件底部不在本层构件范围内，所以其底部节点未传递至本层，需要手工增加。

② 上、下两墙平面位置交叉，但端点都不在彼此网格线上，则上、下两墙网格线的平面交点上应手工设置节点下传。该情况下还需注意，需要先在上层两墙交点位置手工增加节点，方可指定该节点下传打断下层墙体。

③ 上层墙与下传梁平面位置交叉，但端点都不在彼此网格线上，则上墙与下梁的平面交点位置应手工设置节点下传。

2.9.3 工程拼装

使用工程拼装功能，可以将已经输入完成的一个或几个工程拼装到一起，这种方式对于简化模型输入操作、大型工程的多人协同建模都很有意义。

工程拼装功能可以实现模型数据的完整拼装，包括结构布置、楼板布置、各类荷载、材料强度以及在 SATWE、TAT、PMSAP 中定义的特殊构件在内的完整模型数据。

工程拼装支持两种拼装方式，选择拼装方式后，根据提示指定拼装工程插入本工程的位置即可完成拼装。第一种拼装方式是合并顶标高相同的楼层，形成一个新的标准层。第二种拼装方式是楼层表叠加。这种方式可以将要插入的工程原封不动地追加到本工程中。在点击"楼层表叠加"后，程序首先会要求输入"合并的最高层号"，输入该层号 n 后，要插入的工程从 1 层到 n 层都分别合并到本工程的 1 层到 n 层，形成 n 个新的标准层。n 层以上的楼层，则保持不动地追加到本工程的后面。

单层拼装菜单，可以调入其他工程或本工程的任意一个标准层，将其全部或部分地拼装到当前标准层上。其操作方式同工程拼装方式。

2.9.4 模型

(1) 整楼模型

整楼模型是用三维透视方式显示全楼组装后的整体模型，如图2-53所示。首先选择组装方案，要显示全楼模型就点取"重新组装"项。按照楼层组装的结果把从下到上全楼各层的模型整体地三维显示出来，并自动进入三维透视显示状态。如屏幕显示不全，可按"F6"充满全屏幕显示，然后打开三维实时漫游开关，把线框模型转化为渲染模型。为了方便观察全貌，可用"Ctrl＋按住鼠标滚轮平移，来切换模型的方位视角。"只拼装显示局部的几层模型可以点取"分层组装"项，输入要显示的起始层号和终止层号。"单线图显示"选项指的是楼层组装时按单线图方式显示三维模型。在单线图方式下，柱、梁、斜杆等杆件所画的

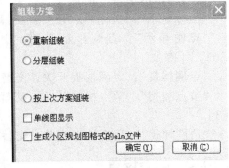

图2-53 整楼模型显示对话框

位置，是忽略了杆件偏心的位置，这样做的好处是便于检查构件之间的连接关系。

在渲染状态下，点击鼠标右键，出现屏幕菜单，可以选择"设置描边"、"线框消隐开关"、"设置背景色"等选项改变三维显示效果。

(2) 动态模型

相对于"整楼模型"一次性完成组装的效果，动态模型功能可以实现楼层的逐层组装，更好展示楼层组装的顺序，尤其可以直观反映出广义楼层模型的组装情况。

2.9.5 支座设置

设置支座功能主要用于JCCAD基础设计程序准备网点、构件以及荷载等信息。支座的设置有自动设置和手工设置两种方式。

① 自动设置。进行楼层组装时，若选取了楼层组装对话框左下角的"生成与基础相连的墙柱支座信息"，并按确定键退出对话框，则程序自动将所有标准层上同时符合以下两条件的节点设置为支座：在该标准层组装时对应的最低楼层上，该节点上相连的柱或墙底标高低于"与基础相连构件的最大底标高"。在整楼模型中，该节点上所连的柱墙下方均无其他构件。

② 手工设置。对于自动设置不正确的情况，可以利用"设置支座"和"取消支座"功能，进行加工修改。

2.10 下拉菜单的使用

用光标在图形区域点取下拉菜单即可调出下拉菜单。

2.10.1 文件系统

"DOS命令"：可随时进入DOS状态并使用DOS命令，然后用EXIT命令回到当前状态，注意退回之前应保持仍在当前子目录下。

"计算器"：可调出计算器作算术计算。

"点点距离"，"点线距离"：用来查询屏幕上已有布置的距离、角度等数据。

"打印绘图"：即时用打印机或绘图机输出当前屏幕图形。

"保存文件"：随时保存已输入的数据及图形，以防止数据丢失。

2.10.2　状态开关

"状态显示"：功能同热键［Ctrl］+［F1］，在屏幕右下边显示各种状态开关的开关情况和层间编辑的层数等信息。

"坐标显示"：坐标显示开关，交替控制光标的坐标值是否显示，功能同热键［F2］。

"点网显示"：点网显示开关，交替控制点网是否在屏幕背景上显示，功能同热键［Ctrl］+［F2］。

"点网捕捉"：点网捕捉开关，交替控制点网捕捉方式是否打开，功能同热键［F3］。

"节点捕捉"：节点捕捉开关，交替控制节点捕捉方式是否打开，功能同热键［Ctrl］+［F3］。

"角度捕捉"：角度捕捉开关，交替控制角度捕捉方式是否打开，功能同热键［F4］。

2.10.3　状态设置

"网点设置"：功能同热键［F9］。

"靶区设置"：功能同热键［F9］。

"角度设置"：功能同热键［F9］。

"圆弧精度"：屏幕上的圆弧是用圆的内接多边形显示，圆弧精度指的是内接多边形的边数，程序隐含为48。功能同热键［F9］。

"填充开关"：屏幕上的墙、梁和柱是否填实显示。

"背景颜色"：用来临时修改屏幕背景、菜单区、命令行区等的颜色。如果用彩色矢量方式打印，为避免大面积覆盖背景，可用此菜单将屏幕背景色改为纯白。

2.10.4　显示变换

设置各种图形缩放显示的功能菜单。

2.10.5　图素编辑

该项菜单组用于对平面网格和结构布置的编辑修改，编辑时，网格及其上布置的构件可同时被操作。选取图素时，程序提供光标直接点取方式、开窗口选取方式和用直线截取方式，三种方式之间用［Tab］键切换选择。

(1)"拖动复制"和"图素拖动"

可分为以下两种拖动方式。

① 一次点取拖动。用光标选取图素后可立即进行拖动，拖动到新的位置后回车即可（拖动到新位置时光标上无捕捉功能）。

② 连续点取拖动。用光标选取图素后，如需继续选取其他图素（或需要准确定位）则按［Tab］进入连续点取方式，继续点取其他图素，点完所有图素后按［Esc］键。此时程序要求点取"基点"，它是被拖动所有图素的参照点，然后移动图素到新位置后再点取"目标点"，目标点是拖动终点的参照点。点取基点和目标点时光标处有捕捉功能，可以准确利用已有图素定位，还可以按［Home］、［End］转为键盘数值输入方式（本功能类似 AutoCAD

中的 COPY 命令和 MOVE 命令)。

(2)"平移复制"

是用数据指示平移或复制的方向和距离,还可以陈列复制。操作上要先指示复制方向和距离,再点取图素。步骤是:先键入基准点,再拉一条直线指示复制的方向,键入在该方向上复制的间距和次数,最后逐个点取复制的图素。复制结果有两种:一种是在输入复制间距和次数时,仅输入指定方向的间距和次数,进行单方向复制;另一种是在输入复制间距和次数时输入指定方向复制的距离和次数,以及与该方向垂直方向的复制的距离和次数,进行陈列复制(本功能操作类似 AUTOCAD 中的 ARRAY 命令)。

(3)"图素平移"

是用数据指示平移的方向和距离。操作上要先指示移动的距离和方向,再点取图素。

(4)"端点拖动"

用直接点取方式时,点取需要拖动的节点,随后所有与该节点相连图素的相连端被拖动,而另一端不动。用窗口方式拖动时,两端点均在窗口内的图素被整体拖动,只一端节点在窗口内,另一端在窗口外的图素是端点拖动(本功能操作类似 AUTOCAD 中的 STRETCH 命令)。

(5)本列中其他编辑菜单

"旋转复制":本功能操作类似 AutoCAD 中的 ARRAY 命令的环形阵列复制。

"图素旋转":本功能操作类似 AutoCAD 中的 ROTATE 命令。

"镜像复制":本功能操作类似 AutoCAD 中的 MIRROR 命令,镜像后源图不删除。

"图素镜像":本功能操作类似 AutoCAD 中的 MIRROR 命令,镜像后源图删除。

"图素截断":本功能操作类似 AutoCAD 中的 BREAK 命令。

"图素延伸":本功能操作类似 AutoCAD 中的 EXTEND 命令。

"删除图素":删除已布置的内容。

"恢复图素":恢复已删除的布置,但经过重新生成网点以前删除过的内容不能再被恢复。

"一步 UNDO":回退一步操作,仅对刚刚进行的"轴线输入"菜单内的操作起作用。

"设置标记"、"清除标记"、"标记 UNDO":当前设置一个标记,以后如用"标记 UN-DO"则可回退到标记处,程序最多可回退五步。

"确认开关":如打开确认开关,则选中图素的操作后会增加一个"确认"的步骤。

2.10.6 网点编辑

功能与右列主菜单"形成网点"下的"网点编辑"相同。

2.10.7 层间编辑

功能与右列主菜单"楼层定义"下的"层间编辑"相同。

2.11 退出程序

点取此菜单后程序会提示是否存盘退出。如果选择不存盘退出,则程序不保存已做的操作并直接退出主菜单 1。如果选择存盘退出,则程序保存已进行的操作,同时程序对模型整理归并,生成与后面菜单接口的数据文件,并接着给出如图 2-54 所示的提示。

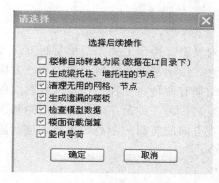

图 2-54　退出程序对话框

2.11.1　楼梯自动转换为梁

若建立楼梯模型，退出时可选择是否将楼梯转化为梁到模型中。如选择此项，则程序将已建好的模型拷入工作子目录下的 LT 子目录，并自动将每一跑楼梯和其上下相连的平台转化为一段折梁，在中间休息平台处增设 250×250 层间梁。

原有工作子目录中的模型将不考虑模型中楼梯布置的作用，楼梯只是一个显示，不参与整体计算，其计算与往常相同。而在 LT 子目录下的模型中，楼梯已转化为折梁杆件，该模型可进一步修改。在 LT 子目录下进行 SATWE 等计算，则会考虑楼梯的作用。

2.11.2　生成梁托柱、墙托柱的节点

若模型有梁托上层柱或斜柱、墙托上层柱或斜柱的情况，则应执行这个选项。当托梁与托墙相应位置上没有设置节点时，程序自动增加节点，以保证结构设计计算的正确进行。

2.11.3　清除无用的网格、节点

模型平面上的某些网格节点可能是由某些辅助线生成，或由其他层拷贝而来。这些网点可能不关联任何构件，也可能会把整根的梁或墙打断成几截，打碎的梁会增加后面的计算负担，不能保持完整梁段的设计概念，有时还会带来设计误差。因此，应选择此项把它们自动清理掉。执行此项进入模型时原有各层无用的网格、节点都将被自动清理删除。

2.11.4　生成遗漏的楼板

如果某些层没有执行"生成楼板"菜单，或某层修改了梁、墙的布置，对新生成的房间没有再用"生成楼板"去生成，则应在此选择执行此项。程序会自动将各层及各房间遗漏的楼板自动生成。遗漏楼板的厚度取决于各自层信息中定义的楼板厚度。

2.11.5　检查模型数据

勾选此项后，程序会对整楼模型可能存在的不合理之处进行检查和提示，可以选择返回建模核对提示内容、修改模型，也可直接继续退出程序。该项检查包含的内容如下。

- 墙洞超出墙高。
- 两节点间网格数量超过 1 段。
- 柱、墙下方无构件支撑并且没有设置成支座（柱、墙悬空）。
- 梁系没有竖向杆件支撑而悬空（飘梁）。
- 广义楼层组装时，因为底标高输入有误等原因造成该层悬空。
- 正负为零以上楼层输入了人防荷载。

2.11.6　楼面荷载导算

利用程序进行楼面上恒载、活载的导算，完成楼板自重计算，并对各层各房间进行从楼板到房间周围梁、墙的导算，如有次梁则先做次梁导算以生成作用于梁墙的恒、活荷载。

2.11.7　竖向导荷

完成从上到下顺序各楼层恒载、活载的导算，生成作用在底层基础上的荷载。

另外，确定退出此对话框时，无论是否勾选任何选项，程序都会进行模型各层网点、杆件的几何关系分析，分析结果保存在工程文件 layadjdata.pm 中，为后续结构设计菜单进行必要的数据准备。同时，对整体模型中可能存在的缺陷，进行提示。

2.12 交互式输入操作步骤小结

交互式输入操作步骤小结如下。

① 修改 WORK.CFG 文件，确定使用平面的宽、高区域，网格尺寸，角度捕捉值等。

② 点主菜单 1 "交互式输入数据"进入交互程序，再进入新或旧工程操作。

③ 点取 "轴线输入"菜单，绘制平面网格。

④ 点取 "网点生成"菜单，输入各建筑轴线的轴线号。

⑤ 点取 "楼层定义"→"布置构件"→"新建"，定义该建筑各层布置时需用的柱、梁、墙及洞口截面尺寸。

⑥ 点取 "楼层定义"菜单，布置结构标准层，这是工作最重要的一步，可同时生成所有的结构标准层。

⑦ 点取 "荷载输入"菜单，输入各结构标准层的梁、墙、柱等构件的恒、活荷载标准值。

⑧ 点取 "楼面恒活"菜单，定义各荷载标准层的楼面恒、活荷载标准值。

⑨ 点取 "楼层组装"菜单定义各楼层采用的结构标准层号、荷载标准层号和该楼层高度，并修改总信息、地震信息、材料信息、风荷载信息和绘图参数。

⑩ 点取 "退出程序"菜单，程序对以上数据整理归并，并检查数据文件，然后退出。

以上①～⑩项可反复操作。

以上①～⑩项操作完后，接着顺序执行 PMCAD 主菜单 2、3。

2.13 本章操作产生的文件

执行主菜单 1 时，若输入的工程名称为 WW，则操作后主要产生下列文件。

WW.：图形设置和轴线图文件。

WW.JWS：建模数据文件。

WW.JWN：总信息和当前层信息。

WW.JZB：各标准层信息。

WW.B：是 WW 的备份文件。

WW.BWN：是 WW.JWN 的备份文件。

WW.BZB：是 WW.JZB 的备份文件。

WW.JAN：平面轴线文件。

WW.PM：给 PMCAD 数据检查准备的标准格式的 PM 数据文件。

TATTDA1.PM、PMDA2.PM：传给后面程序的数据文件。

2.14 本章操作常见问题

① 当发生节点过密状况，特别是各结构标准层合并后的总网格中节点过密时，可点"网节生成"菜单下的"节点距离"菜单，加大节点的合并距离从而把相距过近的多个节点

合并为一。为了保证后续计算软件的计算准确，建议将节点距离设置为大于或等于 200mm。

② 上下层位置应对齐的网格节点应确保对齐，以免形成总节点网格后的节点过多过密。

③ 多使用偏心布置构件，以减少过近过密的网格节点产生。但不应把杆件偏心至另一相邻节点上。

④ 为减少荷载导算出错机会，布置墙处的各层上下节点尽量对应一致，即该部位各层网格节点不宜不同。

⑤ 墙悬空时其下层的相应部位一定要布置梁。

⑥ 洞口不能跨越墙的两个节点和上下层之外，对跨越节点的洞口应作为两洞口输入。但是，如果按先输入大洞口，再输入洞口上节点网格的次序，则程序会自动切割跨越新增节点的洞口为两个洞口。

另一方面，如在两节点之间输入了两个洞口，则程序会在两洞口中间自动加上一个节点。

⑦ 若在数据检查时发现与交互式输入的模型不一致，或发生错误时，可把各层重新生成一下网点（可利用节点对齐功能，则各层可自动形成网点）。

⑧ 两节点之间只能有一个杆件相连，对于两节点间既有弧梁又有直梁的情况时，应在弧梁上设置一个节点。

⑨ 梁间荷载布置完毕后如果对结构平面进行较大调整时，应先将需要调整部分的梁间荷载删除，再进行结构平面修改，否则会产生很多标准荷载类型，不便于用户检查。

⑩ 无用的标准构件及洞口可以删除，删除时应确保该构件在各结构标准层不再使用。

⑪ 定义的结构标准层及荷载标准层序号应采用自下而上的顺序排列，以便用户检查。

⑫ 对于错层结构，当错层高度小于框架梁截面高度时，一般可以忽略错层因素影响，可以视为同一楼层，层高可近似取错层部分楼面标高的平均值；当错层高度大于框架梁截面高度时，各部分楼板应作为独立结构标准层进行计算，此时错层部分应视为独立的楼层。

⑬ 退出程序时，如果程序检查有数据错误，必须重行进入 PM 主菜单 1 进行修改，直到数据检查没有错误后，才可以进行 PM 主菜单 2 操作。

2.15 荷载输入中应注意的事项

① 所有荷载均输入标准值。

② 楼面均布荷载和活载必须分开输入。

③ 楼面均布恒载程序默认是包括楼板自重，若由程序自动计算楼板自重，用户输入的楼面荷载中应扣除楼板自重。

④ 梁、墙、柱自重程序自动计算，不需要输入，但框架填充墙需要折算成梁间均布恒载输入。

⑤ 柱间荷载输入时，程序在柱的 Y 向边会出现两条白线，可据此判断柱间荷载的 X、Y 方向。

⑥ 人防地下室设计时，输入的活荷载不包括人防荷载，其荷载应到 SATWE 中输入。地下室顶板的人防设计应到 PMCAD 主菜单 5 中的楼板计算时输入。

⑦ 预制板是自动按单向板传力。

⑧ 楼板全房间开洞时，该房间的荷载将被扣除。楼板厚度为零房间，该房间的荷载仍能导算到梁、墙上，但画平面图时不会画出板钢筋。

⑨ 程序为自动考虑活荷载的折减，用户如需要进行楼面梁活荷载折减，应在 PMCAD 主菜单 3 中荷载导荷时选择折减选项。

第3章 平面荷载显示与校核

通过执行主菜单 2 "平面荷载显示校核"，可以检查 PM 主菜单 1 中交互输入和自动导算的荷载是否准确，不会对荷载结果进行修改或重写，也有荷载归档的功能。进入程序后，出现如图 3-1 所示菜单。

可校核的荷载有两类。一类是程序自动导算出的荷载，即楼面传导到承重梁、墙上的荷载和梁自重。另一类是用户在 PM 主菜单 1 中人机交互输入的荷载。这类荷载在 PM 主菜单 1 输入时可能较多、较复杂，但在这里可得到人机交互输入的清晰记录。

图 3-1　平面荷载显示校核

3.1　选择楼层

本选项用于选择校核荷载的楼层，选择该项，程序弹出选择楼层对话框，用鼠标点取需要校核的楼层号，按 "确定" 按钮，屏幕显示该楼层的荷载。

3.2　上一层

点取此菜单后直接切换到当前层的上一层。

3.3　下一层

点取此菜单后直接切换到当前层的下一层。

3.4　荷载选择

本选项用于选择需要显示的荷载类型。选择该项，程序弹出荷载校核选项对话框，如图

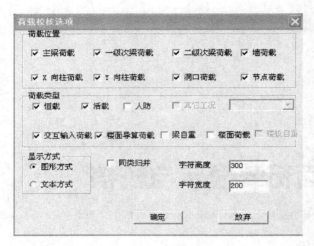

图 3-2 荷载校核选择对话框

3-2 所示，其中的墙荷载是指作用在墙上的荷载，柱荷载指的是作用在柱上的荷载，梁荷载指的是作用在梁上的荷载，楼面荷载指的是作用在楼板上的均布面荷载，楼面导算荷载指的是由楼板传到墙或梁上，再由次梁传给主梁的由程序自动算出的荷载。交互输入荷载指的是在主菜单 1 中通过荷载输入菜单输入的梁间荷载、柱间荷载、墙间荷载等。梁自重是指的程序自动算出的梁自重荷载。楼板自重是指由程序自动算出的楼板自重。当在主菜单 1 中荷载输入里面的恒活设置里面勾选了"自动计算现浇板自重"选框，在这里就可选。同类归并指的是把能合并的同类荷载合并为一个，如同一根梁上同一工况的两个集中力，如果位置一样，就可以合并成一个荷载表示。

用户可用鼠标点击各荷载类型前面的复选框，选择要显示的荷载种类，按"确定"按钮，屏幕将按用户的要求显示荷载简图。程序默认为图形方式输出，如果用户选择文本方式，程序将输出文本文件"梁墙柱荷载平面图.txt"。平面荷载校核以文本方式显示荷载时，各校核项目中的荷载类型按 PK 中定义。

3.5　荷载开关

为了使用户清楚地看到各种荷载，程序提供了多种开关。

① 竖向、横向开关。此菜单是竖向荷载或横向荷载显示切换开关。

② 恒载、活载开关。此菜单是恒荷载或活荷载显示切换开关。

③ 输入开关。此菜单是交互输入荷载，如用户输入的梁、墙、柱及节点荷载的显示切换开关。

④ 导算开关。此菜单是楼面导算到墙、梁的荷载显示切换开关。

⑤ 楼面开关。此菜单是楼面荷载显示切换开关。

3.6　荷载归档

这一项菜单的功能，可以将各层平面荷载简图归档。点击此菜单，程序弹出如图 3-2 所示的选择荷载归档选项对话框，点确定后，弹出如图 3-3 所示荷载归档对话框。用户在此选择需要归档的楼层，程序自动输出各层梁、墙、柱及楼面荷载平面图。输出文件为"第 n 层梁、墙、柱节点及楼面荷载平面图"。

3.7　查荷载图

这一项菜单的功能，可以显示归档的荷载平面图。

3.8 竖向导荷

这是一项菜单的功能，可计算出作用于任一层柱底或墙底的由其上各层传来的恒、活荷载，可以根据荷载规范的要求考虑活荷载折减，可以输出某层的总面积及单位面积荷载，可以输出某一层以上的总荷载，可以输出荷载的设计值，也可以输出标准值，如图 3-4 所示。当同时选择恒载和活载时，可以输出荷载的设计值。单独选择恒载或活载时，可以输出荷载的标准值。

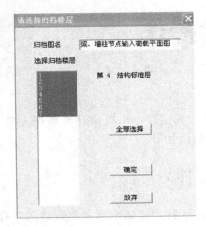

图 3-3 荷载归档对话框

图 3-4 竖向导荷对话框

选取活荷载折减后，出现各层活荷载折减系数。程序取 GB 50009《建筑结构荷载规范》中表 4.1.2 的值作为隐含值，可以根据工程的具体情况修改各层活荷载的折减系数。

同时选取恒、活荷载时出现恒、活荷载的分项系数菜单，如图 3-5 所示。程序隐含恒载为 1.2，活载为 1.4。用户可以根据相关的结构设计规范规定，修改这两个分项系数。

按"确定"按钮后，程序以图形或文本的方式输出每根柱和墙上荷载值。

当选择荷载图表达方式时，是按每根柱或每段墙上分别标注由其上各层传来的恒活荷载。

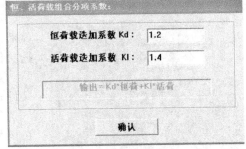

图 3-5 荷载分项系数调整对话框

注意：在"竖向荷载"中调整过的系数仅对其输出的校核文件有用，不会改变 PM 主菜单 1 输入的荷载，也不会改变与其他结构计算软件接口的 PM 荷载文件。

3.9 导荷面积

导荷面积菜单用来显示参与导荷的房间号及房间面积，点取此菜单后屏幕显示房间号和导荷面积。

第4章 PM综合操作

本章介绍 PMCAD 的一些其他功能，包括为平面杆系计算模块 PK 提供计算数据文件、现浇钢筋混凝土楼板计算与配筋设计、结构平面施工图辅助设计等。

4.1 生成平面杆系计算数据文件（PK 文件）

本节介绍 PM 主菜单 4 "形成 PK 文件"。此项功能应在运行 "建筑模型与荷载输入" 程序后运行。它可以生成平面上任意一榀框架的数据文件和任一层上单跨或连续次梁按连续梁格式计算的数据文件。连续梁数据可一次生成能画在一张图上的多组数据，还可生成底部框架上部砖房结构的底部框架数据文件，并且在文件后部还有绘图所需的若干绘图参数。

图 4-1 形成 PK 文件主界面

启动此程序，显示如图 4-1 所示的形成 PK 文件主界面，在界面底部显示工程数据名称和已生成的 PK 数据文件个数。

点取一次相应的项 1、2 或 3，就生成一个 PK 数据文件，多次点取后就生成多个数据文件。

程序生成的 PK 数据中，都不包括梁、柱的自重，在恒荷载中都扣除了自重部分，杆件的自重一律由 PK 程序计算，但楼板的自重应在 PM 主菜单 "建筑模型与荷载输入" 时加在楼面荷载中。在 PMCAD 主菜单 1 的等截面梁生成的挑梁是等截面挑梁，若要改为变截面挑梁，可在已经形成的 PK 数据文件中把挑梁的标准截面数据按 PK 说明书变截面梁的第七类标准截面改写，或在 PK 绘图时用修改挑梁的对话框来改变成变截面挑梁。如果挑梁和相邻的框架梁有高差，可在 PK 绘图时用修改挑梁的对话框来设置挑梁的高差。

生成的 PK 数据文件后部，包含了绘图补充数据文件的很多内容，主要是次梁信息、各柱偏心和各柱或支座的轴线号、连续梁的支座状况（柱、梁或墙）等。在框改为变截面挑梁时，可在 PMCAD 框架数据文件中，这些信息放在地震信息之后，以 77777 作为标志开始，在连续梁数据中以 88888 作为标志开始。这些数据均可补充并通过 PK 结构计算，传输给后面的绘图操作。

4.1.1 框架生成

进入此项后，显示出底层的结构平面图。此时可在屏幕右侧用光标点取风荷载来输入风荷载信息，也可点取文件名称栏目，给框架命名。

(1) 风荷载输入

用光标点取"风荷载"按钮，程序打开风荷载输入对话框，如图4-2所示。用户可以在此输入有关风荷载的数据。风荷载输入时注意风力作用方向与建筑X方向的夹角，不应与框架方向垂直，否则迎风面积将为零，计算不出风力作用。当采用程序自动计算迎风面宽度时，若宽度不准确，可人工干预、修正各层迎风面宽度，来调整框架上的风力值。

应当注意风荷载计算标志程序默认参数为"0"即不计算风荷载，用户进入风荷载输入对话框中应首先将该项参数改为"1"，程序才能进行风荷载计算。

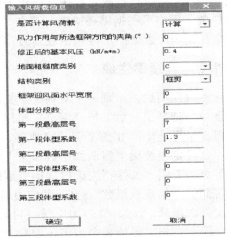

图4-2 风荷载输入对话框

(2) 框架命名

进入框架生成界面，系统提示"输入要计算框架的轴线号"，输入后系统自动形成框架数据文件，缺省的文件名称为"PK-轴线号"。若轴线号中含"/"将予以忽略，即"PK-1/C"，将成为"PK-1C"。若点取的框架没有轴线名称，将按生成的框架次序设置缺省文件名，例如"PK-01"等。框架的点取方式可按轴线号方式点取，或用［TAB］键切换成用光标点取起止点方式点取。

点取文件名称栏目，使输出文件名称变红即可输入用户指定的文件名称，名称的格式是PK-＊＊。

(3) 柱的计算长度

柱的计算长度按现浇楼盖取值，底层框架柱取1，其余层取1.25，对顶层边柱若与之相连的是铰接梁则按1.5取值。若实际结构不同时，可在PK数据文件中修改。PK数据文件的各部分数据前有汉语拼音说明提示。

(4) 框架平面外方向梁的影响

框架平面外方向梁的影响程序也进行了考虑：框架平面外方向梁对柱有偏心时，在节点增加了集中力与弯矩作用；挑梁的悬挑长度增加了垂直方向梁宽的1/2，并且垂直方向梁传来的集中力作用位置仍按原位置（没加长1/2宽）时考虑。

(5) 复杂形式的框架

对复杂形式的框架处理：若柱或梁有变截面情况时，在变截面处增加了一个PK节点；对带斜撑的结构在框架生成时作为斜柱考虑；可以生成基础在不同层高位置的框架，但若是同一层基础只是标高有调整，只能在生成的PK文件中修改节点坐标值来实现；对于由多根PM梁形成的一根PK梁，在每段PM梁上对梯形荷载进行局部的简化变成局部的均布荷载，其他荷载则保持原状。

当所形成的框架中的梁是搭接在混凝土墙上且墙与梁平行时，程序自动形成一个高700mm的扁柱；若梁是搭接在砖墙上时，程序形成一个铰接杆作为梁的支撑。

4.1.2 上层砖房的底层框架

当生成砖混底框数据时，必须先进行砌体结构计算（执行砌体结构辅助设计主菜单 3）。在底层框架中若有剪力墙，可以选择将荷载不传给墙而加载到框架梁上，参加框架计算。生成的底层框架荷载，考虑了砖混抗震计算时的墙梁作用梁荷载折减系数。当由多段 PM 梁形成一根 PK 梁时，折减系数按其中较大值考虑。上层砖房传下的梁间荷载与节点荷载单独作为加载，用户可根据需要调整。若在"砌体结构建模与荷载输入"时抗震等级取值为五级，则生成的 PK 数据中不再包括地震力作用信息，仅含有上层砖房对框架的垂直力作用。

4.1.3 连续梁生成

点取此项后，出现一个对话框，提示要点取连续梁所在层号。可在屏幕右侧的下拉列表中选择。选择层号后，按"继续"按钮进入连梁选择平面。点取屏幕右侧的"当前层号"可以再次选择连梁所在的平面；点取屏幕右侧的"抗震等级"，可以设定连续梁的抗震等级。程序已设定连续梁上箍筋加密区和梁上角筋连通。若想取消加密区及角筋连通时，可设定抗震等级为五级（如按框架梁抗震构造画图则应结合三维计算 SATWE 软件画梁图）。点取屏幕右侧的"已点取组数"，还可设定此连续梁的 PK 文件程序自动生成连续梁名称为"LL-点取文件次序号"，如"LL-01"等（目前工程上通常将剪力墙连梁的代号用"LL-××"表示，因此在施工图绘制中为了不将楼面连续梁与剪力墙连梁混淆，对于楼面连续梁应采用"L-××"）。当点取完一组连续梁后，若想在同一张图上画多组连梁，还可以连续点取第二组，点取前还可以切换层号点取。

点取连梁时，可以选择 PM 的主梁、一级次梁、二级次梁，但要求它们应连接在一条直线上。程序首先自动判断生成连续梁支座（红色为支座，蓝色为连通点），用户可根据需要重新定义支座情况，然后按〔Esc〕键退出。程序自动生成支座的判断原则是：次梁与主梁的交点必为支座点；主梁与主梁交点时，当支撑梁高大于此梁高 50mm 以上时判定为支座点；柱墙的支撑一定作为支座点。

生成的连续梁数据文件一般应针对各层平面上布置的次梁或非框架平面内的主梁，它在连续梁画图时的纵筋锚固长度按非抗震梁选取，这点在使用中应予注意！否则需用 TAT、SATWE 软件计算。

对于砖混底层框架顶部的连梁，在点取时提示是否考虑上部砖房传下的荷载（此时应执行过砌体结构辅助设计主菜单 3，完成砖混抗震计算，且在计算时定义底框层数为该层）。如果考虑上部砖混荷载则程序自动单独进行一次加载，把砖混荷载加至连梁上，但此时不再考虑上部墙梁的折减作用。

4.2 绘制结构平面图

执行主菜单 3 "画结构平面图"，可以完成框架结构、框剪结构、剪力墙结构的结构平面图绘制，并且可以完成现浇楼板的配筋计算。

可选取任一楼层绘制其结构平面图，每一层绘制在一张图纸上，图纸名为 PM*.T，"*"号为层号。

结构平面图上梁墙既可以用虚线画，也可以用实线画，一般程序按实线画平面图上梁、墙。用户需用虚线画平面上梁墙时，可修改绘图参数对话框中的参数，类似这样的控制参数，均记录在 CFG 目录下的"用户绘图参数.MDB"文件中。

本菜单也可以完成楼板的人防设计，PKPM 系统的楼板人防设计应由本模块完成，如地下室顶板等。当人防等级非零且板的人防等效荷载非零时，在板内力计算程序时程序自动取板等效荷载，同时按人防规范计算板的配筋。

下面详细介绍通过程序绘制结构平面图的方法。

执行主菜单 3 "绘制结构平面图"，进入板施工图主程序，如图 4-3 所示。程序默认进入 1 层板施工图，若要切换画任一层板施工图，只需在界面上方工具栏里选择要画的楼层即可。

图 4-3 绘制结构平面图主菜单

4.2.1 绘新图

如果该层没有执行过画结构平面施工图的操作，程序直接画出该层的平面模板图。

如果原来已经对该层执行过画平面图的操作且当前工作目录下已经有当前层的平面图，则执行 "绘新图" 命令后，程序提供两个选项，如图 4-4 所示。其中 "删除所有信息后重新绘图" 是将内力计算结果、已经布置过的钢筋以及修改过的边界条件等全部删除，当前层需要重新生成边界条件，内力需要重新计算。"保留钢筋修改结果后重新绘图" 是指保留内力计算结果及所生成的边界条件，仅将已经布置的钢筋施工图删除，重新布置钢筋。

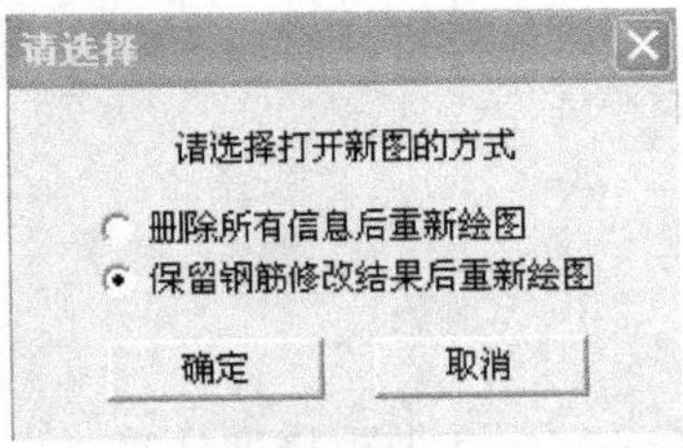

图 4-4 选择新图打开方式对话框

4.2.2 参数设置

在计算楼板配筋及绘制结构平面图前必须确定配筋参数及绘图参数。若采用程序默认参数或以前已经修改过参数，可以跳过此步。点击 "计算参数" 按钮，程序进入楼板配筋参数设置对话框，如图 4-5 所示。

（1）配筋计算参数

用户可以根据工程的具体情况结合结构设计规范对此菜单中的各选项进行调整。其中需要详细说明如下。

① 负筋最小直径、底筋最小直径、钢筋最大间距。程序在选实配钢筋时首先要满足规范及构造要求，其次再与用户此处设置的数值做比较，若自动选出的直径小于用户所设置的数值，则取用户所设的值，否则取自动选择的结果。

② 双向板计算方法。程序提供两种算法，即弹性算法和弹塑性算法。弹性算法偏于安全，塑性算法用钢量较少。

③ 边缘梁、剪力墙算法。程序提供两种算法，按简支计算和按固端计算。

④ 有错层楼板算法。程序提供两种算法，按简支计算和按固端计算。

⑤ 钢筋级别。程序提供了多种钢筋级别，由用户自行选择。

⑥ 钢筋强度用户指定。用户可以自行指定钢筋强度设计值。

⑦ 最小配筋率用户指定。对于受力钢筋最小配筋率为非规范指定值时，用户可指定最小配筋率，程序计算时则取此值做最小配筋计算。

⑧ 是否根据允许裂缝挠度自动选筋。选择此项，程序选出的钢筋不仅满足强度计算要求，还满足允许裂缝宽度要求。

⑨ 允许裂缝宽度数值。用户可以自行设定允许裂缝宽度数值。

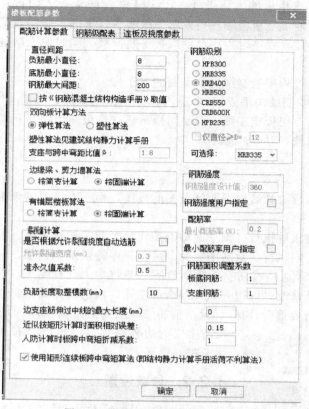

图 4-5 楼板配筋参数设置对话框

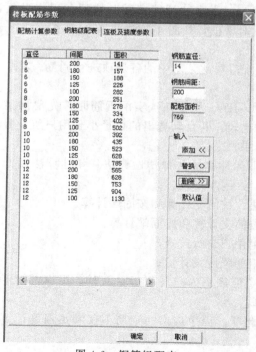

图 4-6 钢筋级配表

⑩ 准永久值系数。在做板挠度计算时，荷载效应为准永久组合，其中活荷载的准永久值系数采用此处用户设定的值。

⑪ 负筋长度取整模数。对于支座负筋长度按此处所设置的模数取整。

⑫ 矩形连续板跨中弯矩算法。即《建筑结构静力计算手册》第四章第一节（四）中介绍的考虑活荷载不利布置的算法。

⑬ 边支座伸过中心线的最大长度。对于普通的边支座，一般做法是板负筋伸至支座外侧减去保护层厚度，根据需要再做弯锚。但对于边支座过宽的情况下，可能造成钢筋的浪费，因此程序规定支座负筋至少伸至中心线，在满足锚固长度的前提下，伸过中心线的最大长度不超过用户所设定的数值。

⑭ 近似按矩形计算时面积相对误差。由于平面布置的需要，有时候在平面中存在这样的房间，与规则矩形房间很接近，如规则房间局部切去一个小角、某一条边是圆弧线，但此圆

弧线接近于直线等。对于此种情况，其板的内力计算结果与规则板的计算结果很接近，可以按规则板直接计算。为保证计算结果的正确性，建议板面积的相对误差宜控制在15％以内。

⑮ 人防计算时板跨中弯矩折减系数。根据《人民防空地下室设计规范》第4.10.4条规定，当板的周边支座横向伸长受到约束时，其跨中截面的计算弯矩值可以乘以折减系数0.7。用户可自行设定板跨中弯矩折减系数。

⑯ 钢筋面积调整系数。板底钢筋放大调整系数/支座钢筋放大调整系数。程序隐含值为1。

用户调整完相应的参数后，点"钢筋级配表"按钮，程序弹出板钢筋级配表，如图4-6所示。表中是程序设定的隐含值，用户可按本单位的选筋习惯对此表进行修改，也可直接按"确定"按钮采用程序设定的隐含值。点"连板及挠度参数"按钮，如图4-7所示，设置连续板计算时所需的参数。此参数设置后，对此设置后所选择的连续板串才有效，其中：负弯矩调幅系数，对于现浇板，一般取1.0；左下端支座，指连续板串的最左（下）端边界；右上端支座，指连续板串的最右（上）端边界；次梁形成连续板支座，在连续板串方向如果有次梁，次梁是否按支座考虑。

⑰ 荷载考虑双向板作用。形成连续板串的板块，有可能是双向板，此块板上作用的荷载考虑是否为双向板的作用。如果考虑，则程序自动分配板上两个方向的荷载；否则板上的均布荷载全部作用在该板串方向。

⑱ 挠度限值的设定。在做板挠度计算时，挠度值是否超限，按此处用户所设置的数值验算。

（2）绘图参数

选择此菜单程序将弹出画平面图参数对话框，如图4-8所示。用户可以根据工程的具体情况结合制图规范对此菜单中的各选项进行调整。其中需要详细说明如下。

① 负筋位置。界限位置是指负筋标注时的起点位置。

② 负筋标注。可按尺寸标注，也可按文字标注。两者的主要区别在于是否画尺寸线及尺寸界线。

③ 多跨负筋长度。当选取"程序内定"时，与恒载和活荷载的比值有关，当活荷载标

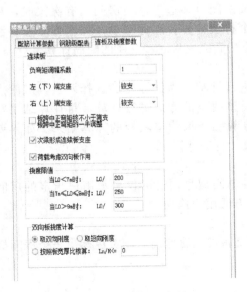

图4-7 连板及挠度参数

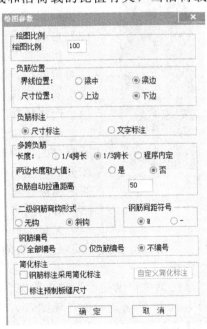

图4-8 绘图参数设置

准值小于等于3倍恒荷载标准值时，负筋长度取跨度的1/4；反之，负筋长度取跨度的1/3。对于中间支座负筋，两侧长度是否统一取大值，也可以由用户指定。

④ 钢筋编号。板钢筋编号时，相同的钢筋均编同一个号，只在其中的一根上标注钢筋信息及尺寸。不要编号时，则图上的每根钢筋没有编号号码，在每根钢筋上均要标注钢筋的级配及尺寸。用户画钢筋时，可以指定何类钢筋需要编号。

⑤ 简化标注。钢筋采用简化标注时，对于支座负筋，当左右两侧的长度相等时，仅标注负筋的总长度。用户也可以自定义简化标注。

4.2.3 钢筋混凝土楼板内力和配筋计算

在此可以计算钢筋混凝土现浇板的内力及配筋。点图4-3中"楼板计算"，程序进入楼板计算二级菜单，如图4-9所示。

图4-9 楼板计算二级菜单

(1) 修改板厚和修改荷载

此处也可以修改各房间的板厚和板面荷载，相当于对主菜单1"建筑模型与荷载输入"的建模数据进行了修改。

(2) 修改板边界条件

板在计算之前，必须生成各块板的边界条件。首次生成板的边界条件按以下条件形成。公共边界没有错层的支座两侧均按固定边界。公共边界有错层（错层在10mm以上）的支座两侧均按楼板配筋参数中的"错层楼板算法"设定。非公共边界（边支座）且其外侧没有有悬挑板布置的支座按楼板配筋参数中的"边缘梁、墙算法"设定。非公共边界（边支座）且其外侧有悬顶挑板布置的支座按固定边界。

用户可以对程序默认的边界条件（简支边界、固定边界）加以修改。程序分别用红色、蓝色代表固定边界和简支边界。板的边界条件在计算完成后可以保存，下次重新进入修改边界条件时，板的边界条件读取保存的结果，也可以读取程序默认的结果。

(3) 自动计算

房间就是由主梁和墙围成的闭合多边形。当房间内有次梁时，程序对房间按被次梁分割的多个板块计算。点此菜单，程序自动按各独立房间计算板的内力，对每个房间完成板底和支座的配筋计算。

(4) 连板计算

对用户确定的连续板串进行计算。用鼠标左键选择两点，该两点所跨过的板为连续板串，并沿该两点的方向进行计算，将计算结果写在板上，然后用连续板串的计算结果取代单块板的计算结果。如果要取消连板计算，只能重新点取"自动计算"。

(5) 房间编号

选此菜单可以全层显示各房间编号，也可仅显示用户指定的房间编号。当自动计算时，提示某个房间计算有错时，方便用户检查。

(6) 弯矩

选此菜单，则显示板弯矩简图，用蓝色标出现浇板的支座弯矩，用黄色标出每个房间板跨中X向和Y向弯矩值。该图名为"BM＊.T"。

(7) 计算面积

选此菜单，显示现浇板计算配筋简图，梁、墙、次梁上的值用蓝色显示，各房间板跨中的值用黄色显示。该图名为"BAS＊.T"，输出的图形文件名为"板计算结果＊.T"，其中"＊"代表自然楼层号。

(8) 实配钢筋

选此菜单，显示板的实配钢筋图，梁、墙、次梁上的值用蓝显示，各房间板跨中的值用黄色显示。

(9) 裂缝

选此菜单，显示现浇板的裂缝宽度计算结果图，该图名"CRACK＊.T"。

(10) 挠度

选此菜单，显示现浇板的挠度计算结果图，该图名"DEFLET＊.T"。

(11) 剪力

选此菜单，显示现浇板的剪力计算结果图，该图名"BQ＊.T"。

(12) 计算书

选此菜单，可以详细列出指定板的详细计算过程。计算书仅对弹性计算时规则现浇板起作用，计算书包括内力、配筋、裂缝和挠度。下面是现浇钢筋混凝土板计算书实例。

楼板计算书

日期：5/17/2014

时间：4：33：03：27 pm

一、基本资料：

1. 房间编号：59

2. 边界条件（左端/下端/右端/上端）：固定/固定/铰支/固定/

3. 荷载：

永久荷载标准值：g＝4.50kN/m²

可变荷载标准值：q＝3.50kN/m²

计算跨度 Lx＝3750mm；计算跨度 Ly＝3600mm

板厚 H＝100mm；砼强度等级：C30；钢筋强度等级：HPB235

4. 计算方法：弹性算法。

5. 泊松比：$\mu＝1/5$。

6. 考虑活荷载不利组合。

二、计算结果：

Mx＝(0.01736＋0.02478/5)＊(1.20＊4.50＋1.40＊1.75)＊3.6^2＝2.27kN・m

考虑活载不利布置跨中 X 向应增加的弯矩：

Mxa＝(0.03648＋0.04013/5)＊(1.4＊1.75)＊3.6^2＝1.41kN・m

Mx＝2.27＋1.41＝3.68kN・m

Asx＝307.05mm²，实配 ϕ8@150（As＝335.mm²）

ρmin＝0.307％，ρ＝0.335％

My＝(0.02478＋0.01736/5)＊(1.20＊4.50＋1.40＊1.75)＊3.6^2＝2.87kN・m

考虑活载不利布置跨中 Y 向应增加的弯矩：

Mya＝(0.04013＋0.03648/5)＊(1.4＊1.75)＊3.6^2＝1.51kN・m

My＝2.87＋1.51＝4.38kN・m

Asy＝307.05mm²，实配 ϕ8@150（As＝335.mm²）

ρmin＝0.307％，ρ＝0.335％

$Mx'=0.05564*(1.20*4.50+1.40*3.50)*3.6^2=7.43kN \cdot m$

$Asx'=461.61mm^2$，实配 $\phi 8@100$（$As=503.mm^2$，可能与邻跨有关系）

$\rho min=0.307\%$，$\rho=0.503\%$

$My'=0.06248*(1.20*4.50+1.40*3.50)*3.6^2=8.34kN \cdot m$

$Asy'=521.34mm^2$，实配 $\phi 10@150$（$As=524.mm^2$，可能与邻跨有关系）

$\rho min=0.307\%$，$\rho=0.524\%$

三、跨中挠度验算：

Mq 为按荷载效应的准永久组合计算的弯矩值。

（1）挠度和裂缝验算参数：

$Mq=(0.01736+0.02478/5)*(1.0*4.50+0.5*3.50)*3.6^2=1.81kN \cdot m$

$Es=210000.N/mm^2$　　$Ec=29791.N/mm^2$

$Ftk=2.01N/mm^2$　　$Fy=210.N/mm^2$

（2）在荷载效应的准永久组合作用下，受弯构件的短期刚度 Bs：

① 裂缝间纵向受拉钢筋应变不均匀系数 ψ，按下列公式计算：

$\psi=1.1-0.65*ftk/(\rho te*\sigma sq)$　　（混凝土规范式 7.1.2-2）

$\sigma sq=Mq/(0.87*ho*As)$　　（混凝土规范式 7.1.4-3）

$\sigma sq=1.81/(0.87*73*335.)=84.934N/mm^2$

矩形截面，$Ate=0.5*b*h=0.5*1000*100=50000mm^2$

$\rho te=As/Ate$　　（混凝土规范式 7.1.2-4）

$\rho te=335/50000=0.00670$

$\psi=1.1-0.65*2.01/(0.00670*84.93)=-1.191$

当 $\psi<0.2$ 时，取 $\psi=0.2$

② 钢筋弹性模量与混凝土模量的比值 αE：

$\alpha E=Es/Ec=210000.0/29791.5=7.049$

③ 受压翼缘面积与腹板有效面积的比值 $\gamma f'$：

矩形截面，$\gamma f'=0$

④ 纵向受拉钢筋配筋率 $\rho=As/b/ho=335/1000/73=0.00459$

⑤ 钢筋混凝土受弯构件的 Bs 按公式（混凝土规范式 7.2.3-1）计算：

$Bs=Es*As*ho^2/[1.15\psi+0.2+6*\alpha E*\rho/(1+3.5\gamma f')]$

$Bs=210000*335*73^2/[1.15*0.200+0.2+6*7.049*0.00459/(1+3.5*0.00)]=600.84kN \cdot m^2$

（3）考虑荷载长期效应组合对挠度影响增大影响系数 θ：

按混凝土规范第 7.2.5 条，当 $\rho'=0$ 时，$\theta=2.0$

（4）受弯构件的长期刚度 B，可按下列公式计算：

$B=Bs/\theta$（混凝土规范式7.2.2）

$B=600.84/2=300.42kN \cdot m^2$

（5）挠度 $f=\kappa*Qq*L^4/B$

$f=0.00170*6.2*3.60^4/300.418=5.926mm$

$f/L=5.926/3600=1/607$，满足规范要求！

四、裂缝宽度验算：

① X方向板带跨中裂缝：

裂缝间纵向受拉钢筋应变不均匀系数 ψ，按下列公式计算：

$\psi=1.1-0.65*ftk/(\rho te*\sigma sq)$　　（混凝土规范式 7.1.2-2）

$\sigma sq=Mq/(0.87*ho*As)$　（混凝土规范式 7.1.4-3）

$\sigma sq=1.81*10^6/(0.87*73*335.)=84.934N/mm^2$

矩形截面，$Ate=0.5*b*h=0.5*1000*100=50000mm^2$

$\rho te=As/Ate$　（混凝土规范式 7.1.2-4）

$\rho te=335/50000=0.007$

当 $\rho te<0.01$ 时，取 $\rho te=0.01$

$\psi=1.1-0.65*2.01/(0.01*84.93)=-0.435$

当 $\psi<0.2$ 时，取 $\psi=0.2$

$\omega max=\alpha cr*\psi*\sigma sq/Es*(1.9c+0.08*Deq/\rho te)$　　（混凝土规范式 7.1.2-1）

$\omega max=1.9*0.200*84.934/210000*(1.9*20+0.08*11.43/0.01000)=0.020mm$，满足规范要求！

② Y方向板带跨中裂缝：

裂缝间纵向受拉钢筋应变不均匀系数 ψ，按下列公式计算：

$\psi=1.1-0.65*ftk/(\rho te*\sigma sq)$　　（混凝土规范式7.1.2-2）

$\sigma sq=Mq/(0.87*ho*As)$　（混凝土规范式7.1.4-3）

$\sigma sq=2.29*10^6/(0.87*81*335)=96.906N/mm^2$

矩形截面，$Ate=0.5*b*h=0.5*1000*100=50000mm^2$

$\rho te=As/Ate$　（混凝土规范式 7.1.2-4）

$\rho te=335/50000=0.007$

当 $\rho te<0.01$时，取 $\rho te=0.01$

$\psi=1.1-0.65*2.01/(0.01*96.91)=-0.246$

当 $\psi<0.2$时，取 $\psi=0.2$

$\omega max=\alpha cr*\psi*\sigma sq/Es*(1.9c+0.08*Deq/\rho te)$　　（混凝土规范式7.1.2-1）

$\omega max=1.9*0.200*96.906/210000*(1.9*20+0.08*11.43/0.01000)=0.023mm$，满足规范要求！

③ 左端支座跨中裂缝：

裂缝间纵向受拉钢筋应变不均匀系数 ψ，按下列公式计算：

$\psi=1.1-0.65*ftk/(\rho te*\sigma sq)$　　（混凝土规范式7.1.2-2）

$\sigma sq=Mq/(0.87*ho*As)$　（混凝土规范式7.1.4-3）

$\sigma sq=4.51*10^6/(0.87*81*503)=127.232N/mm^2$

矩形截面，$Ate=0.5*b*h=0.5*1000*100=50000mm^2$

$\rho te=As/Ate$　（混凝土规范式 7.1.2-4）

$\rho te=503/50000=0.010$

$\psi=1.1-0.65*2.01/(0.01*127.23)=0.081$

当 $\psi<0.2$ 时，取 $\psi=0.2$

$\omega max=\alpha cr*\psi*\sigma sq/Es*(1.9c+0.08*Deq/\rho te)$　　（混凝土规范式7.1.2-1）

$\omega max=1.9*0.200*127.232/210000*(1.9*20+0.08*11.43/0.01005)=0.030mm$，满足

规范要求！

④ 下端支座跨中裂缝：

裂缝间纵向受拉钢筋应变不均匀系数 ψ，按下列公式计算：

$\psi=1.1-0.65*ftk/(\rho te*\sigma sq)$　　（混凝土规范式7.1.2-2）

$\sigma sq=Mq/(0.87*ho*As)$　（混凝土规范式7.1.4-3）

$\sigma sq=5.06*10^6/(0.87*　80*524)=138.873N/mm^2$

矩形截面，$Ate=0.5*b*h=0.5*1000*100=50000mm^2$

$\rho te=As/Ate$　（混凝土规范式7.1.2-4）

$\rho te=524/50000=0.010$

$\psi=1.1-0.65*2.01/(0.01*138.87)=0.203$

$\omega max=\alpha cr*\psi*\sigma sq/Es*(1.9c+0.08*Deq/\rho te)$　　（混凝土规范式7.1.2-1）

$\omega max=1.9*0.203*138.873/210000*(1.9*20+0.08*14.29/0.01047)=0.038mm$，满足规范要求！

⑤ 上端支座跨中裂缝：

裂缝间纵向受拉钢筋应变不均匀系数 ψ，按下列公式计算：

$\psi=1.1-0.65*ftk/(\rho te*\sigma sq)$　　（混凝土规范式7.1.2-2）

$\sigma sq=Mq/(0.87*ho*As)$　（混凝土规范式7.1.4-3）

$\sigma sq=5.06*10^6/(0.87*80*524)=138.873N/mm^2$

矩形截面，$Ate=0.5*b*h=0.5*1000*100=50000.mm^2$

$\rho te=As/Ate$　（混凝土规范式7.1.2-4）

$\rho te=524/50000.=0.010$

$\psi=1.1-0.65*2.01/(0.01*138.87)=0.203$

$\omega max=\alpha cr*\psi*\sigma sq/Es*(1.9c+0.08*Deq/\rho te)$　　（混凝土规范式7.1.2-1）

$\omega max=1.9*0.203*138.873/210000*(1.9*20+0.08*14.29/0.01047)=0.038mm$，满足规范要求！

（13）面积校核

选此菜单，可将实配钢筋面积与计算钢筋面积做比较，以校核实配钢筋是否满足计算要求。适配钢筋与计算钢筋的比值小于 1 时，以红色显示。

（14）改 X 正筋、改 Y 正筋

这两项菜单为用户提供了修改现浇板板底实配钢筋的功能。[改 X 正筋] 用于修改 X 方向的板底钢筋，[改 Y 正筋] 用于修改 Y 方向的板底钢筋。

（15）改支座筋

选此菜单，选择某一条支座边，以对话框方式修改支座实配钢筋。

图 4-10　预制板菜单

4.2.4　预制楼板

布置预制楼板信息在建模过程中已经定义，在此菜单下主要是将预制板信息在平面施工图中画出来，菜单为以下四项，如图 4-10 所示。

（1）板布置图

板布置图是画出预制板的布置方向、板宽、板缝宽和现浇带宽及现浇带位置等。对于预制板布置完全相同的房间，仅画出其中一间，其余房间只画上其分类号。

（2）板标注图

板标注图是预制板布置的另一画法，它画一连接房间对角的斜线，并在上面标注板的型号、数量等。先由用户给出板的数量、型号等字符，再用光标逐个点取该字符应标画的房间，每点一个房间就标注一个房间，点取完毕时，按［Esc］键，或按鼠标右键，则退回到右边菜单。

（3）预制板边

预制板边是在平面图上梁、墙用虚线画法时，预制板的板边画在梁或墙边处。若用户需将预制板边画在主梁或墙的中心位置时，则点预制板边菜单，并按屏幕提示选择相应选项即可。

（4）板缝尺寸

板缝尺寸是当在平面图上只画出了板的铺设方向而没标出板宽尺寸及板缝尺寸时，点此菜单并选择相应选项即可标出板宽尺寸及板缝尺寸。

4.2.5 楼板钢筋

点图 4-3 中"楼板钢筋"，程序进入楼板钢筋二级菜单，如图 4-11 所示。画板钢筋之前，必须要执行过"楼板计算"菜单，否则画出钢筋标注的直径和间距可能都是 0 或不能正常画出钢筋。

（1）逐间布筋

由用户挑选出有代表性的房间画出板钢筋，其余相同构造的房间可不再绘出。用户只需点取房间或按［Tab］键换为窗选方式，成批选取房间，则程序自动绘出所选取房间的板底钢筋和四周支座的钢筋。

（2）板底正筋

此菜单用来布置板底正筋。板底筋是以房间为布置的基本单元，用户可以选择板底筋的方向，然后选择需布置的房间即可。

图 4-11 楼板钢筋二级菜单

（3）支座负筋

此菜单用来布置板的支座负筋。支座负筋是以梁、墙、次梁为布置的基本单元，用户选择需布置的杆件即可。

（4）补强正筋

此菜单用来布置板底补强正筋。板底补强正筋是以房间为布置的基本单元，其布置过程与板底正筋相同。注意：已布置板底拉通钢筋的范围时才可以布置。

（5）补强负筋

此菜单用来布置板的支座补强负筋。支座负筋是以梁、墙、次梁为布置的基本单元，其布置过程与板底正筋相同。注意：已布置板底拉通钢筋的范围时才可以布置。

（6）板底通长

这项菜单的配筋方式不同于其他菜单，它将板底钢筋跨越房间布置，将支座钢筋在用户指定的某一范围内一次绘出或在指定的区间连通，这种方法的重要作用是可把几个已画好房间的钢筋归并整理并重新画出，还可把某些程序画出效果不太理想的钢筋布置，按用户指定的走向并重新布置，如非矩形房间的处的楼板。

执行"板底通长"菜单，钢筋不再按房间逐段布置，而是跨越房间布置，画 X 向板底筋时，用户先用光标点取左边钢筋起始点所在的梁或墙，再点取该板底钢筋在右边终点处的梁或墙，再点取该板底钢筋在右边终止点处的梁或墙，这时程序挑选出起点与终点跨越的各房间，并取各房间 X 向板底钢筋最大值统一布置，此后屏幕提示点取该钢筋画在图面上的位置，随后程序把钢筋画出。

通长钢筋通过的房间是矩形房间时，程序可自动找出板底钢筋的平面布置走向，如通过的房间为非矩形房间，则要求用户点取一根梁或墙来指示钢筋的方向，也可输入一个角度确定方向，此后，各房间钢筋的计算结果将向该方向投影，确定钢筋的直径与间距。

当板底钢筋通长布置在若干房间后，房间内原已布置的同方向的板底钢筋会自动消去。

（7）支座通长

执行"支座通长"菜单，是由用户点取起始和终止（起始一定在左或下方，终止在右或上方）的两个平行的墙梁支座，程序将这一范围内原有的支座筋删除，换成一根面积较大的连通的支座钢筋。

（8）区域布筋

执行"区域钢筋"菜单，首先弹出如图 4-12 所示对话框，用户需指定钢筋信息，输入钢筋布置的角度，也可点取"拾取角度"按钮，从图上选取网格线的角度为钢筋布置的角度，点取"确定"按钮之后，选取需要布置钢筋的区域，可点选、窗选、围栏选，程序会自动在选定区域布置各房间同方向上钢筋的最大值，最后由用户指定钢筋所画的位置以及区域范围所标注的位置。也可在图 4-12 对话框中通过"拾取钢筋定区域"来选取布置钢筋的区域。

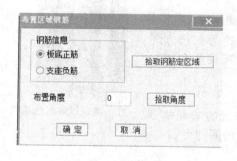

图 4-12　区域布筋

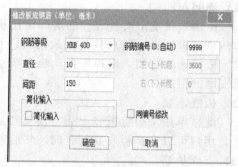

图 4-13　钢筋修改

（9）区域标注

对于已经布置好的"区域钢筋"，可多次在不同位置标注其区域范围。

（10）洞口钢筋

对洞口进行洞边附加筋配筋，只对边长或直径在 $300 \sim 1000mm$ 的洞口才进行配筋，用光标点取有洞口的房间即可。

（11）钢筋编辑

可对已画在图面上的钢筋移动、删除或修改其配筋参数。

"修改钢筋"程序弹出的对话框如图 4-13 所示。点选"同编号修改"，钢筋修改其配筋参数后，所有与其编号的钢筋同时修改。

"移动钢筋"菜单可对支座钢筋和板底钢筋用光标在屏幕上拖动，并在新的位置画出，删除钢筋菜单可用光标删除已画出的钢筋。

（12）负筋归并

程序可对长短不等的支座负筋长度进行归并。归并长度由用户在负筋归并参数对话框中给出，是指支座钢筋左右两边长度之和相差在归并长度范围内的支座钢筋按大值统一取值。

归并时，可以选择"相同直径归并"和"不区分直径归并"，长度修正方式也可以选择"两侧按比例修正"和"两侧平均修正"。注意：程序只对挑出长度大于300mm负筋进行归并处理。

（13）钢筋编号

由于绘图过程的随意性，造成钢筋编号无规律，不便于查找。程序可按照用户的要求，对钢筋重新指定编号。编号时可指定起始编号、选定范围、相应角度后，程序先对房间按此规律排序，对于排好序的房间按先板底再支座的顺序对钢筋编号。

（14）房间归并

程序可对相同钢筋布置的房间进行归并。进入"房间归并"子菜单，如图4-14所示，程序提供自动归并、人工归并、定样板间功能。自动归并或人工归并后通过"重画钢筋"功能，可以对同归并后的房间只在其中样板间上画出详细配筋值，其余只标上归并号。"定样板间"是人为指定样板间，以避免程序指定的样板间钢筋过于密集。在此操作后，也要点取"重画钢筋"，程序才能将详图布置到新指定的样板间内。

图4-14 "房间归并"子菜单

4.2.6 画钢筋表

若绘图参数中选择了钢筋编号，执行本菜单，程序则自动生成钢筋表，上面会显示出所有已编号钢筋的直径、间距、级别、单根钢筋的最短长度和最长长度、根数、总长度和总重量，如图4-15所示。

楼板钢筋表

编号	钢筋简图	规格	最短长度	最长长度	根数	总长度	重量
①	85 [2100] 85	$\phi^R7@125$	2270	2270	58	131660	39.8
②	3600	$\phi^R7@180$	3600	3600	40	147520	44.6
③	85 [1150] 140	$\phi^R7@125$	1375	1375	58	79750	24.1
总重	108						

图4-15 楼板钢筋表

4.2.7 楼板剖面

此菜单可将用户指定位置的板的剖面，按一定比例绘出。

4.2.8 板施工图标注

标注主要分为标注轴线和标注构件两大类。在下拉菜单中可以找到。

（1）标注轴线

标注轴线菜单是在平面上画出轴线及总尺寸线。

① 自动标注。仅对正交的轴线才能执行。它按用户在主菜单1中输入的轴线号，自动画出轴线与总尺寸线。用户可以选择轴线标注的位置。

② 交互标注。用户可每次标注一批平行的轴线。按屏幕提示，由用户指定每一批轴线的起始轴线与终止轴线，其间还可删去不标注的轴线，再指示这批轴线在平面图上画的位置，这批轴线的轴线号和总尺寸可以画，也可以不画。

③ 逐根点取。用户可逐根点取要标注的轴线，再指示这些轴线在平面图上画的位置，这些轴线的轴线号和总尺寸可以画，也可以不画。

④ 次梁标注。给 PM 次梁位置标注尺寸线。按提示，先点取需标次梁位置尺寸的房间，指示横向次梁尺寸线的标注位置（用鼠标点取），移动光标确定尺寸线引线长度后，即自动标出横向次梁与轴线的定位尺寸。指定竖向次梁的尺寸线标注位置，移动光标确定尺寸线引线长度后，即自动标出竖向次梁与轴线的定位尺寸。标注完后，按 [Esc] 键结束标注。

⑤ 标注弧长。首先按提示点取起始轴线和终止轴线（圆弧网格两端轴线），程序自动识别起止轴线间的轴线，再按提示挑出不标注的轴线，选取所需要标注弧长的弧网格，指定标注位置和引出线长度。

⑥ 标注角度。点取起始轴线和终止轴线（圆弧网格两端轴线），程序自动识别起止轴线间的轴线，再按提示挑出不标注的轴线，指定标注位置和引出线长度。

⑦ 标注半径。指定起始轴线和终止轴线（圆弧网格两端轴线），程序自动识别起止轴线间的轴线，再按提示挑出不标注的轴线，指定标注位置和引出线长度。

⑧ 标注半径角度。指程序同时标注半径和角度，操作步骤参考 [标注角度] 和 [标注半径]。

⑨ 标注弧角度。指程序同时标注弧长、角度和半径。

⑩ 楼面标高。在施工图的楼面位置上标注该标准层代表的若干个楼面的标高值。各标高值均由用户键盘输入，再用光标点取这些标高在图面上的标注位置。

⑪ 标注图名。标注平面图图名。图名由程序自动生成，主要包含楼层号及绘图比例信息，用户可指定标注位置。

⑫ 层高表。在当前图面插入工程的结构楼层层高表。由程序根据当前楼层的楼层表信息自动生成。

⑬ 拷贝他层。通过此命令，可以将其他平面图中已有的轴线标注、洞口标注、尺寸标注等按其图层的属性拷贝到当前图中。

⑭ 插入图框。执行此命令，用户可以插入一个图框。用户如要改变图框大小，可以在选择插入点之前按 [TAB] 键改变图框的大小。

⑮ 修改图签。对"插入图框"生成的图框的图签进行修改。

(2) 标注构件

标注构件分为手动标注和自动标注两类，其中手动标注指由用户选择要标注的构件进行标注，选择构件的同时也指定了标注位置。自动标注指由程序自动计算标注位置，并对平面图中所有该类型构件进行标注。

① 注梁尺寸

·手动标注。移动光标点取所要标注尺寸梁的位置（不与图上其他尺寸交叉的位置），则图面上自动标注出该梁的尺寸及与轴线的相对位置，继续移动光标可标注其他梁，标注完一根梁后，按 [Esc] 键，则退出标注梁尺寸功能。

·自动标注。程序自动计算标注位置，大致在构件中部，并且标注平面图中所有梁。

② 注柱尺寸

·手动标注。屏幕上出现十字光标，移动光标点取要标注尺寸的柱，则标注出该柱两个面上的尺寸及与轴线的相对位置，再移动光标至其他要标注尺寸的柱，即可继续标注尺寸。标注完柱后，按 [Esc] 键，则退出标注柱尺寸功能。注意：尺寸标注位置取决于光标点与柱所在节点的相对位置。

·自动标注。默认标注位置在柱右下方，对平面图中所有柱进行标注。

③ 注墙尺寸。与标注梁尺寸方法相同。

④ 注板厚。标注房间现浇板厚度，不能标注预制板。

• 手动标注。选择需要标注的房间，平面上将显示该房间的楼板厚度，再指定标注位置即可。

• 自动标注。默认标注位置在房间形心，对平面图中所有房间进行标注。

⑤ 注墙洞口。首先用光标选择同一轴线上要标注的墙洞口，按照程序提示选择是否标注洞口间节点的尺寸，指示墙洞口尺寸线的标注位置，移光标确定尺寸线引线长度后，即自动标出墙洞口的尺寸。标注完后，按［Esc］键结束标注。

⑥ 注板洞口。按屏幕提示，先用光标点取标注洞口的房间，该房间内洞口将逐个用黄色加亮提示用户，每个洞口先标 X 向尺寸，再标 Y 向尺寸。标 X 向尺寸时，先用光标点取房间周围的参考轴线，用来确定洞口位置，房间左边或右边轴线均可，再用光标指示尺寸线在图上的标注位置。标 Y 向尺寸方法相同。标注完后，按［Esc］键结束标注。

⑦ 注梁截面

• 手动标注。移动光标至所要标注截面的梁，点击左键，则图面上自动标注该梁截面尺寸，继续移动光标标注其他梁，按［Esc］键或鼠标右键退出。

• 自动标注。默认标注位置在梁中部，左上方，对平面图中所有梁进行标注。

⑧ 注柱截面

• 手动标注。移动光标至所要标注截面的柱，点击左键，则图面上自动标注该柱截面尺寸，继续移动光标标注其他柱，按［Esc］键或鼠标右键退出。

• 自动标注。对平面图中所有柱进行标注。

⑨ 标注字符

此项功能用于在柱、梁、墙上标注说明字符，操作均可按提示进行。先要键入要标注的字符内容，可以选择是否同时标注构件尺寸；再点取需标注该字符的构件，指定标注位置，字符即被标注上。可连续标注多个构件。

⑩ 移动标注。用户可移动已经完成的标注，对于尺寸标注可以沿尺寸界线方向成批移动。

⑪ 梁归并值、柱归并值。它可以自动标注经 TAT 或 SATWE 全楼梁、柱归并计算后生成的梁、柱编号，若没有归并程序将不能标注。

第5章 统计工程量

本章介绍通过工程量统计软件 STAT-S 来统计建筑结构的混凝土用量及钢筋用量。双击"工程量统计"图标，进入程序主界面，如图 5-1 所示，下面详细讲解右侧菜单的功能。

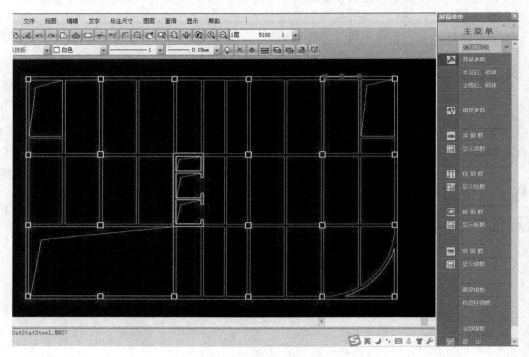

图 5-1 工程量统计主界面

5.1 统计混凝土及砌体的用量

本节介绍 STAT-S 右侧菜单统计混凝土及砌体用量功能。此项功能应在 PMCAD 建模完成后运行。它可以生成单层或全部楼层的混凝土及砌体用量，并且可以用表格的方式分项统计梁、板、柱、剪力墙用量。

5.1.1 算量参数

点击"算量参数"按钮，如图5-2和图5-3所示对话框。

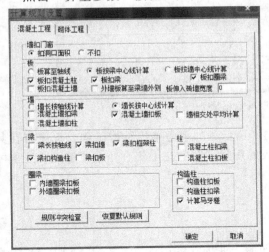

图 5-2 混凝土工程计算规则设置　　　　图 5-3 砌体工程计算规则设置

① 混凝土工程计算规则设置

通过图5-2所示对话框，设置混凝土工程的计算规则。可以设置墙洞口是否扣除，梁、板、柱、墙重叠部分如何计算，圈梁及构造柱的计算原则等。

对话框左面侧的"规则冲突检查"按钮是用来检查计算规则是否冲突，如有冲突软件会提示用户修改。"恢复默认规则"按钮的功能是恢复软件默认设置的计算规则。

② 砌体工程计算规则设置

通过图5-3所示对话框，设置砌体工程的计算规则。在这里可以设置墙洞口是否扣除，构造柱、圈梁、过梁、梁等混凝土构件在墙工程统计中是否扣除。

5.1.2 本层混凝土及砌体用量

点击屏幕右侧菜单中的"本层砼、砌体"，程序自动统计出本层砼墙、现浇板、砼柱、砼梁的用量，并以表格的形式显示出来，如图5-4所示。如果是砌体结构工程，程序将在其他构件的表格中将显示砌体墙体及预应力空心板的用量。图中左上侧有一个菜单，在这里可以将本层工程量统计表格导出到 Excel 表格中。

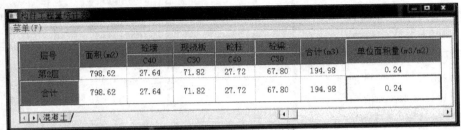

层号	面积(m2)	砼墙 C40	现浇板 C30	砼柱 C40	砼梁 C30	合计(m3)	单位面积量(m3/m2)
第2层	798.62	27.64	71.82	27.72	67.80	194.98	0.24
合计	798.62	27.64	71.82	27.72	67.80	194.98	0.24

图 5-4 本层混凝土用量

5.1.3 全楼混凝土及砌体用量

点击屏幕右侧菜单中的"全楼砼、砌体"，程序自动统计出全楼砼墙、现浇板、砼柱、

层号	面积(m2)	砼梁			现浇板	砼柱			砼墙	合计(m3)	单位当积量(m3/m2)
		C30	C35	C40	C30	C30	C35	C30	C30		
第1层	798.62			29.50	51.75				29.57	64.26	185.08	0.23
第2层	798.62			27.64	71.82				27.72	67.80	194.98	0.24
第3层	798.62		22.87		73.28		24.02			68.20	188.37	0.24
第4层	798.62		22.87		73.28		24.02			68.20	188.37	0.24
第5层	798.62		22.87		73.28		24.02			68.20	188.37	0.24
第6层	798.62	22.87			73.28	24.02				73.90	194.07	0.24
第7层	746.85	22.58			87.02	23.06				63.05	195.70	0.26
合计	5538.57	45.45	68.61	57.14	513.71	47.07	72.06	57.29		473.61	1334.94	0.24
			171.20				176.42					

图 5-5　全楼混凝土用量

砼梁的用量，并以表格的形式显示出来，如图 5-5 所示。如果是砌体结构工程，程序将在其他构件的表格中将显示砌体墙体及预应力空心板的用量。图中左上侧有一个菜单，在这里可以将全楼工程量统计表格导出到 Excel 表格中。

5.2　统计钢筋用量

本节介绍 STAT-S 右侧菜单统计钢筋用量功能。此项功能应在 TAT、SATWE 或 PM-SAP 等三维分析软件对全楼内力及配筋计算完成后运行。它可以生成单层或全部楼层的钢筋用量，并且可以用表格的方式分项统计梁、板、柱、剪力墙、圈梁构造柱的钢筋用量。

5.2.1　统计钢筋用量参数设置

点击右侧菜单中"钢筋参数"，程序弹出如图 5-6 所示钢筋统计参数设置对话框，用户选择 TAT、SATWE、PMSAP 等软件的计算结果统计，还需要对梁、柱、剪力墙、现浇板及圈梁、构造柱进行统计参数设置。点击"梁"按钮显示如图 5-7 所示的梁实配钢筋参数对话框，用户可以在此处根据自己的配筋习惯来调整实配钢筋能数。分别点击"柱"、"板"、"墙"、"构造柱、圈梁"按钮可以对这些构件的钢筋参数进行设置。

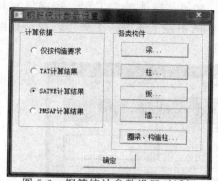

图 5-6　钢筋统计参数设置对话框

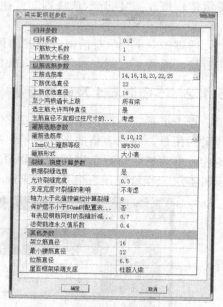

图 5-7　梁实配钢筋参数对话框

5.2.2　梁钢筋用量

点击屏幕右侧菜单中的"梁钢筋"按钮，程序自动统计出各层梁的钢筋用量，并以表格的形式显示出来，如图 5-8 所示。图 5-8 中左上侧有一个菜单，在这里可以将全楼梁钢筋统计表格导出到 Excel 表格中。

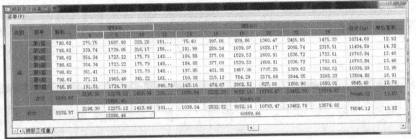

图 5-8　梁钢筋统计汇总表

5.2.3　板钢筋用量

点击屏幕右侧菜单中的"板钢筋"按钮，程序自动统计出各层现浇板的钢筋用量，并以表格的形式显示出来，如图 5-9 所示。图 5-9 中左上侧有一个菜单，在这里可以将全楼现浇板钢筋统计表格导出到 Excel 表格中。

类别	层号	面积(m2)	HRB400			合计(kg)	单位面积...
			8	10	12		
板	第1层	798.62	3327.91	1179.41	298.76	4806.08	6.02
	第2层	798.62	3958.42	1503.62		5462.04	6.84
	第3层	798.62	4355.95	967.59		5323.54	6.67
	第4层	798.62	4355.95	967.59		5323.54	6.67
	第5层	798.62	4355.95	967.59		5323.54	6.67
	第6层	798.62	5575.49	340.03	222.13	6137.65	7.69
	第7层	746.85	3779.53	1623.00		5402.53	7.23
	合计	5538.57	29709.20	7548.83	520.89	37778.92	6.82
				37778.92			
合计		5538.57	29709.20	7548.83	520.89	37778.92	6.82
				37778.92			

图 5-9　现浇板钢筋统计汇总表

5.2.4　柱钢筋用量

点击屏幕右侧菜单中的"柱钢筋"按钮，程序自动统计出各层柱的钢筋用量，并以表格的形式显示出来，如图 5-10 所示。图 5-10 中左上侧有一个菜单，在这里可以将全楼柱钢筋

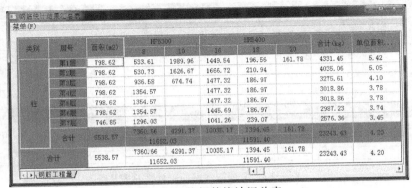

图 5-10　柱钢筋统计汇总表

统计表格导出到 Excel 表格中。

5.2.5 剪力墙钢筋用量

点击屏幕右侧菜单中的“墙钢筋”按钮，程序自动统计出各层剪力墙的钢筋用量，并以表格的形式显示出来，如图 5-11 所示。图 5-11 中左上侧有一个菜单，在这里可以将全楼剪力墙钢筋统计表格导出到 Excel 表格中。

菜单(F)

类别	层号	面积(m2)	HPB300 6	8	10	12	14	16	HRB400 12	14	16	合计(kg)	单位面积量(kg/m2)
墙	第1层	798.62	127.94	825.76	1223.73	222.98		32.83		754.16	151.52	3338.92	4.18
	第2层	798.62	114.49	668.31	1205.90		182.33	32.83		599.97		2803.83	3.51
	第3层	798.62	103.60	651.12	488.22	569.96		32.83	389.24			2234.97	2.80
	第4层	798.62	103.60	651.12	488.22	569.96		32.83	389.24			2234.97	2.80
	第5层	798.62	103.60	651.12	488.22	569.96		32.83	389.24			2234.97	2.80
	第6层	798.62	103.60	651.12	488.22	569.96		32.83	389.24			2234.97	2.80
	第7层	746.85	103.60	640.95	474.21	569.96		32.83	311.00			2132.55	2.86
	合计	5538.57	760.43	4739.50	4856.72	3072.78	182.33	229.81	1867.96	1354.13	151.52	17215.18	3.11
			13841.57						3373.61				
合计		5538.57	760.43	4739.50	4856.72	3072.78	182.33	229.81	1867.96	1354.13	151.52	17215.18	3.11
			13841.57						3373.61				

钢筋工程量

图 5-11　剪力墙钢筋统计汇总表

5.2.6 总钢筋用量

点击屏幕右侧菜单中的“全部钢筋”按钮，程序自动统计出全部构件的钢筋用量，并以表格的形式显示出来，如图 5-12 所示。图 5-12 中左上侧有一个菜单，在这里可以将全楼剪力墙钢筋统计表格导出到 Excel 表格中。

类别	层号	面积(m2)	HPB300 6	8	10	12	16	HRB400 10	12	14	16	18	20	25	合计(kg)	单位面积...
梁	第1层	798.62	214.10	1851.00	228.28				1503.87	65.76	473.99	1242.57	1843.73	737.25	10201.75	12.77
	第2层	798.62	223.68	1901.02	316.17				1566.55	69.59	285.70	1322.61	1584.58	636.83	11211.58	14.04
	第3层	798.62	206.39	1976.56	175.79				1487.75	147.07	357.66	1577.08	2162.29	129.86	10533.13	13.19
	第4层	798.62	209.31	1989.52	175.79				1487.75	139.91	397.75	1485.07	2459.71	129.86	10584.84	13.25
	第5层	798.62	206.39	1976.56	175.79				1487.75	147.03	391.91	1517.39	2132.80	129.86	10546.83	13.21
	第6层	798.62	232.82	2188.98	240.62	129.64			1625.57	137.50	208.77	1377.88	2138.89	1148.69	13358.86	16.73
	第7层	746.85	123.85	1775.37					940.76	61.80	230.98	1996.97	2019.69	624.48	9748.85	13.05
	合计	5538.57	1416.54	13659.01	1312.44	129.64	0	0	10100.00	768.66	2346.76	10519.57	14341.69	3536.83	76185.89	13.76
			16517.63					59668.21								
柱	第1层	798.62		533.61	1989.96						1449.54	196.56	161.78		4331.45	5.42
	第2层	798.62		530.73	1626.67						1666.72	210.94			4035.06	5.05
	第3层	798.62		936.58	674.74						1477.32	186.97			3275.61	4.10
	第4层	798.62		1354.57							1477.32	186.97			3018.86	3.78
	第5层	798.62		1354.57							1477.32	186.97			3018.86	3.78
	第6层	798.62		1354.57							1445.69	186.97			2987.23	3.74
	第7层	746.85		1296.03							1041.26	239.07			2576.36	3.45
	合计	5538.57	0	7360.66	4231.37	0	0	0	0	0	1003...	1394.45	161.78	0	23243.43	4.20
			11662.03					11591.40								
板	第1层	798.62						1179.41	298.76						4806.08	6.02
	第2层	798.62						1503.62							5462.04	6.84
	第3层	798.62						967.59							5323.54	6.67
	第4层	798.62						967.59							5323.54	6.67
	第5层	798.62						967.59							5323.54	6.67
	第6层	798.62						340.03	222.13						6137.65	7.69
	第7层	746.85						1623.00							5402.53	7.23
	合计	5538.57	0	0	0	0	0	7548.83	520.89	0	0	0	0	0	37778.92	6.82
			0					37778.92								
墙	第1层	798.62	127.94	825.76	1223.73	222.98	32.83			754.16	151.52				3338.92	4.18
	第2层	798.62	114.49	668.31	1205.90		32.83			599.97					2803.83	3.51
	第3层	798.62	103.60	651.12	488.22	569.96	32.83		389.24						2234.97	2.80
	第4层	798.62	103.60	651.12	488.22	569.96	32.83		389.24						2234.97	2.80
	第5层	798.62	103.60	651.12	488.22	569.96	32.83		389.24						2234.97	2.80
	第6层	798.62	103.60	651.12	488.22	569.96	32.83		389.24						2234.97	2.80
板	第2层	798.62						1503.62							5462.04	6.84
	第3层	798.62						967.59							5323.54	6.67
	第4层	798.62						967.59							5323.54	6.67
	第5层	798.62						967.59							5323.54	6.67
	第6层	798.62	103.60	651.12	488.22	569.96	32.83		389.24						2234.97	2.80
	第7层	746.85	103.60	640.95	474.22	569.96	32.83		389.24						2132.55	2.86
	合计	5538.57	760.42	4739.50	4856.72	3072.78	229.81	0	1867.96	135...	151.52	0	0	0	0	0
			13841.57					3373.61								
合计		5538.57	2176.97	25795.17	10460.53	3202.42	229.81	7548.83	12488.85	212...	1253...				154423.37	27.88
			42011.23					112412.14								

钢筋工程量

图 5-12　全部构件钢筋统计汇总表

第6章　平面杆系结构设计实例

本章主要介绍框排架计算机辅助设计 PK 软件的使用方法及设计实例，利用该软件进行平面杆系结构的分析计算，绘制框架梁、连续梁、排架的施工图。

6.1　PK 软件的功能和应用范围

PK 软件是平面杆系设计软件，主要进行框架结构的设计。框架结构计算机辅助设计主要分为结构计算与施工图绘制两部分。结构设计全面依据现行的结构设计规范 GB 50009—2012《建筑结构荷载规范》、GB 50010—2010《混凝土结构设计规范》、GB 50011—2010《建筑抗震设计规范》。框架结构施工图绘图方式有梁柱整体绘制、梁柱分开绘制及广东地区梁表、柱表施工图绘制方式。

6.1.1　PK 软件的主要功能

① 适用于工业与民用建筑中各种规则和复杂类型的框架结构、框排架结构、排架结构，剪力墙简化成的壁式框架结构及连续梁。

② 按规范要求进行强柱弱梁、强剪弱弯、节点核心、柱轴压比，柱体积配箍率的计算与验算，还进行罕遇地震下薄弱层的弹塑性位移计算、竖向地震力计算和框架梁裂缝宽度及挠度计算。

③ 可按照梁柱整体画、梁柱分开画、梁柱钢筋平面图表示法和广东地区梁表柱表四种方式绘制施工图。

④ 按新规范和构造手册自动完成构造钢筋的配置。

⑤ 具有很强的自动选筋、跨层剖面归并、自动布图等功能，同时又给设计人员提供多种方式干预选钢筋、布图、构造筋等施工图绘制结果。

⑥ 在中文菜单提示下，提供丰富的计算简图及结果图形，提供模板图及钢筋材料表。

⑦ 可与 PMCAD 软件连接，自动导荷并生成 PK 软件结构计算所需的数据文件。

6.1.2　框排架绘图功能

6.1.2.1　框架结构、框排架结构、排架结构绘图

梁柱整体画图时的规模在 20 层以下、20 跨以内、梁柱各 300 根以内。梁柱分开画的规

模在 330 根柱、300 根梁、20 层、20 跨以内，梁柱正交或斜交。可以绘制错层，同层各跨梁可有高差，底层或中层任意部位可抽梁抽柱，底层柱可不等高，顶层柱可铰接屋面梁，可以绘制框架任意位置设置挑梁或牛腿，框架梁上任意位置设次梁，可绘制十几种截面形式的梁、柱箍筋多样，还可绘制折梁或变截面梁。

6.1.2.2　三种框架出图方式

可按框架整体出图，也可以按梁柱分开画出图，还可以按广东地区的梁表、柱表格式出图。

框架整体出图时，施工图由框架立面图及梁、柱剖面图和钢筋明细表组成，框架立面图由梁、柱整体组成，标有柱、梁剖面索引及钢筋索引与切断位置，箍筋位置，节点明细、各层标高等。剖面图绘出剖面形状、尺寸、钢筋根数、排列与编号，钢筋明细表列出每种钢筋的形状、尺寸、根数与重量。主材汇总表给出整榀框架的钢筋与柱、梁混凝土用量。

6.1.2.3　排架柱绘图

① 单层排架的计算与排架柱的施工图绘制。结构计算仍由计算软件 PK 主菜单 1 完成，施工图由主菜单 3 完成。对于框排架，结构计算也由程序 PK11.exe 完成，框排架的框架部分绘图由主菜单 2 完成，框排架的排架柱绘图由主菜单 3 完成。

用 PK11.exe 计算完排架或框排架后，只需填写一个简单的排架绘图补充数据文件，即可由 PK 主菜单 3 绘出排架柱施工图。

② 施工图纸的版面布置及分页均自动进行，每根排架柱布置在一张图上，由排架柱的模板立面图、配筋立面图、柱与牛腿的剖面图、钢筋表组成。

③ 在排架和框排架结构计算时，柱段总根数≤100 根。排架的跨数≤20 跨，有吊车荷载的跨数≤15 跨。

④ 框排架的框架部分绘施工图时，柱梁的总根数不再包括排架柱上的柱段和与排架柱铰接的梁。

⑤ 可在排架柱的模板立面图的下面和左、右两侧面上标注预埋件和胡子钢筋，用户需进行这些标注时，只需在排架柱绘图补充数据文件的最后部分填写预埋件的数据。如用户不填写这些预埋件数据，原绘图软件仍会正常运行。

6.1.2.4　归类合并功能

将构造相同的钢筋归为同一种钢筋，将截面形状尺寸相同，且布筋相同的柱、梁剖面归为同一类剖面，将柱、梁剖面完全相同的层归并为同一层，归并后的层在框架立面图上仅画出一层，但用标高和注释表明其所包含表示的层数。

剖面相同的跨在立面图上仅画出一跨，但用轴线号表明其所包含的跨数。

用户提出的归类百分比越大，经归类后画出的层数与跨数越少，当然，若是高与跨度不同是不会归类为同一层或同一跨的。

6.1.2.5　提供给设计人员多种方式干预梁、柱钢筋直径与根数的选配

① 图形交互式修改。显示施工图前，把程序选配的钢筋以图形显示在屏幕上，每根柱、梁钢筋的根数和直径或箍筋的直径和级别均显示在各杆件旁边，用户可在中文提示下用光标指示修改任一钢筋的配置。

② 输入实际配筋面积与结构计算结果配筋面积的比例。这是设计人员将计算结果放大，加进自己的保险系数和控制柱梁之间的配筋比例的一种手段。该比例分为柱钢筋放大系数、梁下部钢筋放大系数、梁上部钢筋放大系数三种。该比例可以统一为全框架一个值，也可对每根柱梁分别输入。

6.1.2.6 自动布置图纸版面

① 程序运行结果即是一个已布置好版面的完整图纸，用户须输入图纸的规格，"1"为1号图纸，"1.5"为1号图加长一半，"2.25"为2号图加长1/4。

② 若全部内容在一张图纸上放不下，程序自动将内容在两张或三张图纸上画下，第一张摆放框架整体图，第二张摆放钢筋明细表和剖面图，第三张也摆放剖面图。对于2号图纸，图纸可自动加长，加长比例大于1.5时，才安排2张图纸。

③ 框架整体图隐含比例为1:50，若层数较高时可顺图纸长向放置，受到图框限制时自动增大比例，直至小于图框尺寸。

④ 柱、梁剖面初定比例为1:20，摆放不下时程序会自动减小比例。

⑤ 框架整体图和剖面图的比例也可由用户指定。

6.1.3 软件的应用范围

6.1.3.1 结构形式与材料

任何一个软件均有一定的适用范围，PK软件也有自己的适用范围。PK软件是针对平面杆系结构开发的，因此软件所能计算的结构形式为平面杆系的框架、复式框架、排架、框排架（某几个跨上或某些层上作用有吊车荷载的多层框架）、剪力墙、壁式框架、连续梁、拱形结构、内框架、桁架等，如图6-1所示。

杆件材料可以是钢筋混凝土结构或其他，杆件连接可以是刚接也可以是铰接。对于钢结构应该采用PKPM系统中专为钢结构设计开发的软件STS。

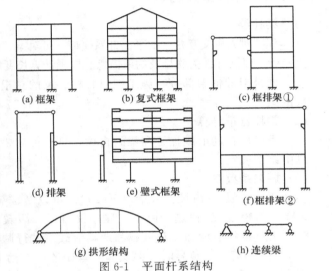

(a) 框架　　(b) 复式框架　　(c) 框架①

(d) 排架　　(e) 壁式框架　　(f) 框排架②

(g) 拱形结构　　(h) 连续梁

图6-1　平面杆系结构

6.1.3.2 计算内容与解题范围

(1) 框架、框排架、排架结构计算软件

① 平面杆系的计算程序为PK11W.EXE，可对平面规则或复杂形式的框架结构、框排架结构、排架结构进行内力分析、变形计算、地震计算、吊车计算、内力组合、梁柱截面配筋及柱下独立基础计算。

② 程序可对连续梁、桁架、空腹桁架及拱形结构、内框架结构进行计算。

③ 程序的解题范围如下。

a. 总节点数（包括支座的约束点）≤350。

b. 柱子数≤330。

c. 梁数≤300。

d. 支座约束数≤100。

e. 地震计算时合并的质点数≤50。

f. 跨数≤20。

g. 层数≤20。

④ 内力分析采用矩阵位移法，每一节点有水平位移、竖向位移、转角三个自由度。

(2) 柱轴向变形调整

软件在恒载作用下均采用增大柱轴向刚度的办法忽略柱轴向变形的影响，以避免在高层重载下中间柱梁支座弯矩反常。但在活载、风载和地震荷载作用下均按柱的实际轴向刚度考虑了柱轴向变形的影响。

（3）排架和框架结构计算

排架和框架结构计算时也使用 PK11W.EXE 软件，解题范围如下。

① 柱段总根数≤100 根。

② 吊车荷载的组数≤15 组。

③ 排架的跨数≤20 跨。

④ 排架柱的柱段总数≤100 根。

⑤ 可以计算位于同一跨是上下双层吊车的作用组合。

6.1.4　计算参数的确定

（1）梁柱编号

程序对人机交互建立的平面杆系模型，可对梁、挂、节点自动编号，自动形成相关信息和节点坐标，以及杆件关联号及约束信息、柱子计算长度等。也可手工建立数据文件描述这些信息。

框排架的框架部分绘施工图时，柱、梁的总根数不再包括排架柱上的柱段和与排架柱铰接的梁。

（2）梁柱自重导算

程序可自动形成柱子和梁的自重，且是否需要程序形成柱、梁自重，可由计算者在总信息中给予确定。

（3）调幅系数 U_1

调幅系数 U_1 由设计人给定（≤1）。可以考虑梁端的塑性变形，对在竖向荷载作用下的梁端负弯矩按 U_1 值进行调幅，程序仅对恒、活载下的梁端负弯矩调幅，梁端弯矩减少后，跨中正弯矩相应增加。对风载和地震荷载不进行调幅处理。

当 U_1 前加一负号时，梁支座处弯矩还可自动考虑支座宽度影响加以折减，此时支座弯矩 $M_{支座} = M_{max} - \text{MIN}(0.3M_{max}, BV/3)$（$M_{max}$、$V$ 分别为支座形心处的弯矩和剪力，B 为支座宽度）。

（4）梁截面惯性矩增大系数 U_2

考虑到梁板现浇后，梁截面由矩形变成 T 形，实际惯性矩比原来的大，故现浇框架一般可取 U_2 为 1.5～2.0，预制迭合框架可取为 1.2～1.5。若现浇板薄而梁较高，其板厚/梁高比值小于 1/20 时，则 U_2 不宜增大，取为 1.0，对非现浇楼板 U_2 宜取 1.0。

（5）柱子计算长度系数的确定

① 框架柱计算长度取值

程序隐含的框架柱计算长度是根据 GB 50010—2010 第 6.2.20 条，是按现浇式楼盖取值的，即：

底层柱 $\qquad\qquad\qquad\qquad\qquad l_0 = 1.0H$

其余各层柱 $\qquad\qquad\qquad\qquad l_0 = 1.25H$

程序进行柱垂直框架平面方向轴心受压配筋计算时，取与框架平面内相同的计算长度。

程序提供交互菜单可由用户修改程序给定的框架平面内和垂直框架平面方向的柱计算长度。用户也可以指定程序不进行柱在垂直框架平面方向的轴心受压计算。

从 PMCAD 生成的框架数据文件是按非规则的格式给出的，其计算长度按现浇楼盖条件给出。

② 排架柱各段的计算长度取值

　　排架柱在有吊车荷载作用的组合、无吊车荷载作用的组合和在垂直排架方向的轴压验算时均取用不同的计算长度，在这三种情况下，计算长度均由程序按 GB 50010—2002 表 6.2.20-1 自动生成，用户也可在交互输入中修改。生成计算长度时未考虑露天吊车和栈桥柱及垂直排架方向取有柱间支撑时的情况。计算高的实际取值按表 6-1 执行。

表 6-1　刚性楼盖单层房屋排架柱的计算长度

柱的类型		排架方向	垂直排架方向有柱间支撑
无吊车房屋柱	单跨	$1.5H$	$1.0H$
	两跨及多跨	$1.25H$	$1.0H$
有吊车房屋柱	上柱	$2.0H_U$	$1.25H_U$
	下柱	$1.0H_L$	$0.8H_L$
露天吊车柱或栈桥柱		$2.0H_L$	$1.0H_L$

注：H 为从基础顶面算起的柱子全高；H_L 为从基础顶面至吊车荷载作用点的柱下部高度；H_U 为从吊车荷载作用点算起的柱子上部高度。

　　有吊车厂房排架柱的计算长度，当计算中不考虑吊车荷载时，按无吊车厂房采用，但上柱的计算长度仍按有吊车厂房采用。

　　用户不进行排架柱平面外的轴压配筋验算时（不采用自动生成的排架柱在垂直排架方向的计算长度），可在吊车荷载数据第 11 项吊车桥架重量前加一负号。

6.2　生成平面杆系计算数据文件（PK 文件）

　　结构计算数据文件可描述整个平面杆系结构模型。对 PK 软件结构计算所需数据文件的建立有如下几个途径。

　　① 可由 PK 主菜单 1 生成一个文件，名称是主菜单 1 输入的工程名称加后缀 .SJ。

　　② 也可由 PMCAD 主菜单 4 "生成 PK 数据文件"产生，对框架的名称是 PK-轴线名，对连续梁是 LL-*。

　　③ 结构计算数据文件也可由人工逐行按照 PK 使用手册提供的结构计算数据文件格式填写生成，其文件名称任意。

6.2.1　由 PMCAD 主菜单 4 直接生成

　　关于这一功能已在第 4 章中进行介绍。但对于未采用 PMCAD 软件建模的工程或只需计算有限几榀框架的情况，则采用 PK 自带的结构数据交互输入程序完成结构数据输入。

6.2.2　交互式建立 PK 计算数据文件

　　采用 PK 软件自带的结构数据交互输入程序完成结构数据输入，其操作界面与 PMCAD 中的交互输入程序类似。该程序还可将人工编写或 PMCAD 中形成的数据文件转换成交互输入所需的数据文件。以下结合实例说明其操作方法。

　　图 6-2 为某工程第②轴上的二跨三层框架立面图，作用于框架上的恒载、活载及左、右风载如图 6-3～图 6-6 所示。该框架的工程文件名取名为 EX1，梁柱混凝土的强度等级为 C25，梁柱钢筋采用 HRB400 级钢，梁柱箍筋采用 HPB300 级钢，梁柱混凝土保护层厚度 20mm。抗震设防烈度 8 度，框架抗震等级二级，场地类别为 Ⅱ 类，周期折减系数 0.8。要计算恒载、活载、风载、地震荷载和梁、柱的自重。梁端弯矩调幅系数为 0.85，惯性矩增

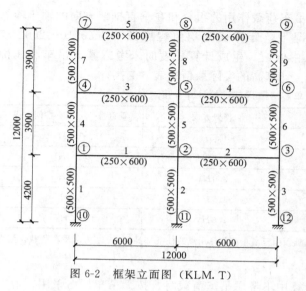

图 6-2　框架立面图 (KLM. T)

大系数为 2，结构重要性系数为 1.0，考虑柱的计算长度。下面通过 PK 软件提供的交互输入程序将图中的构件及荷载信息逐一输入，最终形成 PK 所需的数据文件的方式，介绍交互建立 PK 计算数据文件的方法。

同 PMCAD 操作一样首先应为该工程建立工程子目录，然后进入该目录。双击桌面上的 PKPM 图标，选取选择工作目录。点取软件 PK 后，屏幕显示的主菜单如图 6-7 所示，共 10 项。

主菜单 1. "PK 数据交互输入和计算"，在这里用人机交互方式或数据文本文件方式生成一个平面杆系的结构模型。如果是从 PMCAD 主菜单 4 生成的框架、连续梁或底框的数据文件，或以前用手工填写的结构计算数据文件，则可在这里用该数据文件方式进入。进入后用户可用人机交互修改后转入结构计算菜单。

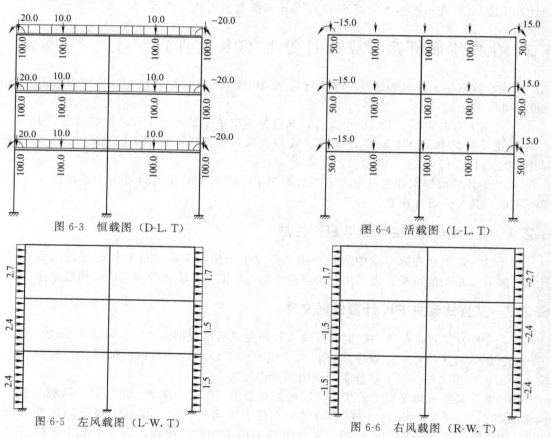

图 6-3　恒载图 (D-L. T)

图 6-4　活载图 (L-L. T)

图 6-5　左风载图 (L-W. T)

图 6-6　右风载图 (R-W. T)

如果新建一个框、排架或连续梁结构模型，则应选用人机交互建模方式进入。用户可用鼠标或键盘，采用和 PMCAD 平面轴线定位相同的方式，在屏幕上绘出框架立面图，框架

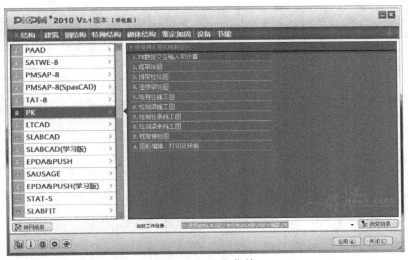

图 6-7　PK 主菜单

立面可由各种长短、各种方向的直线组成，再在立面网格上布置柱、梁截面，再布置恒、活、风荷载。

　　人机交互建模后仍生成一个"工程名.SJ"的文本文件，用户可修改该文件后再用数据文件方式进入本菜单。建模输入完成后程序可自动对模型进行检查，发现问题后提示用户，并可生成框架立面、恒载、活载、风载的各种布置简图。

　　进入本菜单后首先弹出如图 6-8 所示的数据选择菜单，如选择"打开已有数据文件"，则需输入已有的结构数据的文本文件名称。如选择"打开已有交互文件"，则弹出选择框，如图 6-9 所示。

图 6-8　数据选择菜单

图 6-9　数据文件选择框

　　选择了已有的交互文件名后，便在屏幕上显示出该工程的立面简图。

　　如选择"新建文件"，则要求输入文件名称，这时可给你要计算的工程取一个名，本例输入 1。

　　这时的界面如图 6-10 所示。它与 PMCAD 交互输入界面基本相同，屏幕右侧为菜单区，下侧为提示或命令区，中央为图形区，顶部为下拉菜单区和工具栏区。程序采用的单位均为 mm、kN、kN·m。

　　软件操作顺序为：首先，利用网格生成菜单在屏幕上绘出框架立面图，其中网格只能由直线组成；然后，在网格上布置柱、梁；最后，将各种荷载布置上去。经过以上三步便完成了框架的几何尺寸及荷载信息输入，加上材料及抗震信息等有关参数的输入，便形成了结构

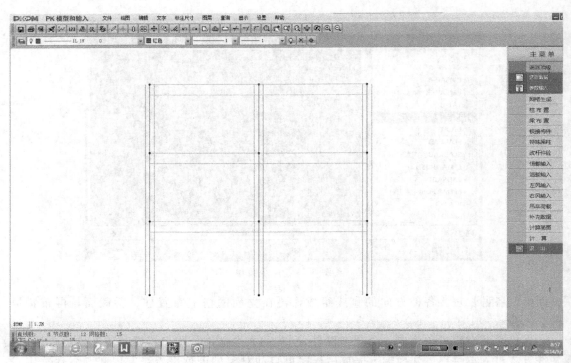

图 6-10　交互输入主界面

计算所需的数据文件。此外，PMCAD 中定义的功能键这里基本上都能用。

　　要建立立面网格，可采用"网格生成"菜单；要进行构件定义和布置，采用"柱布置"、"梁布置"、"铰接构件"、"特殊梁柱"等菜单；需输入荷载采用"恒载输入"、"活载输入"、"左风输入"、"右风输入"、"吊车荷载"菜单；要输入参数和补充数据，选择"参数输入"、"补充数据"，查看计算简图选择"计算简图"菜单；"退出程序"时还可以进行几何数据和荷载的检查。

6.2.2.1　框架立面网格的建立

（1）建立网格

　　在右侧菜单区点取"网格生成"菜单，子菜单如图 6-11 所示。对于规则框架可以点取"框架网格"子菜单，程序弹出如图 6-12 所示的框架网格输入导向对话框，在这里用户可以将跨度层高以列表方式输入，软件将自动生成框架网格。首先选择跨度复选框，其次在"数据输入"处输入跨度，最后按"增加"按钮跨度就添加到跨度列表中。层高的输入方法与跨度输入方法相同。

　　点取"两点直线"或"平行直线"菜单，同样可以画出框架立面的网格线。此网格线应是柱轴线或梁的顶面。

　　画好的线条会自动计算出它们之间相交或端点的每一节点，在屏幕上以白色点显示。

（2）网格编辑

　　若网格输入错误或对于缺梁、缺柱或缺角的框架可用右侧"删除图素"、"删除节点"、"删除网格"等菜单将多余的节点、网格删除。值得注意的是：增加、删除节点或网格后，在被删除的部位已

图 6-11　网格生成菜单

布置的柱梁、荷载会丢失，但在其余未变部位一般不变。

（3）轴线命名

为使框架在成图后竖向柱列轴线有轴线号，在生成框架立面网格线后还应点取"轴线命名"菜单，将各柱所在轴线号命名在网格上。确认无误后，点取"返回顶级"，返回图 6-10 所示主界面。

6.2.2.2 构件定义与布置

（1）柱布置

点取"柱布置"菜单，右侧菜单共 6 个子菜单，如图 6-13 所示。

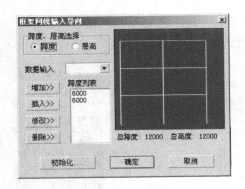

图 6-12 框架网格生成导向

图 6-13 柱布置

① 截面定义。点取"截面定义"菜单，程序弹出如图 6-14 所示的柱截面定义对话框。在这里定义各种截面类型柱的截面尺寸，可定义矩形截面、工形截面、圆形截面、刚性杆、带刚域矩形截面、矩形剪力墙、T 形剪力墙、倒 T 形剪力墙、工形剪力墙等，在对话框中点取"增加"，选择截面类型，便可根据图形提示输入截面尺寸。

② 柱布置。点取"柱布置"菜单，在图中点取定义好的一种截面，将其用光标点到相应的框架立面上的网格线，可用直接布置、轴线布置和窗口布置三种方式，三种方式之间可按［TAB］键的方法互相转换。布置柱时，要输入该柱对轴线的偏心值，左偏为正。在同一网格或轴线上，布置上新的柱截面后旧的截面即被自动取代覆盖。

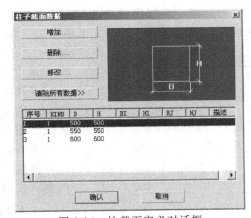

图 6-14 柱截面定义对话框

③ 偏心对齐。用"偏心对齐"菜单可简化偏心的输入，使用时用户应输入底层柱的准确偏心，上面各层柱的偏心可通过对话框中的柱"左端对齐"、"中间对齐"和"右端对齐"三种方式的选择使上面各层柱与底层柱自动对齐。

④ 计算长度。程序按照现浇楼盖的要求自动生成各柱的计算长度，并取框架平面外的计算长度与框架平面内相同。对有吊车荷载时的排架柱，程序还将生成排架方向和垂直排架方向柱的计算长度。点取"计算长度"菜单可进行审核、修改柱的计算长度。

图 6-15　梁布置

（2）梁布置

　　框架梁截面定义和布置操作过程与柱完全相同，布置时程序将梁顶面与网格线齐平，但无梁偏心操作。因此，当同层梁错位时应另设一网格线方可输入该梁。点击"梁布置"菜单，在菜单有 4 项，子菜单详见图 6-15。

　　若梁左右两端有现浇楼板，可点取"挑耳定义"菜单，添加带挑耳的梁截面类型，截面类型编号详见图 6-45，输入梁的左右翼缘厚度后，点取相应有翼缘的梁。该菜单主要用来设计梁的腰筋时确定梁的有效截面高度。

（3）特殊梁柱

　　点取"特殊梁柱"，可定义底框梁、框支梁、受拉压梁及中柱、角柱、框支柱，这些信息在计算特殊梁柱的配筋时需要用到。

（4）铰接构件

　　若框架中有铰节点，可点取"铰接构件"菜单，布置梁铰或柱铰。

（5）改杆件砼

　　用于要修改梁、柱混凝土强度。

6.2.2.3　荷载输入

（1）恒载输入

　　点取"恒载输入"菜单，屏幕右侧出现如图 6-16 所示 7 项子菜单。

　　在这里可以输入节点恒载、梁间恒载及柱间恒载。

图 6-16　恒载输入

　　① 节点恒载。点取"节点恒载"菜单，弹出如图 6-17 所示的节点荷载定义对话框，程序要求输入节点弯矩、垂直力和水平力。此时，根据框架荷载计算简图输入某节点上的弯矩、垂直力和水平力。例如，图 6-2 中①号节点上的弯

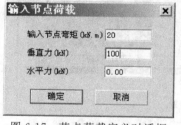

图 6-17　节点荷载定义对话框

矩为 20kN/m，垂直力为 100kN，定义方法如图 6-17 所示。点"确定"，程序要求用户用鼠标点取要输入荷载的节点，点取①号节点，该节点立即显示出荷载值及弯矩作用方向（图 6-3）。值得注意的是节点弯矩规定以顺时针方向为正。输入错误时点取"删除恒载"菜单，将该节点上的荷载删除，然后重新输入该节点的恒载；也可直接输入正确的荷载，将错误的节点荷载覆盖掉。重复以上操作直至所有节点恒载输入完毕。

　　② 梁间恒载。点取"梁间恒载"菜单，弹出如图 6-18所示的梁间荷载定义对话框，程序要求选择荷载类型，用户用鼠标在列表中选择。

　　• 均布荷载定义。仅要求输入均布荷载值。

　　• 半边均布荷载定义。要求输入均布荷载值及均布荷载布置宽度"x"。

　　• 集中力。要求输入集中值及集中力作用点到梁左边节点的距离"x"。

　　选取荷载类型，输入荷载数据后，用方框靶点取相应荷载的梁（按［TAB］键改为轴线输入），梁上立即显示出荷载图及荷载值。重复执行以上操作，就可以把简图中的各类梁间荷载布置到各梁上去了。如果输入有错，因程序目前还不能删除某类荷载，只能点取"删梁间载"菜单，将该梁上全部荷载删除，然后重新输入该梁上的各类荷载。若要检查和修改梁的荷载，可点取"荷载查改"菜单，点取要查改的梁，在弹出的对话框中分别将某类荷载进行增加、修改、删除。

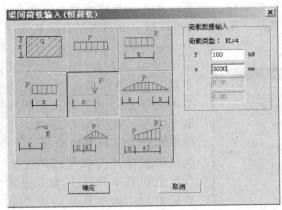

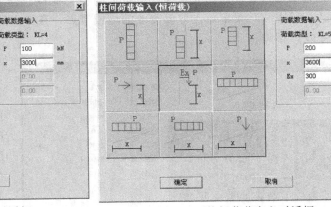

图 6-18　梁间荷载定义对话框　　　　　图 6-19　柱间荷载定义对话框

③ 柱间恒载。点取"柱间恒载"菜单，弹出如图 6-19 所示的柱间荷载定义对话框，程序要求选择荷载类型，用户用鼠标在列表中选择。

• 均布荷载定义。仅要求输入均布荷载值。

• 半边均布荷载定义。要求输入均布荷载值及均布荷载布置宽度"x"。

• 集中力。要求输入集中值及集中力作用点到柱下边节点的距离"x"。

• 偏心竖向力。要求输入竖向集中值、集中力作用点到柱底的高度"x"及集中力相对柱中心的偏心距离"Ex"。

选取荷载类型，输入荷载数据后，用方框靶点取相应荷载的柱（按［TAB］键改为轴线输入），柱侧立即显示出荷载图及荷载值。重复执行以上操作，就可以把简图中的各类柱间荷载布置到各柱上去了。如果输入有错，因程序目前还不能删除某类荷载，只能点取"删柱间载"菜单，将该柱上全部荷载删除，然后重新输入该柱上的各类荷载。若要检查和修改柱的荷载，可点取"荷载查改"菜单，点取要查改的柱，在弹出的对话框中分别将某类荷载进行增加、修改、删除。

图 6-20　风载输入

(2) 活载输入

点取"活载输入"菜单，其二级菜单与恒载输入时完全相同，只不过此时输入的是活载。用同样的操作方法，将活载布置到各梁、柱及节点上去。

(3) 风载输入

点取"左风输入"，则屏幕右侧菜单变为如图 6-20 所示的 6 项子菜单。

① 节点左风。节点风载是指把沿框架高度方向变化的风载简化为作用在框架节点上的风载。点取"节点风载"菜单，屏幕提示（图 6-21）输入水平风力，按鼠标左键确认后，用方框靶点取作用节点即可。输入右风的方法同左风，应当注意的是风载以左风为正，右风为负。

② 柱间左风。柱间风载是指把风载简化成为作用在柱上的均布风载，输入方法与柱间恒载相同。

③ 荷载修改。如果输入有错，因程序目前还不能删除某类荷载，只能点取"删节点载"和"删柱间载"菜单，将该柱上或节点

图 6-21　节点风载输入

全部荷载删除，然后重新输入该柱或节点上的各类荷载。若要检查和修改柱或节点的荷载，可点取"荷载查改"菜单，点取要查改的柱或节点，在弹出的对话框中分别将某类荷载进行增加、修改、删除。

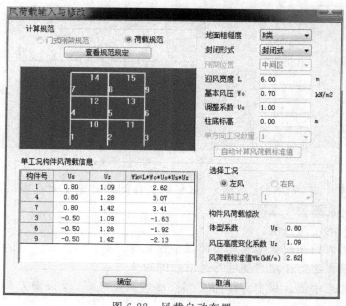

④ 自动布置。点取"自动布置"，程序弹出如图 6-22 所示的对话框，其中：地面粗糙度分为 A、B、C、D 四类；封闭形式分为全封闭和局部封闭；迎风面宽度是指框架迎风的负荷宽度；基本风压、风压高度变化系数、体型系数均按规范要求填写；柱底标高是指底层柱底到室外地面的高度。参数设置完毕后，按"确定"风荷载将自动布置到框架上去。在图 6-22 中"单工况构件风荷载信息表"显示了该榀框架左、右侧柱编号及所对应相关信息，用户可在表格中对构件进行查改。当选择标中任意一行数据时，在立面简图中会以红色线段表示该构件。

图 6-22 风载自动布置

右风输入方法同左风，这里就不再介绍了。

6.2.2.4 参数输入

通过以上各项菜单的操作，完成了框架几何尺寸及各种荷载的输入工作。接下来输入框架计算所需的各项参数。点取"参数输入"菜单，屏幕上出现 5 项菜单。

(1) 总信息

在这里输入 PK 总信息参数，如图 6-23 所示。

① 梁、柱混凝土等级。用户在这里输入梁、柱混凝土强度等级，C25 填 25，C30 填 30，依此类推。混凝土强度范围是 C20～C80。

② 梁、柱主筋及箍筋级别。梁、柱主筋级别有 HPB300、HRB335、HRB400、HRB500 等。程序默认为 HRB400。梁、柱箍筋可选钢筋级别同主筋，程序默认为 HPB300。

③ 梁柱主筋混凝土保护层厚度。程序默认为 20mm，用户可以根据 GB 50010—2010《混凝土结构设计规范》中的 8.2 节选用。

④ 梁支座弯矩调幅系数。在竖向荷载作用下，钢筋混凝土框架梁设计允许考虑混凝土的塑性变形内力重分布，适当减少支座弯矩，相应增大跨中弯矩。调幅系数一般采用 0.8～0.9，程序默认为 1，即不调幅。

⑤ 梁惯性矩增大系数 U_2。考虑到梁板现浇后，梁截面由矩形变成 T 形，实际惯性矩比原来的大，因此对于现浇板楼盖惯性矩增大系数取 1.5～2，两边都是现浇板的中梁，采用 2，仅一边是现浇板的边梁，采用 1.5。预制送合框架可取为 1.2～1.5，若现浇板薄而梁较高，其板厚/梁高比值小于 1/20 时，则 U_2 不宜增大，取为 1.0，对非现浇楼板 U_2 宜取 1.0。

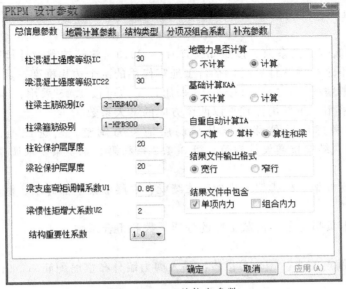

图 6-23　PK 总信息参数

（2）地震计算参数

在这输入地震计算参数，如图 6-24 所示。

① 抗震等级。框架抗震等级应根据结构的设防烈度及结构类型按照 GB 50010—2010《混凝土结构设计规范》中表 11.1.3 或 GB 50011—2010《建筑结构抗震设计规范》表 6.1.2 确定。程序可取 1、2、3、4、5，其中 1、2、3、4 代表一级、二级、三级、四级抗震等级，5 代表非抗震。

② 设防烈度。抗震设防烈度可取 6 度（0.05g）、7 度（0.1g）、7 度（0.15g）、8 度（0.2g）、8 度（0.4g）、9 度。

③ 计算振型个数。计算振型个数与层数有关，一般取 3 个振型，但应注意计算的振型数小于或等于层数，如一层框架取 1，二层框架取 2，否则造成地震力计算异常。

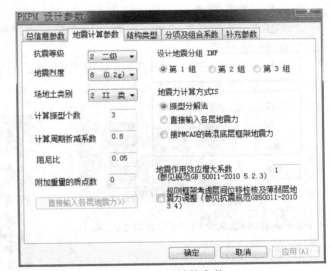

图 6-24　地震计算参数

④ 周期折减系数。周期折减的目的是为了充分考虑框架结构填充砖墙刚度对计算周期的影响。纯框架结构取 1；有填充墙的框架，应根据填充墙的材料及数量多少而定，可取 0.7～1.0。对于填充墙是砖墙且填充墙较多时取较小的折减系数；填充墙是轻质材料且填充墙较少时采用较大的折减系数或者不折减。

⑤ 地震力计算方式

• 振型分解法。程序按照振型分解法自动计算地震力。

• 直接输入各层地震力。用户如果已经算出各层的地震剪力，可以直接分层输入各层地震剪力。

• 接 PMCAD 的砖混底层框架地震力。程序直接读取 PKPM 软件中的 XTJS 程序得出的地震效应。

⑥ 地震作用效应增大系数。按照 GB 50011—2010《建筑抗震设计规范》第 5.2.3 条规定，当规则结构不进行耦联计算时，平行于地震作用的两个边榀框架，其地震作用效应应乘以增大系数。一般情况下，短边可按 1.15 采用，长边可按 1.05 采用；当扭转刚度较小时，宜按不小于 1.3 采用。角部构件宜乘以两个方向的增大系数。

⑦ 规则框架考虑层间位移校核及薄弱层地震力调整。若选此项，程序将根据 GB 50011—2010《建筑结构抗震设计规范》第 3.4.3 条和第 3.4.4 条要求调整薄弱层内力。

(3) 结构类型

结构类型包括框架、框排架、排架、连续梁、底层框架上部砖墙、框支框架六种。

(4) 分项系数

用户可以在本页指定各个荷载工况的分项系数和组合系数。

(5) 补充参数

① 墙分布钢筋配筋率。用户可以再次输入剪力墙分布钢筋配筋率，若输入为 0，则由程序自动确定。

② 二、四台吊车的荷载折减。计算排架结构时，多台吊车的竖向荷载和水平荷载的标准值，应乘以规范规定的折减系数，参见 GB 50009—2012《建筑结构荷载规范》第 6.2.2 条，用户可在此输入多台吊车的荷载折减系数。

6.2.2.5　吊车荷载

点击"吊车荷载"→"吊车数据"子菜单，程序弹出如图 6-25 所示对话框，用户可以在这里增加吊车荷载。

点击"增加"按钮，程序弹出如图 6-26 所示的吊车参数输入对话框，用户可以根据工程中采用的吊车的参数输入吊车的数据。

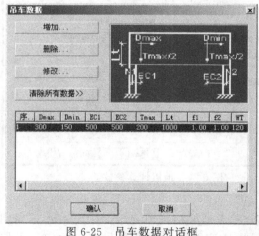

图 6-25　吊车数据对话框

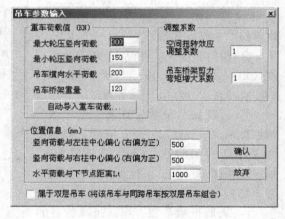

图 6-26　吊车参数输入对话框

点击"删除"按钮，可以删除一组吊车荷载。

点击"修改"按钮，可以修改一组吊车荷载数据。

点击"清除所有数据"按钮，程序将清除所有吊车荷载。

6.2.2.6　补充数据

"补充数据"菜单下有"附加重量"、"基础参数"两个菜单。"附加重量"是在有的节点上补充输入地震作用时要考虑的附加重量。"基础参数"用于输入设计柱下基础的参数。

6.2.2.7 计算简图

在这里对已经建立的几何模型和荷载模型进行检查，出现不合理的数据时屏幕上显示出错误的内容，告诉用户错误的数据在哪一部分、那一行和该数据值。计算简图包括框架立面图（KLM.T）、恒载简图（D-L.T）、活载简图（L-L.T）、左风载图（L-W.T）、右风载图（L-W.T）、吊车荷载图（C-H.T）、地震力图（DZL.T）。

6.2.2.8 计算

单击"计算"菜单，程序将计算框架的内力及配筋，计算结果存入一个用户指定的文件名，程序默认的文件名是PK11.OUT。屏幕右侧将出现如图 6-27 右侧所示的菜单，在这里用户可以查看多种内力，其中包括弯矩包络图、剪力包络图、轴力包络图、配筋包络图、恒载弯矩图、恒载剪力图、恒载轴力图、活载弯矩图、活载剪力图、活载轴力图、左风弯矩图、右风弯矩图、左地震弯矩图、右地震弯矩图。这些图形文件的名称在屏幕的左下角显示。例如弯矩包络图的名称为 M.T。

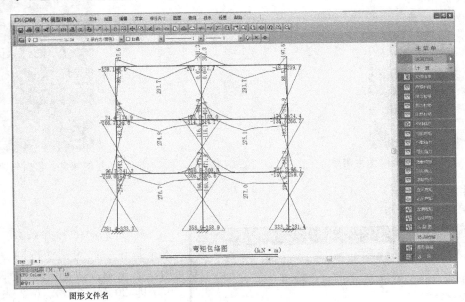

图 6-27 弯矩包络图

6.2.2.9 保存文件与退出

在计算的过程中，应经常点取"保存文件"菜单，以防输入的数据丢失。要退出"PK数据交互输入和数检"菜单，点"退出程序"，便可退出该程序。退出交互式输入后，程序会把以上输入的内容写成一个按 PK 结构计算数据文件格式写成的数据文件，文件名为进入本程序时用户输入的名称加后缀 .SJ。同时程序生成了传给 PK 计算用的文件 PK0.PK。

有些内容目前暂不能用人机交互方式产生，这些内容可通过修改补充已生成的数据文件来实现。

6.3 绘制框架施工图

执行主菜单 2 "框架绘图"，程序进入绘制整体框架图程序，如果第一次进入该程序则屏幕上首先弹出的是选筋及绘图参数页面菜单，共 4 页。若是第二次输入则直接进入绘图程序，屏幕右侧菜单如图 6-28 所示。

6.3.1 参数修改

点击"参数修改"菜单,屏幕右侧出现如图 6-29 所示的子菜单,子菜单共 11 项。

6.3.1.1 参数输入

点击"参数输入"菜单,程序弹出选筋及绘图参数页菜单共 4 页。用光标点取哪一页,该页就会转为当前页,即可对其上的参数进行修改。下面分别讲述其内容。

图 6-28 PK 整体框架绘图主菜单

图 6-29 参数修改

(1) 归并放大等

如图 6-30 所示。

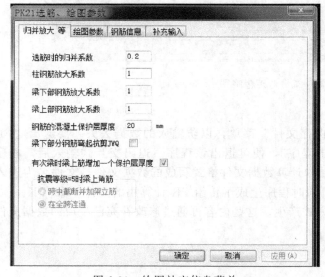

图 6-30 绘图补充信息菜单

① 选筋时的归并系数。相差不大于归并系数的钢筋按同一规格选用,该系数小于 1,一般取 0.2~0.3 即 20%~30%。0.2 表示将相差不大于 20% 的计算配筋按同一规格选钢筋,取其面积大者。由于归并系数越大则梁、柱纵向钢筋编号会越少,相应的梁、柱剖面种类越少,同时钢筋的用量也会随之增加。因此,在增加归并系数为设计带来方便的同时,也会增加工程成本,设计人员在满足设计需要的前提下应尽量减小选筋归并系数。

② 柱钢筋放大系数。是设计人员对程序计算结果加以人工干预的一种方法。选筋时取计算配筋量乘放大系数,再选出合适的根数与直径。放大系数填 1 表示用户对计算结果不放大。但程序选出钢筋根数与直径时,面积一般比计算结果略大。

③ 梁下部钢筋放大系数。含义同上。

④ 梁上部钢筋放大系数。含义同上。

⑤ 钢筋的混凝土保护层厚度。程序首先读取结构计算前用户输入的梁、柱的混凝土保护层厚度数值，将其作为这里的隐含值。用户还可以在这里修改。

⑥ 梁下部钢筋弯起抗剪。选择该项，则将梁下部钢筋弯起，用于抗剪。

⑦ 有次梁时梁上筋增加一个保护层厚度。次梁钢筋在主梁钢筋之外，若主梁钢筋的保护层厚度包括次梁的直径，则选择该项。

⑧ 抗震等级＝5时梁上角筋。在非抗震设计时，有跨中截断并加架立筋和在全跨连通两项供选择。

（2）绘图参数

如图 6-31 所示。

① 图纸号。根据框架尺寸及绘图比例确定，选择时最好考虑将框架及剖面置于一张图上。填1或2或3，分别表示A1、A2、A3图纸。在1或2或3前加一负号，程序将不画出所有柱的内容，纵向框架常用此画法。

② 图纸加长比例。如图纸需加长25％，可输入 0.25；需加长 50％，可输入 0.5。

③ 图纸加宽比例。方法同上。

④ 立面比例 BLK 1。输入框架立面图比例。如 1：50，则输入 50。

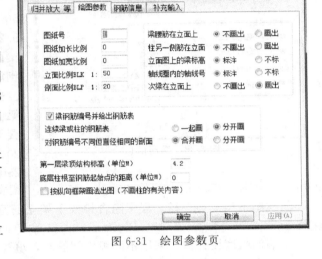

图 6-31　绘图参数页

⑤ 剖面比例 BLP 1。输入框架剖面图比例。如 1：20，则输入 20。有时按用户给出的比例不能满足布图要求，程序将在绘施工图时询问是否缩小剖面比例，若同意，程序则自动调整比例。

⑥ 梁腰筋在立面图上。框架立面图上画腰筋。一般可不画。

⑦ 柱另一侧筋在立面。框架立面图上画柱另一侧的纵向钢筋。一般可不画。

⑧ 立面图上的梁标高。一般要标注。

⑨ 轴线圈内的轴线号。一般要标注。

⑩ 次梁在立面上。框架立面图上画出次梁。一般要画。

⑪ 梁钢筋编号并给出钢筋表。如不需要钢筋表，则程序进行剖面归并时仅参照截面尺寸、钢筋根数与直径，不再考虑钢筋长短弯钩等构造，从而使剖面的数量大大减少，减少出图数量。一般选可不给出钢筋表。

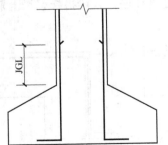

图 6-32　底层柱根至钢筋起始点的距离

⑫ 连续梁或柱的钢筋表。当接 SATWE、接 PK 连续梁或梁柱分开画时，几根连梁的钢筋可列在一个表内，也可以给每根梁（或柱）分开列钢筋表。一般选分开画钢筋表。

⑬ 对钢筋编号不同但直径相同的剖面。为省图纸，程序可把两个截面相同、钢筋根数与直径相同仅钢筋编号不同的剖面合并在一个剖面上画出，从而可少画约 30％～50％ 的剖面，减少出图数量。一般选合

并画剖面。

⑭ 第一层梁顶结构标高。即框架中最底层的梁顶标高，用来确定各结构层标高。

⑮ 底层柱根至钢筋起始点的距离（JGL）。见图 6-32。用于在绘框架立面图底层柱钢筋时确定钢筋的起始点。

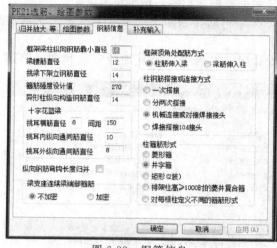

图 6-33　钢筋信息

（3）钢筋信息

如图 6-33 所示。

① 框架梁柱纵向钢筋最小直径。程序隐含框架梁柱纵向最小直径为 16mm，用户可在这里修改该筋直径。

② 梁腰筋直径（mm）。根据 GB 50010—2010《混凝土结构设计规范》第 9.2.13 条规定，梁腹板高度≥450mm 的梁两侧应沿高度设置侧向钢筋，每侧侧向钢筋截面面积不得小于梁腹板截面面积的 0.1%，间距不宜大于 200mm。因此，当梁腹板高度≥450mm 时，应在此填写梁腰筋直径，当梁宽≤200mm 时可取 8，200mm＜梁宽≤250mm 时可取 10mm，250mm＜梁宽≤300mm 时可取 12mm，300mm＜梁宽≤350mm 时可取 14mm，350mm＜梁宽≤400mm 时可取 16mm。

③ 挑梁下架立筋直径。程序隐含挑梁下架立筋直径为 14mm，用户可在这里修改该筋直径。

④ 箍筋强度设计值。采用不同级别钢筋时，填写相应的钢筋强度。

⑤ 异形柱纵向构造钢筋直径。应根据 JGJ 149—2006《混凝土异形柱结构技术规程》第 6.2.3 条执行。

⑥ 十字花篮梁。配筋情况如图 6-34 所示。

⑦ 挑耳横筋直径、间距。图 6-34 中④号筋。

⑧ 挑耳内纵向通筋直径。图 6-34 中②号筋。

⑨ 挑耳外纵向通筋直径。图 6-34 中③号筋。

⑩ 纵向钢筋弯钩长度归并。一般选归并。

⑪ 梁支座连续梁端部箍筋。当次梁、连梁作为主梁输入且用 SATWE 计算后接 PK 画图时，用户可在此设定这样的梁是否需要箍筋加密。一般选加密。

⑫ 框架顶角处配筋方式。是指框架边节点梁柱钢筋搭接方式，有柱筋伸入梁和梁筋伸入柱两种方式供选择。当柱筋伸入梁时，在框架顶角节点处将柱筋伸入梁搭接，梁上筋伸到

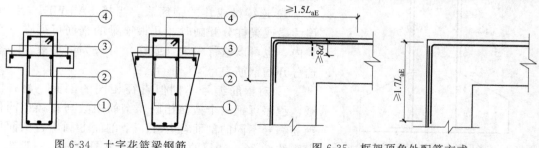

图 6-34　十字花篮梁钢筋　　　　　　　　　图 6-35　框架顶角处配筋方式

梁下皮位置。梁筋伸入柱时，在框架顶角节点处将梁的上筋伸到柱内梁上皮以下"$1.7l_{aE}$"。如图 6-35 所示。

⑬ 柱钢筋搭接或连接方式。一般当每边根数≤4 时，上、下柱筋一次搭接，否则分两次搭接。机械连接或对接焊接接头、焊接搭接 $10d$ 接头，要根据实际工程选用。

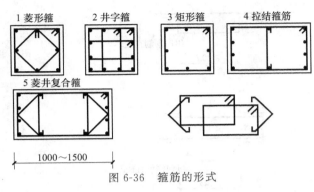

⑭ 柱箍筋形式。可选择"菱形箍"、"井字箍"、"矩形（2 肢）箍"、"排架柱高≥1000 时的菱井复合箍"。若该框架柱的箍筋不是一种形式时，选"对每根柱定义不同的箍筋形式"，然后在后面布置时可选择柱子，分别

图 6-36　箍筋的形式

输入柱箍筋形式号，1 为菱形箍，2 为井字箍，3 为矩形（2 肢）箍，4 为拉结箍筋，5 为排架柱高≥1000mm 时的菱井复合箍。箍筋形式如图 6-36 所示。

(4) 补充输入

如图 6-37 所示。

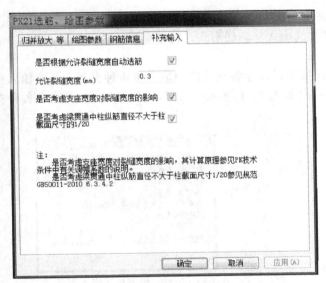

图 6-37　补充输入菜单

① 是否根据允许裂缝宽度自动选筋。选择此项，程序将要求用户设定允许裂缝宽度，程序根据用户设定的裂缝宽度自动配置梁纵向钢筋。

② 是否考虑支座宽度对裂缝宽度的影响。如果选择此项，程序按照支座边的弯矩计算支座处裂缝宽度。一般情况下支座边弯矩比支座中心线处的弯矩要小，因此采用该弯矩计算裂缝宽度，相当于对裂缝宽度的折减。

③ 是否考虑梁贯通中柱纵筋直径不大于柱截面尺寸的 1/20。

根据 GB 50011—2010《建筑结构抗震规范》第 6.4.3.2 条规定，一级、二级框架梁内贯通中柱的每

根纵向钢筋直径对矩形截面柱不宜大于柱在该方向截面的 1/20，不宜大于纵向钢筋所在位置柱截面弦长的 1/20，如图 6-38 所示。因此，用户可以根据该条文要求，是否选择该项。

6.3.1.2　钢筋库

点击"钢筋库"菜单，程序弹出如图 6-39 所示对话框，用户可以在其中选择需要的钢筋规格，如果市场上没有供应某种规格的钢筋，可以将该钢筋直径复选框中的钩取消，那么在实配钢筋时，将不会出现这种钢筋。

6.3.1.3　梁顶标高

有错层情况时，可在此输入有关梁的错层值。点击"梁顶标高"按钮，程序要求用户选

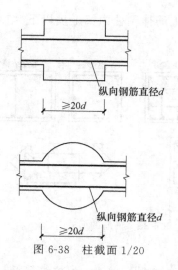

纵向钢筋直径d

≥20d

纵向钢筋直径d

≥20d

图 6-38 柱截面 1/20

图 6-39 钢筋库

择需要调整标高的梁，用鼠标左键选择，程序又提示输入梁顶标高调整值，当梁顶高于同层梁顶时，为正值，单位为 m。当梁顶低于同层梁顶时，为负值；当梁平齐于同层梁顶时，为零。

6.3.1.4 柱箍筋

点击该菜单，屏幕显示各组箍筋形式的编号，用鼠标左键选择需要修改的柱，屏幕又上弹出如图 6-40 所示对话框，用户可以在其中选择箍筋形式，柱箍筋形式的图形参见图 6-36。

6.3.1.5 挑梁数据

此菜单用于补充布置挑梁，点击该菜单，程序将提示用户输入挑梁种类数，用户输入所需的挑梁种类数，按"确定"按钮，弹出如图 6-41 所示对话框，用户可以分批输入各种类型的挑梁，挑梁形状如图 6-42 所示。

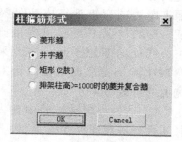

图 6-40 柱箍筋形式

图 6-41 挑梁尺寸输入菜单

挑梁上皮与相邻梁高差 DH（m）：高于相邻梁时为正。

挑梁挑出长度 L（m）：从挑梁的柱或墙外侧算起。

挑梁根部高度 H（m）：参照图 6-42 设置。

挑梁外端高度 H1（m）：参照图 6-42 设置。

挑梁上承受的最大弯矩设计值（kN·m）：程序据此数算出挑梁受力筋，此值应为设计值。

挑梁箍筋的直径与间距：格式为 *·**，小数点前数字为箍筋直径（mm），小数点后数字为箍筋间距，例如φ8@100（mm），写成 8，100 即可；例如φ10@150 写成 10，150。

挑梁宽度（m）：是指挑梁的截面宽度。

挑梁截面形状信息：输入图 6-45 所示梁形状 1～15 中的一种。

选择完后，选择需改动的柱子并输入挑梁类别号，挑梁便布置在该柱的上端。注意：一根柱上最多安放一根挑梁，挑梁自动安放到柱上端无框架梁的一端，若柱上端左右皆有框架梁，则该柱中间无法安放挑梁。

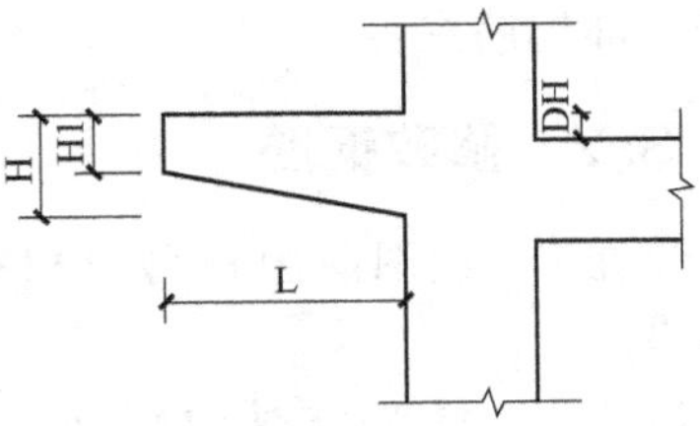

若要删除挑梁，可以点击工具栏中的删除按钮，然后点取需要删除的挑梁即可。

图 6-42 挑梁形状

6.3.1.6 牛腿数据

需补充输入的牛腿个数：方法类似挑梁，不同点为需输入牛腿上受的最大垂直力设计值（kN）、牛腿上受的最大水平力设计值（kN）、垂直力距柱外皮的距离（m）。对话框如图 6-43 所示。

对于图 6-44 中框架，若 1～3 间的杆件为一个柱单元，则不能在该柱右侧安放牛腿，因该柱右侧已有梁，为此，可将牛腿处作为一节点 2，该杆件分为 2 段柱，柱①右侧安放牛腿。对于柱①、柱③上端左右均无框架梁的柱杆件，当牛腿位于柱上端左侧时，挑梁所属的挑梁类别号前加"＋"号，牛腿位于柱上端右侧时，挑梁类别号前加"－"号。

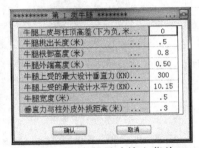

图 6-43 牛腿尺寸输入菜单

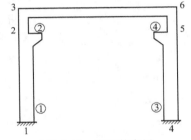

图 6-44 牛腿的布置

对于梁大多数截面的形状类别，填 1～15 间的一个数，即该截面类型数，如图 6-45 所示。PMCAD 中不能定义图中的 5～15 截面形式，若为这些截面类型，可先定义为矩形，再到此处修改。

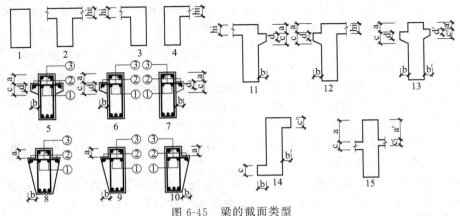

图 6-45 梁的截面类型

6.3.1.7 梁、柱配筋放大系数

在此用户可以对不同的构件定义不同的放大系数。放大系数包括柱配筋、梁下部钢筋及

梁上部钢筋三种。

6.3.2 修改钢筋

在 PK 绘图前用户可以根据需要对配筋信息进行调整，以便达到用户所要求的配筋结果。

6.3.2.1 修改柱纵向钢筋

点取"柱纵筋"菜单，屏幕右侧菜单如图 6-46 所示，在这里可以完成柱钢筋的审核及修改，包括平面内配筋、平面外配筋、主筋连通等。柱平面内纵筋是程序根据计算结果给出的，程序默认平面外配筋与平面内相同，用户可以在此修改，屏幕上显示框架柱配筋立面简图，并在每根柱上标注选出的钢筋。

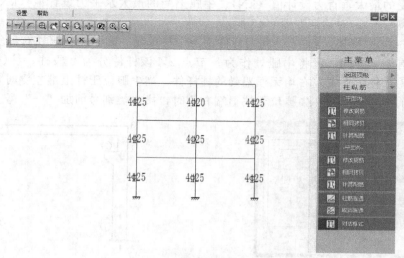

图 6-46　修改柱纵向钢筋

柱配筋图上显示的是：采用对称配筋时柱单边的根数、级别与直径。柱选筋的规则是：直径可有一种或两种，选择两种直径时每种直径的根数各占一半，修改钢筋时，也必须按此规则修改。

修改时，点取屏幕右边"修改钢筋"菜单，选择要修改的柱，则屏幕上弹出钢筋修改对话框。对话框中显示要修改的柱钢筋根数、级别与直径。例如，对话框中显示"2C25＋2C25"表示当前钢筋为"2Φ25＋2Φ25"。用户可以直接修改对话框中的钢筋数量、级别和直径。点取柱时也可开窗口成批点取来修改。

当改完一根柱后，若还有几根柱也要改为这种直径与根数，则点取"相同拷贝"菜单后连续点取要改的柱，不必再重复输入修改的直径和根数，从而大大简化操作。

一般情况下，柱钢筋在上柱根部切断，并与上柱绑扎搭接或焊接连接起来，若用户要令钢筋在某些柱不切断或每根柱列从上到下都不切断而直接穿过各柱时，则可点取"柱筋连通"菜单，这样做可以减少剖面个数。

前面修改的是框架平面内配的钢筋，若用户要修改框架平面外的配筋，可点取"平面外筋"，此时，屏幕显示平面外配筋，并同平面内配筋一样可修改各柱框架平面外方向选配的钢筋，但角筋除外。

点取"计算配筋"，柱立面上显示柱计算配筋包络图，从而便于用户对程序选择的实配钢筋校核。

"对话框式"：点取某一根柱后，屏幕上弹出该柱剖面详图，该对话框左边是钢筋的直筋、根数等参数供用户修改，右边的详图可随左边参数的变化而互动。

6.3.2.2　改梁上部钢筋

点取"改梁上部钢筋"，则屏幕上显示梁上部支座钢筋及梁上部的钢筋，如图 6-47 所示。

右侧菜单中"修改钢筋"与"相同拷贝"是改变程序对支座筋的配置，点取的是梁的支座部位，也可用窗口成批点取。选择要修改的梁，则屏幕上弹出钢筋修改对话框。对话框中显示要修改的柱钢筋根数、级别与直径。例如对话框中显示"2C20＋1C16"表示当前钢筋为"2Φ20＋1Φ16"。用户可以直接修改对话框中的钢筋数量、级别和直径。对话框中写在"＋"号前面的是角部或贯通钢筋，后面的是第二种钢筋，程序限定只能选定一种直径，根数可由用户修改。

同一层支座上程序先是指定相同直径的角部钢筋，如果用户修改后成为不同直径的角筋，如程序后面根据构造要求必须将角筋与同层各跨连通时，则自动把直径统一成用户指定的最大直径。

用户可以指定梁上部钢筋贯通的根数大于 2 根。如上部第一排内共有 6 根钢筋，虽然按计算只有两根角筋连通已经足够，如用户希望将其中 4 根连通，那么在这里输入连通筋的根数是 4。

点取"上筋连通"菜单，可由用户设定将梁上部第一排的钢筋（不仅是角筋）全部连通并选最大直径，以满足某些设计的要求，但其上第二排钢筋不在自动连通之列。在一般情况下，程序根据构造要求在除连续梁抗震等级为 5 时之外，均把上部角筋连通，但其余钢筋根据弯矩包络图和规范构造分 1～3 次切断。程序计算断点长度时，如该长度大于跨长一半时则选该组钢筋不被切断而与相邻支座连通。

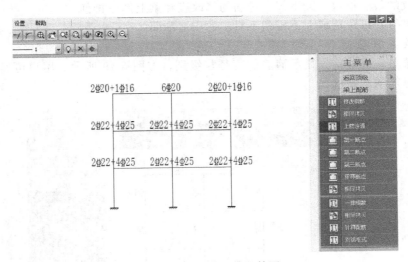

图 6-47　梁上部钢筋配筋图

分别点取"第一断点"、"第二断点"、"第三断点"菜单，可由用户修改程序算出的梁上第一断点、第二断点、第三断点的钢筋断点位置，相应的钢筋分别为梁上排除两角筋外其他钢筋，第二排两边 2 根钢筋，第二排除 2 根边筋外的其他钢筋（第三排如有筋也划为此类）。无某类钢筋时则断点长度为零，每类钢筋断点只能有一个。如果用户将断点长度指定为跨长一半以上，则这类钢筋自动与相邻支座钢筋在该跨连通。

当用户修改过角筋和其他钢筋的直径后，因原有断点是程序根据修改前的直径计算的，而程序并不能根据用户修改后的新直径而自动重新算断点，使得某些情况下断点位置不能满足新直径的要求，故而设"重新断点"菜单。用户可点取此菜单重新计算梁上的钢筋断点。

点取"一排根数"菜单，用户可修改放在梁上部第一排钢筋的根数或第二、三排筋能摆放的最多根数，由此来调整钢筋的疏密。程序设定的一排根数是满足规范要求的，但如用户有新的考虑或特殊设计习惯时可在此调整，用户修改的钢筋将随一排钢筋的根数设定值而排列。例如，程序原配有6Φ22，且第一排4根，第二排2根，其一排根数为4，若用户改为5Φ25后，如不改一排根数则程序第一排放4根、第二排放1根，这种排列不够合理。因此，可将一排根数改为3，这样程序画图时第一排放3根，第二排放2根，就配置得比较均衡了。

6.3.2.3 改梁下部钢筋

点取"改梁下部钢筋"菜单，则屏幕显示梁下部配筋结果。

该项菜单的操作方法同"改梁上部钢筋"，用户可用光标或开窗口点取每根梁来修改，每根梁下部钢筋的直径最多可有两种，每一种直径的根数可定义为四类中的一类或几类钢筋包含的根数，类的定义如图6-48所示。如有第三排筋时也放入④类。

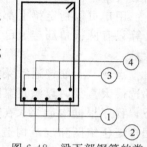

图 6-48　梁下部钢筋的类

"下筋连通"菜单可由用户指定等高等宽且无高差梁的梁下部所有钢筋在同层各跨连通，并选其中最大直径和根数连通。可一次对指定所有梁进行连通，也可分别定义某几根梁连通。定义连通钢筋的梁画图时其钢筋就不再根据锚固长度伸入支座处切断，而一直与相邻跨连接起来。梁下筋连通后可减少出图剖面的个数。

"一排根数"菜单用来修改梁下部第一排钢筋的总根数或第二、第三排能摆放的最多根数，梁下部一排筋的修改应和梁上部一排筋的修改配合进行，以免造成上下排列不对应的构造剖面。

6.3.2.4 改梁柱箍筋

点取该菜单，屏幕首先显示箍筋的直径与级别，如图6-49所示。用户可通过右侧菜单修改梁与柱箍筋的配置状况。

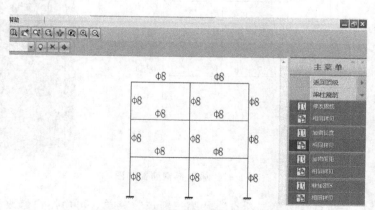

图 6-49　梁柱箍筋的直径与级别图

用户可点取"修改钢筋"菜单修改柱或梁箍筋的直径和级别。点取"加密长度"菜单可修改梁端箍筋加密长度和柱上部（其下部肯定大于等于此值）箍筋加密长度，程序根据GB 50010—2010《混凝土结构设计规范》表11.3.6-2计算梁端箍筋加密长度；根据表11.4.12-2

及第11.4.14条计算柱端箍筋加密长度，柱下箍筋加密长度还要根据柱筋的搭接情况，底层的柱还要考虑地坪的位置。当梁左右端或柱上下部加密长度接近全跨或全高时，程序自动对梁全跨或柱全高进行箍筋加密。指定不需箍筋加密时，可令加密长度为零。

"加密间距"菜单用来修改程序隐含设定的加密间距值，一般为100mm。"非加密区"菜单可用来修改非加密区箍筋的间距。

6.3.2.5 改节点箍筋

该项菜单用来修改柱上节点区的箍筋直径和级别，它仅在抗震等级为一级或二级时才起作用，节点箍筋间距定为100mm。

6.3.2.6 罕遇地震下薄弱层的弹塑性位移计算

"弹塑位移"菜单在地震烈度7～9度且计算数据来自PK主菜单1时起作用，程序按梁、柱的实配钢筋及材料强度的标准值和重力荷载代表值完成该框架在罕遇地震下的弹塑性位移计算，计算结果在屏幕上显示。不满足要求时，可及时修改柱、梁钢筋再进入本菜单重新计算。

6.3.2.7 框架梁的裂缝宽度计算

裂缝计算考虑荷载的短期效应组合，即恒载、活载、风载标准值的组合，按矩形截面梁并取程序选取的梁下部与梁上部实配的钢筋根数与直筋，根据GB 50010—2010《混凝土结构设计规范》第8.1.2条公式计算。当计算裂缝宽度≥0.3mm时，该裂缝宽度用红色在图上显示，如图6-50所示。

接口SATWE、TAT时的荷载是该归并梁所归并范围内各梁恒、活、风载的绝对值最大值。

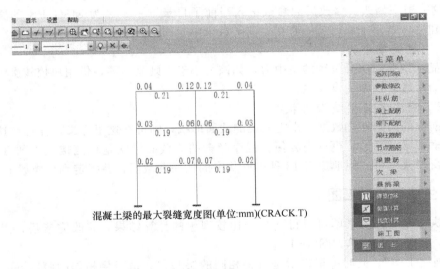

混凝土梁的最大裂缝宽度图(单位:mm)(CRACK.T)

图6-50 裂缝宽度计算

6.3.2.8 钢筋混凝土梁的挠度计算

按照GB 50010—2010《混凝土结构设计规范》第7.2节进行梁的挠度计算。为计算荷载长期效应组合，用户需输入活荷载的准永久值系数，该系数用户可查GB 50009—2012《建筑结构荷载规范》表5.1.1，程序隐含值取0.4。程序按GB 50010—2010《混凝土结构设计规范》公式7.2.2计算长期刚度B，按公式7.2.3-1计算短期刚度B_s，在每个同号弯矩区段内按该区段最大值计算一个B，计算按照梁上下的实配钢筋和考虑梁翼缘的影响，对现浇板处的T形梁(梁形状类型为图6-45中的2类、3类、4类、11类、12类)，翼缘计算宽度按 GB 50010—2010《混凝土结构设计规范》表 5.2.4 取值（按翼缘高度 h_j 考虑）。修改梁的上下钢筋将改变挠度值。

6.3.2.9 修改悬挑梁

本菜单用来修改挑梁的各参数，也可把已有的悬挑梁转变成端头支撑梁，使悬挑梁的这一部分按端支撑梁的构造配筋，还可把端支撑梁改成悬挑梁。该菜单下的子菜单提供了以下三部分的功能。

① 修改挑梁。因 PK 现在大多与 PMCAD、TAT、SATWE 等软件配合使用，这项菜单对用户挑梁的设计十分有用，因为 PMCAD 建模时梁均为等截面梁，且与楼层梁均为等高，这里修改的梁参数为：挑梁上皮与相邻梁高差（mm）；挑梁挑出长度（mm）；挑梁根部高度（mm）；挑梁外端高度（mm）；挑梁箍筋的直径和间距；挑梁外端与内端高差（向上为正）。因此，用户在这里只要修改挑梁参数就可绘制变截面挑梁和与楼层梁有高差的挑梁。

② 挑梁支座。PMCAD 在生成框架整榀数据文件时，对于端跨外端支撑在梁上的梁均未写出它的支撑状况，虽然该部分的支撑荷载已按实际考虑，且计算是符合实际受力状况的，在画图时即按挑梁的构造来画。挑梁支座菜单可用来将这种梁定义为端支撑梁，而在画图时不再按挑梁的要求配筋。

③ 改成挑梁。这里可把 PMCAD 或 TAT 传来的位于左端跨或右端跨的支撑梁改为挑梁。

6.3.2.10 画图参数设置及修改

通过该菜单可再次修改绘图数据文件中指导画图结果的若干参数。具体修改方法可参照 6.3.1.1 这一节来修改。修改后的参数记入当前子目录下一个名为 MSG.PK 的文件中，该文件一经建立，若不加修改就一直在当前子目录中起作用。

6.3.2.11 次梁集中力

用于显示主梁上次梁位置的集中力，如该力小于零则显示零，供用户校核次梁下的箍筋加密或吊筋配置。该力为设计值。

6.3.2.12 修改定义梁截面形状

如在前面的绘图补充数据中未定义梁的截面形状，则可在这里定义，并且在这里用交互方式定义框架梁截面形状更直观方便。程序隐含的梁截面形状是现浇楼板下的 T 形梁，这里用图形窗口菜单可方便地定义 15 种梁形状中的任一种截面，并指定到相应梁上。

6.3.3 生成框架施工图

通过执行以上各项菜单可以得到一个比较理想的计算结果，修改完毕后，点取"施工图"菜单，屏幕右侧菜单如图 6-51 所示。

① "画施工图"。此时屏幕提示是否将相同的层归并、是否将相同的跨归并，提示用户输入该榀框架的图形文件名称，如果图形超出用户设定的图框范围，程序提示用户是否缩小剖面图的比例等，用户根据上述提示逐步完成施工图设计，这时屏幕上出现一榀框架的施工图，如图 6-51 所示。

② "下一张图"。如果一张图纸放不下，则程序会分几张图来绘制施工图，这时点本菜单可以分别生成剩余的几张图。

③ "移动标注"。用户可以通过本菜单移动框架立面、断面和钢筋表上的各种标注及文字。

④ "移动图块"。用户可以用光标整块移动框架立面、断面和钢筋表的位置。

⑤ "图块炸开"。将框架立面、断面和钢筋表等图块炸开，使得整图合并成一个没有局部坐标系的图。

⑥ 有无钢筋表时的图面表达方式。

PK 软件生成框架施工图有两种方式，即要钢筋表和不要钢筋表。在图 6-31 所示的 "绘图参数" 对话框中可以选择是否要钢筋表。

要钢筋表时，程序要在图上给出每根钢筋的编号并画出钢筋表，只有直径、长度、弯钩长短均相同的钢筋才会编为一个号，虽然钢筋直径和根数相同，但钢筋编号不同的剖面不能合并为一个断面，因此有钢筋表时断面数量较多，图纸较多。

不要钢筋表画图时，程序进行断面归并时仅依据截面尺寸和钢筋的根数、直径，可以比要钢筋表时断面数量少很多。

可以看出，对于无钢筋表时的图纸，在立面上即可读到每种钢筋的数量和构造，在断面图上可看到它的排列及构造钢筋，图纸表达直观、节省图纸，缺点是无材料统计表。用户应根据工程的需要选择合适的出图方式。

6.3.4　用户编辑修改

作出整榀框架的施工图，该图形是与绘图数据文件同名的、直接由程序生成的后缀为 T 的文件，即时在屏幕上显示输出。屏幕显示第一张框架施工图，如图 6-51 所示。

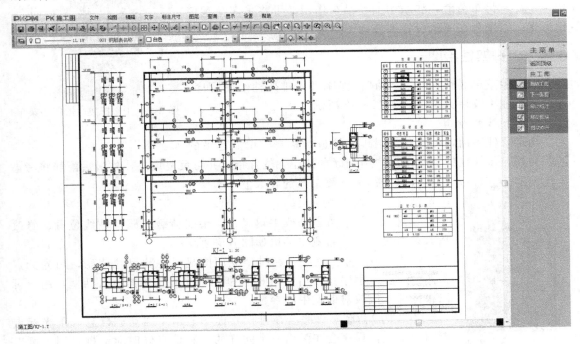

图 6-51　框架施工图

此时，可用 "局部放大" 菜单对图形进行仔细观察。用 "图形编辑" 菜单对图形的局部进行修改、调整。

这里提供一个类似于 AUTOCAD 环境的绘图工具包，从而在自动成图之外，可由用户方便地补充绘图和编辑修改。点取下拉菜单和各个工具条就可即时实现图形的编辑、修改、缩放、打印操作。

应当说明的是：框架整体绘图时，程序所生成的框架图是与绘图数据文件同名的、扩展名为 T 的文件。本例绘图数据文件为 KJ-1，则图 6-51 的框架图名为 KJ-1.T。但有时一张图上无法画下一榀框架，程序自动将该图画在两张或三张图上。第二张的图名为该框架名前加字母 A，例如本例第一张图名为 KJ-1.T，若需第二张图则第二张图名为 AKJ-1.T，需第三张图时，第三张图名为 BKJ-1.T，依此类推。

经过以上各项菜单的操作，程序已经在工作子目录中产生许多后缀为 .T 的文件，如框架立面图（KLM.T）、恒载简图（D-L.T）、弯矩包络图（M.T）、框架配筋图（本例为 KJ-1.T）等。此时可执行主菜单 A "图形编辑、打印及转换"，直接在 PKPM 软件中对 T 格式文件转换成 AUTOCAD 中的 DWG 格式文件，对有关图形进一步编辑、修改和打印绘图，并以此作为存档依据或供审校人员审核、校对。

6.4 绘制排架柱施工图

6.4.1 结构计算数据文件

要绘排架柱施工图，需要有正确的绘制条件：主菜单 1，人机交互方式建立排架计算数据文件，柱上端必须布置两端铰接的梁；在结构计算数据文件中一定要有吊车荷载，如结构上无吊车作用，可将吊车荷载值输为零，否则程序不执行排架柱画图菜单。

图 6-52　PK 排架柱绘图主菜单

6.4.2 排架柱绘图

点击主菜单 3 "排架柱绘图"，程序进入排架柱绘图程序，在屏幕右侧主菜单共四项，如图 6-52 所示。

6.4.2.1 吊装验算

画排架柱图前，可先对每根排架柱进行翻身、单点起吊的吊装验算，每根柱的节点由用户用光标在柱任意位置指定并可反复调整，柱最后配筋将考虑结构计算与吊装计算结果的较大值。

图 6-53　修改牛腿

6.4.2.2 修改牛腿

在这里，用户可以修改牛腿尺寸、牛腿荷载、调整轴线位置、修改放大系数等。屏幕右侧主菜单如图 6-53 所示。

①"牛腿尺寸"程序会在排架立面图显示牛腿尺寸信息，用光标点击图中牛腿，程序会弹出如图 6-54 所示的牛腿信息修改对话框，用户可以根据图示修改对话框中的参数。

②"牛腿荷载"程序会在排架立面图显示牛腿荷载信息，用光标点击图中牛腿，程序会在弹出一个同样的牛腿信息修改对话框，用户可以根据图示修改对话框中的参数。

③"相同修改"通过此功能将一个修改好的牛腿尺寸或荷载拷贝给其他牛腿。

④"轴线位置"显示排架柱与轴线的关系，用光标点击排架柱，屏幕下侧命令提示行提示输入偏心距离，左偏为正，单位为 m（米）。注意：在这里要求输入的单位是 "m"，而屏幕上显示的是 "mm"。

⑤"放大系数"程序将显示排架柱上下柱的钢筋放大系数，用户可以根据工程的实际需要进行修改。用光标点取要修改的排架柱，屏幕左下角提示输入放大系数，用户输入需要的

放大系数，按左键确认，屏幕上将显示该柱的新放大系数。

⑥ "其他信息"　用户点击该按钮，程序弹出 "其他信息" 修改对话框，在这里用户可以修改以下内容。

a. 保护层厚度：用户在此输入排架柱的保护层厚度，单位 mm。

b. 插入长度：是指排架柱插入杯口基础的长度，当插入长度填零或不填时，程序自动按 $0.9H$（H 为下柱的截面高度）并求出该柱插入基础部分的长度。否则取用户输入的长度，单位 mm。

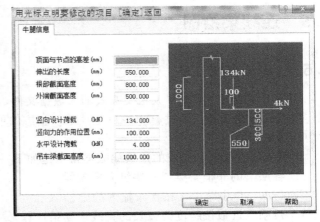

图 6-54　牛腿信息修改对话框

c. 柱根标高：指结构计算时柱底的实际标高值，一般为柱与基础的连接处，当该值小于零时，应在标高前加负号，程序由该值求出各柱段的标高值。

d. 图纸规格：有 0 号图纸、1 号图纸、2 号图纸和 3 号图纸四种，并可以选择加长图，用户根据需要进行选择。

6.4.2.3　修改钢筋

在这里，用户可以修改排架柱纵向钢筋和箍筋，修改牛腿的纵向钢筋、箍筋及弯起钢筋。屏幕右侧菜单详见图 6-55。

程序会在排架立面图上显示各个菜单所对应的配筋所在位置，用户可以根据工程的需要进行修改或校核。

6.4.2.4　施工图

在这里，用户可以绘制排架柱施工图，屏幕右侧菜单详见图 6-56。

图 6-55　修改钢筋

图 6-56　施工图

①"绘图参数"点击此菜单，程序弹出绘图参数对话框，在这里可以确定图纸规格及绘图比例，用户可以根据绘图需要填写该对话框，程序将按照修改后的绘图参数进行绘图。

②"选择柱"点此菜单，程序弹出选择柱对话框，用户输入排架柱的序号，顺序为从左到右。

每张图只画一根排架柱，各张图纸名称分别为绘图补充数据文件名前加 A、B、C 等，扩展名为 T。如为 PJ-1，则从左到右各排架柱施工图名为 APJ-1. T、BPJ-1. T，CPJ-1. T 等。

6.5 连续梁绘图

6.5.1 形成数据文件

用户可以通过主菜单 1 人机交互式输入数据文件，或 PMCAD 主菜单 4 生成的单根或多根连续梁的数据文件。通过 PMCAD 主菜单 4 生成的单根或多根连续梁的数据文件，在第 5 章中已经进行介绍。

PMCAD 主菜单 4 生成的连续梁数据常常是如下一些结构类型。

① 各层上的非框架梁或某些纵向框架梁。

② PMCAD 主菜单 1 按次梁输入的梁。

③ 弧梁（近似按跨度为弧长的直线连续梁计算）。

④ 砖混结构的平面梁。

⑤ 底框结构中承担上层砖房的连续梁。

6.5.2 连续梁绘图

执行 PK 主菜单 4 "连续梁绘图"，程序弹出 PK 绘图程序主界面，使用方法同框架绘图。在这里首先要修改绘图参数，然后审核或修改梁钢筋，最后验算裂缝宽度和挠度，都满足要求后就可以进入连续梁绘图。点击右侧菜单中的 "施工图"→"画施工图"，程序首先要求用户输入图形文件名称，输入后程序自动绘出连续梁施工图，如图 6-57 所示。如果由 PMCAD 一次生成的连梁数量较多，程序在一张图中画不下时，程序会要求用户选择一张图中连续梁的数量，用户可以根据图幅的大小选择连续梁的数量，一张图绘完后点击 "下一张图" 程序会依次绘出用户选定的连续梁。

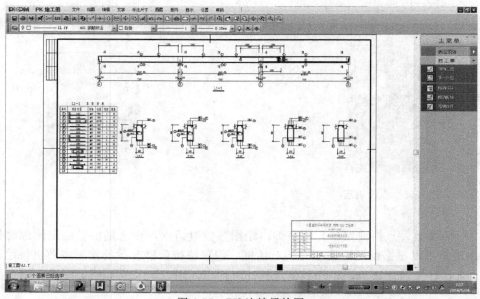

图 6-57　PK 连续梁绘图

连续梁绘图操作应注意以下几点。

① PMCAD 生成连续梁数据时，对于梁支撑处支座的模型要确认它是支座还是非支座，

非支座时支座梁将变为次梁，这一点对于计算和绘图影响很大，对于端跨如设为非支座则端跨成为挑梁。

② 连续梁只能承担竖向的恒载和活载，不能承担水平力。

③ 直接交互生成连续梁计算数据时，柱要作为两端铰支杆，柱截面高度要反映连梁支座的实际宽度，因为画图时要根据支座宽度计算梁筋锚固长度。

④ 抗震等级这一参数对画图影响很大。抗震等级小于或等于四时，程序认为应按框架梁构造画图，设置箍筋加密区，梁上角筋在同层各跨连通，且梁支座处上部钢筋伸入支座的锚固长度均按抗震设防考虑。抗震等级为五时，程序按非抗震设计，不设箍筋加密区，梁上部跨中的角筋在不需要点以外时可能被切断而用一段架立筋代替，梁下部钢筋伸入支座的锚固长度要小得多，无论柱、梁、墙支座，当选用 HRB400 级钢时的锚固长度均为 15 倍钢筋直径。

第7章 空间体系结构设计实例

本章主要介绍多高层建筑结构空间有限元分析软件 SATWE 的使用方法及设计实例，利用该软件进行多、高层结构分析计算，利用接口梁柱施工图绘制软件绘制梁、柱施工图。

7.1 SATWE 的基本功能和应用范围

7.1.1 SATWE 简介

SATWE 为 Space Analysis of Tall-Buildings with Wall-Element 的词头缩写，采用空间有限元壳元模型计算分析剪力墙，是专门为多、高层结构分析与设计而研制的空间组合结构有限元分析软件。

SATWE 适用于高层和多层钢筋混凝土框架、框架-剪力墙、剪力墙结构、筒体结构、转换层结构以及高层钢结构或钢-混凝土混合结构。SATWE 考虑了多、高层建筑中多塔、错层、转换层及楼板局部开大洞等特殊结构形式。SATWE 可完成建筑结构在恒、活、风、地震力作用下的内力分析、动力时程分析及荷载效应组合计算，可进行活荷不利布置计算，并可将上部结构和地下室作为一个整体进行分析，对钢筋混凝土结构可完成截面配筋计算，对钢构件可进行截面验算。

SATWE 的核心工作就是要解决剪力墙和楼板的模型化问题，尽可能减小其模型化误差，使多、高层结构的简化分析模型尽可能合理，更好地反映出结构的真实受力状态。这种计算模型对剪力墙洞口（仅考虑矩形洞）的空间布置无限制，允许上下层洞口不对齐，也适用于计算框支剪力墙转换层等复杂结构。

在壳元基础上凝聚而成的墙元可大大减少计算自由度，较好地模拟工程中剪力墙的实际受力状态，并成功地在计算机上实现快速高精度计算。

SATWE 与 TAT 分属两套独立的计算模块，其最大的区别在于对剪力墙所采用的模型单元不同。SATWE 为壳元基础上凝聚而成的墙元，TAT 为将剪力墙等作为薄壁框架杆系；相比较而言，SATWE 对剪力墙所采用的模型更接近于实际工作状态。

7.1.2 SATWE 的特点

7.1.2.1 模型化误差小、分析精度高

SATWE 采用空间杆单元模拟梁、柱及支撑等杆件，用在壳元基础上凝聚而成的墙元模

拟剪力墙。而对剪力墙和楼板的合理简化及有限元模拟，是进行多、高层结构分析的关键。

对于剪力墙，SATWE 以壳元理论为基础，构造了一种通用墙元来模拟剪力墙。这种墙元对剪力墙的洞口（仅限于矩形洞）的尺寸和位置无限制，具有较好的适用性。墙元不仅具有平面内刚度，也具有平面外刚度，可以较好地模拟工程中剪力墙的真实受力状态，而且墙元的每个节点都具有空间全部 6 个自由度，可以方便地与任意空间梁、柱单元连接，而不需要任何附加约束。

对于楼板，SATWE 给出了四种简化假定，即假定楼板整体平面内无限刚、分块无限刚、分块无限刚带弹性连接板带和弹性楼板。上述假定灵活、实用，在应用中可根据工程的实际情况采用其中的一种或几种假定。

7.1.2.2　计算速度快、解题能力强

SATWE 具有自动搜索计算机内存功能，可以把计算机的内存资源充分利用起来，最大限度地发挥计算机硬件资源的作用，在一定程度上解决了在微机上运行的结构有限元分析软件的计算速度和解题能力问题。

7.1.2.3　前、后处理能力强

SATWE 前处理接 PMCAD 程序，完成建筑建模。SATWE 前处理模块读取 PMCAD 生成的建筑物的几何及荷载数据，补充输入 SATWE 特有信息，诸如特殊梁柱（弹性楼板、转换梁、框支柱等）、温度荷载、吊车荷载、支座位移、特殊风荷载、多塔结构以及局部修改原有材料强度、抗震等级或其他有关参数，完成墙元和弹性楼板自动划分等，最终转换成 SATWE 的计算数据格式。

SATWE 完成计算后，可接力 PK、JLQ、JCCAD、BOX 等后续程序模块。由 SATWE 完成内力分析和配筋计算后，可接梁、柱施工图模块绘梁、柱施工图，接 JLQ 模块绘剪力墙施工图，并可为基础设计模块 JCCAD 和箱型基础模块 BOX 提供传至基础的上部结构刚度及墙、柱底部组合内力作为各类基础的设计荷载；同时其自身具有强大的图形后处理功能。

7.1.3　SATWE 的基本功能

SATWE 的基本功能如下。

① 可自动读取经 PMCAD 的建模数据、荷载数据，并自动转换成 SATWE 所需的几何数据和荷载数据格式。

② 程序中的空间杆单元除了可以模拟常规的柱、梁外，通过特殊构件定义，还可有效地模拟铰接梁、支撑等。特殊构件记录在 PMCAD 建立的模型中，这样可以随着 PMCAD 建模变化而变化，实现 SATWE 与 PMCAD 的互动。

③ 随着工程应用的不断拓展，SATWE 可以计算的梁、柱及支撑的截面类型和形状类型越来越多。梁、柱及支撑的截面类型在 PM 建模中加以定义。混凝土结构的矩形截面和圆形截面是最常用的截面类型。对于钢结构来说，工形截面、箱形截面和型钢截面是最常用的截面类型。除此之外，PKPM 的截面类型还有如下重要的几类：常用异形混凝土截面；L形、T形、十字形、Z形混凝土截面；型钢混凝土组合截面；柱的组合截面；柱的格构柱截面；自定义任意多边形异形截面；自定义任意多边形、钢结构、型钢的组合截面。

有的截面类型只在钢结构设计软件 STS 中提供，如型钢截面、柱的组合截面、柱的格构柱截面和上面最后一类：自定义任意多边形、铜结构、型钢的组合截面。其余在 PMCAD 和 STS 的建模中都有提供。

对于自定义任意多边形异形截面和自定义任意多边形、钢结构、型钢的组合截面，需要使用者采用人机交互的操作方式定义，其他类型的定义都是用参数输入，由程序提供针对不

④ 剪力墙的洞口仅考虑矩形洞，不必为结构模型简化而加计算洞；墙的材料可以是混凝土、砌体或轻骨料混凝土。

⑤ 考虑了多塔、错层、转换层及楼板局部开大洞口等结构的特点，可以高效、准确地分析这些特殊结构。

⑥ SATWE 也适用于多层结构、工业厂房以及体育场馆等各种复杂结构，并实现了在三维结构分析中考虑活荷不利布置功能、底框结构计算和吊车荷载计算。

⑦ 自动考虑了梁、柱的偏心、刚域影响。

⑧ 具有自动导算荷载，具有剪力墙元和弹性楼板单元自动划分的功能。

⑨ 具有较完善的数据检查和图形检查功能及较强的容错能力。

⑩ 具有模拟施工加载过程的功能，恒、活荷载可以分开计算，并可以考虑梁上的活荷不利布置作用。

⑪ 可任意指定水平力作用方向，程序自动按转角进行坐标变换及风荷载导算；还可以根据使用者的需要进行特殊风荷载计算。

⑫ 在单向地震力作用时，可考虑偶然偏心的影响；可进行双向水平地震作用下的扭转地震作用效应计算；可计算多方向输入的地震作用效应；可按照振型分解反应谱方法计算竖向地震作用；可采用振型分解反应谱法进行耦联抗震分析和动力弹性时程分析。

⑬ 对于高层结构，程序可以考虑 P-△效应。

⑭ 对于底层框架抗震墙结构，可接力 QITI 整体模型计算作为底框部分的空间分析和配筋设计；对于配筋砌体结构和复杂砌体结构，可进行空间有限元分析和抗震验算（用于 QITI 模块）。

⑮ 可进行吊车荷载的空间分析和配筋设计。

⑯ 可考虑上部结构与地下室的联合工作，上部结构与地下室可同时进行分析与设计。

⑰ 具有地下室人防设计功能，在进行上部结构分析与设计的同时即可完成地下室的人防设计。

⑱ SATWE 计算完成后，可接梁、柱施工图模块绘梁、柱施工图，接 JLQ 模块绘剪力墙施工图；可接力钢结构设计软件 STS 绘制钢结构施工图。

⑲ 可为基础设计模块 JCCAD 和箱型基础模块 BOX 提供墙、柱底部组合内力作为其组合设计荷载的依据，从而使各类基础设计中数据的准备工作大大简化。

7.1.4 SATWE 的使用限制

(1) SATWE 的后处理

后处理只能绘制矩形梁及矩形、圆形和异形截面的钢筋混凝土柱施工图，其他截面形式及材料的梁、柱及支撑，只能给出其内力。

(2) SATWE 的解题能力

① 结构层数（高层版）≤200

② 每层刚性楼板数≤99

③ 每层梁数≤8000

④ 每层墙数≤3000

⑤ 每层柱数≤5000

⑥ 每层支撑数≤2000

⑦ 每层塔数≤9

⑧ 结构总自由度数不限

（3）SATWE 多层版与高层版的区别

SATWE 分多层和高层两个版本，这两个版本的区别如下。

① 多层版适用于结构层数不多于 8 层。

② 多层版没有弹性楼板交互定义功能。

③ 多层版没有动力时程分析、吊车荷载分析、人防设计功能。

④ 多层版没有与 FEQ 的数据接口。

7.1.5 SATWE 的启动

点取桌面上的 PKPM 快捷方式，启动 PKPM 主界面。在主界面顶部的专业分项上选择"结构"菜单，进入后点取左侧菜单中"SATWE"模块，右侧窗口即变成 SATWE 菜单，如图 7-1 所示。

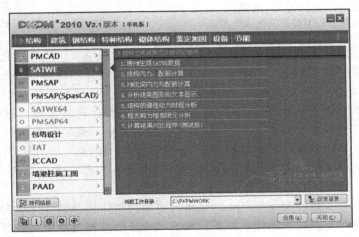

图 7-1 SATWE 主菜单

移动光标到相关菜单，双击鼠标左键启动，或单击主界面右下方"应用"按钮启动相应的菜单。

注意：程序运行的工作目录必须与同工程的 PMCAD 文件在同一个工作目录下，以便 SATWE 能够读取 PMCAD 的接口文件。

7.2 接 PM 生成 SATWE 数据文件

选择主菜单 1 "接 PM 生成 SATWE 数据"系统打开，其中有"补充输入及 SATWE 数据生成"和"图形检查"两页子菜单，分别如图 7-2、图 7-3 所示。

下面分别介绍上述各页子菜单的功能及有关内容。

7.2.1 分析与设计参数补充定义

对于一个新建工程，在 PMCAD 模型中已经包含了部分参数，这些参数可以为 PKPM 系列的多个软件模块所共用，但对于结构分析而言并不完备。SATWE 在 PMCAD 参数的基础上，提供了一套更为丰富的参数，以适应不同结构的分析和设计需要。

在点取"分析与设计参数补充定义"菜单后，程序弹出参数页切换菜单，多、高层结构

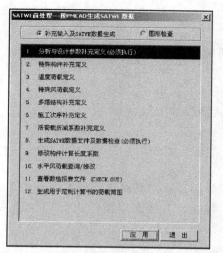

图 7-2 "补充输入及 SATWE 数据生成"菜单

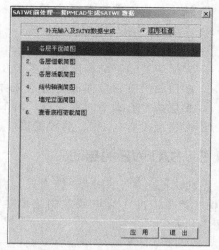

图 7-3 "图形检查"菜单

分析需补充的参数共十一项，它们分别为：总信息、风荷载信息、地震信息、活荷信息、调整信息、设计信息、配筋信息、荷载组合、地下室信息、砌体结构和广东规程。

在第一次启动 SATWE 主菜单时，程序自动将所有参数赋初值。其中，对于 PM 设计参数中已有的参数，程序读取 PM 信息作为初值，其他参数则取多数工程中常用值作为初值，并将其写到工程目录下名为 SAT_DEF.PM 的文件中。此后每次执行"分析与设计参数补充定义"时，SATWE 将自动读取 SAT_DEF.PM 的信息，并在退出菜单时保存使用者修改的内容。对于 PMCAD 和 SATWE 共有的参数，程序是自动联动的，任意一处修改，则两处同时改变。

在"分析与设计参数补充定义"中的菜单可对结构整体性参数进行输入，如需对部分构件进一步更细致地指定其特殊属性，可在后续的"特殊构件补充定义"中对单构件进行指定和修改。

在结构分析设计过程中，可能会经常改变上述参数，在"分析与设计参数补充定义"菜单内改变参数后，必须再重复执行"生成 SATWE 数据及数据检查"菜单，方可进行结构分析或配筋计算。

选择"分析与设计参数补充定义"菜单后，程序会弹出参数页切换菜单，如图 7-4 所示。各页参数的含义如下。

7.2.1.1 总信息

"总信息"页包含的是结构分析所必备的最基本参数，如图 7-4 所示。

各选项的含义如下。

(1) 水平力与整体坐标夹角

地震作用和风荷载的方向缺省是沿着结构建模的整体坐标系 X 轴和 Y 轴方向成对作用的。当使用者认为该方向不能控制结构的最大受力状态时，则可改变水平力的作用方向。改变"水平力与整体坐标夹角"，实质上就是填入新的水平力方向 X_n 与整体坐标系 X 轴之间的夹角 A_{rf}，逆时针方向为正，单位为度（°）。程序缺省为 0°。

改变夹角 A_{rf} 后，程序并不直接改变水平力作用方向，而是将结构反向旋转相同的角度，以间接改变水平力的作用方向，即填入 30°时，SATWE 中将结构平面顺时针旋转 30°，此时水平力的作用方向将仍然沿整体坐标系的 X 轴和 Y 轴方向，即 0°和 90°方向。改变结构平面布置转角后，必须重新执行"生成 SATWE 数据文件和数据检查"菜单，以自动生成

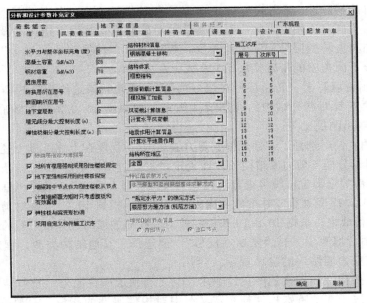

图 7-4　总信息

新的模型几何数据和风荷载信息。

上述参数将同时影响地震作用和风荷载的方向。因此，建议需改变风荷载作用方向时才采用该参数。此时如果结构新的主轴方向与整体坐标系方向不一致，可将主轴方向角度作为"斜交抗侧力方向附加地震方向"填入，以考虑沿结构主轴方向的地震作用。

如不改变风荷载方向，只需考虑其他角度的地震作用时，则不必改变"水平力与整体坐标夹角"，只增加附加地震作用方向即可。

(2) 混凝土容重（单位 kN/m³）

混凝土容重和钢材容重用于求梁、柱、墙自重。一般情况下，混凝土容重为 25kN/m³，钢材容重为 78.0kN/m³，即程序的缺省值。如要考虑梁、柱、墙上的抹灰、装修层等荷载时，可以采用加大容重的方法近似考虑，以避免繁琐的荷载导算。若采用轻质混凝土等，也可在此修改减小容重值。

该参数在 PMCAD 和 SATWE 中同时存在，其数值是联动的。

(3) 裙房层数

GB 50011—2010《建筑抗震设计规范》第 6.1.10 条的条文说明指出：有裙房时，加强部位的高度也可以延伸至裙房以上一层。

SATWE 在确定剪力墙底部加强部位高度时，总是将裙房以上一层作为加强区高度判定的一个条件。程序不能自动识别裙房层数，需要人工指定。裙房层数应从结构最底层起算（包括地下室）。例如，地下室 3 层且地上裙房 4 层时，裙房层数应填入 7。

裙房层数仅用于底部加强区高度的判断，规范针对裙房的其他相关规定，程序并未考虑。有关剪力墙底部加强区的更多内容可参见 GB 50011—2010《建筑抗震设计规范》（以下简称《抗规》）第 6.1.10 条、JGJ 3—2010《高层建筑混凝土结构技术规程》（以下简称《高规》）第 7.1.4、第 10.2.2 条。

(4) 转换层所在层号

《高规》第 10.2 节明确规定了两种带转换层结构：带托墙转换层的剪力墙结构（即部分框支剪力墙结构）以及带托柱转换层的筒体结构。这两种带转换层结构的设计有其相同之处，也有其各自的特殊性。《高规》10.2 节对这两种带转换层结构的设计要求进行了规定，一部分是两种结构同时适用的，另一部分是仅针对部分框支剪力墙结构的设计规定。

为适应不同类型转换层结构的设计需要，程序通过"转换层所在层号"和"结构体系"两项参数来区分不同类型的带转换层结构。

① 只要使用者填写了"转换层所在层号"，程序即判断该结构为带转换层结构，自动执行《高规》10.2 节针对两种结构的通用设计规定，如根据 10.2.2 条判断底部加强区高度、根据 10.2.3 条输出刚度比等。

② 如果使用者同时选择了"部分框支剪力墙结构"，程序在上述基础上还将自动执行高规 10.2 节专门针对部分框支剪力墙结构的设计规定，主要包括：根据 10.2.6 条对高位转换时框支柱和剪力墙底部加强部位抗震等级自动提高一级；根据 10.2.16-7 条输出框支框架的地震倾覆力矩；根据 10.2.17 条对框支柱的地震内力进行调整；根据 10.2.18 条对剪力墙底部加强部位的组合内力进行放大；根据 10.2.19 条控制剪力墙底部加强部位分布钢筋的最小配筋等。

③ 如果使用者填写了"转换层所在层号"，但选择了其他结构类型，程序将不执行上述仅针对部分框支剪力墙结构的设计规定。

对于水平转换构件和转换柱的设计要求，与"转换层所在层号"及"结构体系"两项参数均无关，只取决于在"特殊构件补充定义"中对构件属性的指定。只要指定了相关属性，程序将自动执行相应的调整，如根据《高规》10.2.4 条对水平转换构件的地震内力进行放大，根据《高规》10.2.7 条和《高规》10.2.10 条执行转换梁、柱的设计要求等。

对于仅有个别结构构件进行转换的结构，如剪力墙结构或框架-剪力墙结构中存在的个别墙或柱在底部进行转换的结构，可参照水平转换构件和转换柱的设计要求进行构件设计，此时只需对这部分构件指定其特殊构件属性即可，不再需要填写"转换层所在层号"，程序将仅执行对于转换构件的设计规定。

程序不能自动识别转换层时，需要人工指定。"转换层所在层号"应从结构最底层起算（包括地下室）。例如，地下室 3 层且转换层位于地上 2 层时，转换层所在层号应填入 5。而程序在进行高位转换层判断时，则是以地下室顶板起算转换层层号的，即以转换层所在层号与地下室层数进行判断，大于或等于 3 层时为高位转换。可参见《高规》10.2.5 条。

V1.3 版 SATWE 中的"复杂高层结构"类型在 V2.1 版中相应取消，旧版数据如选择"复杂高层结构"，在 V2.1 版中将自动转为"部分框支剪力墙结构"。

（5）地下室层数

该参数涉及影响风荷载和地震作用计算、内力调整、底部加强区的判断等众多内容，是一项重要参数。如地下室无风荷载作用，程序在上部结构风荷载计算中将扣除地下室高度，如框架柱柱根特有的放大系数等。

注意：这里的地下室层数是指与上部结构同时进行内力分析的地下室部分的层数。

（6）嵌固端所在层号

嵌固层和嵌固端的区别在于：嵌固层指的是一个结构层（具有层高范围），其底部（截面）即为嵌固端（也称为嵌固部位），也即嵌固端所在楼层为嵌固层。

"嵌固端"对于实际结构体系和软件计算模型都是一个十分重要的概念，其力学概念复杂，涉及相关内容多，需多加学习与理解。

软件此处所设"嵌固端"不同于结构的力学嵌固端，不影响结构的力学分析模型，而是与计算调整相关的一项参数。

对于无地下室的结构，嵌固端一定位于首层底部，此时嵌固端所在层号（嵌固层）为 1，即结构首层；对于带地下室的结构，当地下室顶扳具有足够的刚度和承载力，并满足规范的相应要求时，可以作为上部结构的嵌固端，此时嵌固端所在楼层（嵌固层）为地上一层，即"地下室层数＋1"。这也是程序缺省的"嵌固端所在层号"。

如果修改了地下室层数，应注意确认嵌固端所在层号是否需相应修改。

嵌固端位置的确定应参照《抗规》第 6.1.14 条和《高规》第 12.2.1 条的相关规定，其中应特别注意楼层侧向刚度比的要求，如地下室顶板不能满足作为嵌固端的要求，则嵌固端位置要相应下移至满足规范要求的楼层。而程序缺省的"嵌固端所在层号"总是为地上一层，并未判断是否满足规范要求，使用者应特别注意自行判断并确定实际的嵌固端位置。

对于此处指定的嵌固端，程序主要执行如下调整。

① 确定剪力墙底部加强部位时，将起算层号取为"嵌固端所在层号－1"，即缺省将加强部位延伸到嵌固端下一层，比《抗规》第 6.110-3 条的要求保守一些。

② 嵌固端下一层的柱纵向钢筋，除应满足计算配筋外，还应不小于上层对应位置柱的同侧纵筋 1.1 倍；梁端弯矩设计值应放大 1.3 倍。参见《抗规》第 6.1.14 条和《高规》第 12.2.1 条。

③ 当嵌固层为模型底层时，即"嵌固端所在层号"为 1 时，进行薄弱层判断时的刚度比限值取 1.5。参见《高规》第 3.5.2-2 条。

④ 涉及"底层"的内力调整时，除底层外，程序将同时针对嵌固层进行调整，参见《抗规》第 6.2.3 条、第 6.2.10-3 条等。

(7) 墙元细分最大控制长度

这是在墙元细分时需要的一个重要参数（单位 m），对于尺寸较大的剪力墙，在进行墙元细分形成一系列小壳元时，为确保分析精度，要求小壳元的边长不得大于给定限值 Dmax。

SATWE 从 08 新版开始，采用了与 05 版、08 旧版完全不同的墙元划分方案。为保证网格划分质量，细分尺寸一般要求控制在 1m 以内，程序隐含值为 Dmax＝1.0。而早期版本 SATWE 缺省值为 2m，绝大部分工程取值也为 2m。因此，如果用 08 新版或 10 版读入旧版数据时，应注意将该尺寸修改为 1m 或更小，否则会影响计算结果的准确性。

当工程规模较小时，建议在 0.5～1.0 之间填写；当剪力墙数量较多，导致不能正常计算时，可适当增大细分尺寸，在 10～2.0 之间取值，但前提是一定要保证网格质量。使用者可在 SATWE 前处理的"图形检查"→"结构轴测简图"中查看网格划分的结果，如图 7-5 所示。

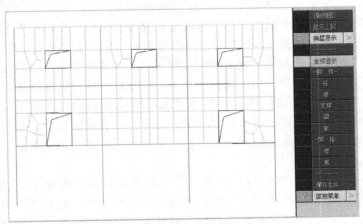

图 7-5 网格划分结果查看

当楼板采用弹性板或弹性膜时，弹性板细分最大控制长度起作用。通常墙元和弹性板可取相同的控制长度。当模型规模较大时可适当降低弹性板控制长度，在 1.0～2.0 之间取值，以提高计算效率。

（8）转换层指定为薄弱层

SATWE中转换层缺省不作为薄弱层，注意此处需要人工指定。如需将转换层指定为薄弱层，可勾选此项，则程序自动将转换层号添加到薄弱层号中。勾选此项与在"调整信息"页"指定薄弱层号"中直接填写转换层层号的效果是一样的。

薄弱层相关内容可参见《抗规》第3.4.3、第3.4.4、第5.2.5条及《高规》第3.5.8、第4.3.12条。

（9）对所有楼层强制采用刚性楼板假定

"强制刚性楼板假定"和"刚性楼板假定"是两个相关但不等同的概念，应注意区分。

"刚性楼板假定"是指楼板平面内无限刚，平面外刚度为零的假定。每块刚性楼板有三个公共的自由度（U、V、θ_z），从属于同一刚性板的每个节点只有三个独立的自由度（θ_x、θ_y、w），这样能大大减少结构的自由度，提高分析效率。

SATWE可自动搜索全楼楼板，对于符合条件的楼板，自动判断为刚性楼板，并采用刚性楼板假定，不必使用者干预。某些工程中采用刚性楼板假定可能误差较大，为提高分析精度，可在"特殊构件补充定义"菜单中将这部分楼板定义为适合的弹性板（3、6）、弹性膜。这样同一楼层内可能既有多个刚性板块，又有弹性板，还可能存在独立的弹性节点。对于刚性楼板，程序将自动执行刚性楼板假定，弹性板或独立节点则采用相应的计算原则。

而"强制刚性楼板假定"则不区分刚性板、弹性板，或独立的弹性节点。只要位于该层楼面标高处的所有节点，在计算时都将强制从属同一刚性板。"强制刚性楼板假定"可能改变结构的真实模型，因此其适用范围是有限的，一般仅在计算位移比、周期比、刚度比等指标时建议选择。在进行结构内力分析和配筋计算时，仍要遵循结构的真实模型，才能获得正确的分析和设计结果。

SATWE在进行强制刚性楼板假定时，位于楼面标高处的所有节点强制从属于同一刚性板；不在楼面标高处的楼板，则不进行强制。对于多塔结构，各塔分别执行"强制刚性楼板假定"，塔与塔之间互不关联。

（10）地下室强制采用刚性楼板假定

在2011年9月以前的版本中，SATWE对地下室楼层总是强制采用刚性楼板假定。由于刚性楼板假定是不考虑板面外刚度的，因此会影响板柱体系的地下室的柱内力计算。针对这种情况，SATWE提供了"强制刚性楼板假定时保留弹性板面外刚度"的选项。当勾选此项时，对于弹性板3和弹性板6，只在楼板面内进行强制刚性楼板假定，弹性板面外刚度仍按实际情况考虑。如不勾选此项，则强制刚性楼板假定时将不保留弹性板的面外刚度，即如果板柱结构的地下室定义了弹性板3或弹性板6，勾选此项时，所有弹性板均按弹性板3计算。不勾选此项，则按刚性楼板计算。选择"强制刚性楼板假定时保留弹性板面外刚度"时，程序在进行弹性板网格划分时板边界采用出口节点，自动实现梁、板边界变形协调，以保证计算的准确性。如不勾选，则弹性板网格划分时板边界采用内部节点，梁、板边界仅在两端点变形协调。

在2012年6月版本中，SATWE取消了"对地下室楼层总是强制采用刚性楼板假定"的默认假定，修改为由使用者通过参数自行确定，同时取消了"强制刚性楼板假定时保留弹性板面外刚度"参数。这是由于对于个别地下室楼板开洞较多的结构，这种假定会造成一定偏差，因此允许使用者在内力计算时不再对地下室采用强制刚性楼板假定，而采用弹性板。

此外，原有参数"强制刚性楼板假定时保留弹性板面外刚度"的控制板面外刚度功能改为直接由使用者指定相应的弹性板模型，而其协调性控制功能通过新参数"弹性板与梁变形协调"实现。

（11）墙梁跨中节点作为刚性楼板从节点

勾选此项时，剪力墙洞口上方墙梁的上部跨中节点将作为刚性楼板的从节点，与旧版程序处理方式相同；不勾选时，这部分节点将作为弹性节点参与计算，如图7-6所示节点。是否勾选此项，其本质是确定连梁跨中结点与楼板之间的变形协调，将直接影响结构整体的分析和设计结果，尤其是墙梁的内力及设计结果。

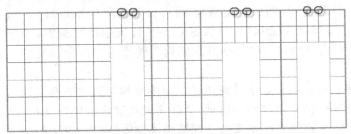

图 7-6　墙梁跨中节点作为刚性楼板从节点

（12）计算墙倾覆力矩时只考虑腹板和有效翼缘

本参数旨在将剪力墙的设计概念与有限元分析的结果相结合，对在水平侧向力作用下的剪力墙的面外作用进行折减，并确定结构中剪力墙所承担的倾覆力矩。在确定折减系数时，同时考虑了腹板长度、翼缘长度、墙肢总高度和翼缘的厚度等因素。勾选该项后，软件每一种方法得到的墙所承担的倾覆力矩均进行折减，因此，对于框剪结构或者框筒结构中框架承担的倾覆力矩比例会增加，但短肢墙承担的作用一般会变小。

（13）弹性板与梁变形协调

SATWE可以按照全协调模式进行有限元分析计算，但对梁、板之间按照非协调模式处理是一个设计习惯问题。这种简化处理方式对大多数结构影响较小，而且可以提高计算效率。但对于个别情况，如板柱体系、斜屋面或者温度荷载等情况的计算，采用非协调模式会造成较大偏差，因此应采用协调的力学模型。

（14）采用自定义构件施工次序

当勾选该项后，SATWE执行构件级的模拟施工计算（此时，恒活荷载计算信息处可任意选择）。设置参数完成后，使用者还应在"施工次序补充定义"菜单中查看并修改全楼各层构件的施工次序并生成数据。执行"结构内力配筋计算"后，程序将自动按使用者指定的施工次序按逐个施工步骤施加恒载计算内力。

在图形和文本输出结果中，可以查看按使用者自定义的施工次序模拟计算得到的恒载下结构最终内力。

（15）结构材料信息

程序提供钢筋混凝土结构、钢与砼混合结构、有填充墙钢结构、无填充墙钢结构、砌体结构共5个选项供使用者选择。该选项会影响程序选择不同的规范来进行分析和设计。例如，对于框剪结构，当"结构材料信息"为"钢结构"时，程序按照钢框架-支撑体系的要求执行 $0.25V0$ 调整；当"结构材料信息"为"混凝土结构"时，则执行混凝土结构的 $0.2V0$ 调整。因此，应正确填写该信息。

"结构材料信息"在旧版 SATWE 中还用于确定风荷载脉动增大系数，程序按照 GB 50009—2001《建筑结构荷载规范》第 7.4.3 条根据结构材料查表取值；而 2010 版 SATWE 则根据 GB 50009—2012《建筑结构荷载规范》（以下简称《荷规》）公式 8.4.3 直接计算。程序相应在"风荷载信息"页增加了"风荷载作用下的阻尼比"参数，其初值由"结构材料信息"控制。

（16）结构体系

程序共提供16个选项：框架、框剪、框筒、筒中筒、剪力墙、板柱剪力墙结构、异形柱框架结构、异形柱框剪结构、配筋砌块砌体结构、砌体结构、底框结构、部分框支剪力墙结构、单层钢结构厂房、多层钢结构厂房、钢框架结构、巨型框架-核心筒（仅限广东地区）。

与旧版SATWE相比，增加了"部分框支剪力墙结构"、"单层钢结构厂房"、"多层钢结构厂房"、"钢框架结构"和"巨型框架-核心筒（仅限广东地区）"五种类型，取消了"短肢剪力墙"和"复杂高层结构"。新版SATWE读入旧版数据时，对于"短肢剪力墙结构"自动转换为"剪力墙结构"，"复杂高层结构"转换为"部分框支剪力墙结构"，使用者应注意予以确定。

在SATWE多、高层版中，不允许选择"砌体结构"和"底框结构"，这两类结构需单独购买砌体版本的SATWE软件和加密锁；"配筋砌块砌体结构"仅在SATWE多、高层版中支持，砌体版本的SATWE则不支持"配筋砌块砌体结构"的计算。

上述结构体系的选择影响到众多规范条文的执行，使用者应正确选择。

（17）恒活荷载计算信息

这是竖向荷载计算控制参数，包括如下选项：不计算恒活荷载、一次性加载、模拟施工加载1、模拟施工加载2、模拟施工加载3。

对于实际工程，总是需要考虑恒活荷载，因此程序不允许选择"不计算恒活荷载"项。另外，程序中LDLT求解器不支持"模拟施工3"和"构件级施工模拟计算"，当进行上述计算时不要选择LDLT求解器。

特别强调：采用"模拟施工加载3"时，必须指定正确的"楼层施工次序"，否则会直接影响到计算结果的准确性。其中各选项含义如下。

一次性加载：按一次性集成结构整体刚度，一次性施加全部荷载计算竖向力及其效应。

模拟施工加载1：一次性集成结构整体刚度，分层施加恒载，只计入加载层以下的节点位移量和构件内力（对于层数较少的结构，因可能整体一次性拆模，则可选择此项）。

模拟施工加载2：一次性集成结构整体刚度，分层施加恒载，只计入加载层以下的节点位移量和构件内力；同时在分析过程中将竖向构件（柱、墙）的轴向刚度放大10倍，以削弱竖向荷载按刚度的重分配。这样做将使得柱和墙上分得的轴力比较均匀，接近手算结果，传给基础的荷载更为合理，适用于基础的计算。

模拟施工加载3：是采用由使用者指定施工次序的分层集成刚度、分层加载进行恒载作用下的内力计算。该方法可以同时考虑刚度的逐层形成及荷载的逐层累加。"施工模拟3"是对"施工模拟1"的改进，用分层刚度取代了"施工模拟1"中的整体刚度。

"模拟施工加载1"和"模拟施工加载3"的加载模式如图7-7、图7-8所示。

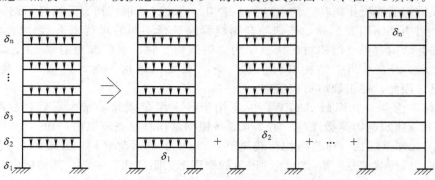

图7-7　模拟施工加载1的刚度和加载模式

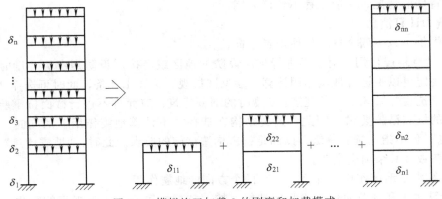

图 7-8 模拟施工加载 3 的刚度和加载模式

(18) 使用者指定施工次序

程序默认的施工次序是逐层施工，但使用者可根据工程实际情况，选择若干连续层为一次施工（简称为多层施工）或选择若干构件一次施工（简称为多构件施工）。

《高规》第 5.1.9 条规定：复杂高层建筑及房屋高度大于 150m 的其他高层建筑结构，应考虑施工过程的影响。为此，SATWE 提供了自定义施工次序的功能，不仅可以针对自然层指定施工次序，还可以针对构件指定施工次序。

对一些传力复杂的结构，应采用多层施工的施工次序，如转换层结构、下层荷载由上层构件传递的结构形式、巨型结构等。如果采用模拟施工 3 中的逐层施工，可能会有问题。因为逐层施工，可能缺少上部构件刚度贡献而导致上传荷载的丢失。

对于广义层的结构模型，由于层概念的外延，应考虑楼层的连接关系来指定施工次序，避免在程序中下一层还未建造，上层反倒先开始施工。

类似上述结构，用模拟施工 1 和模拟施工 3 计算时都可能会有问题。所以，可以使用模拟施工 3，并根据情况对某些部分定义多层施工的施工次序。

软件操作时，当模拟施工 3 不能正常计算而模拟施工 1 能正常计算时，应注意检查模拟施工次序的定义是否正确。

(19) 风荷载计算信息

SATWE 提供两类风荷载。一类是程序依据《荷规》风荷载的公式 8.1.1-1 在"生成 SATWE 数据和数据检查"时自动计算的水平风荷载，作用在整体坐标系的 X 轴向和 Y 轴向，可在"水平风荷载查询/修改"菜单中查看，习惯称之为"水平风荷载"。另一类是在"特殊风荷载定义"菜单中自定义的特殊风荷载。"特殊风荷载"又可分为两类，即通过点取"自动生成"菜单自动生成的特殊风荷载和使用者自定义的特殊风荷载。习惯统称为"特殊风荷载"。自动生成特殊风荷载的原理与水平风荷载类似，但更为精细。

一般来说，大部分工程采用 SATWE 缺省的"水平风荷载"即可，如需考虑更细致的风荷载，则可通过"特殊风荷载"实现。

SATWE 通过"风荷载计算信息"参数判断参与内力组合和配筋时的风荷载种类，内容如下。

不计算风荷载：任何风荷载均不计算。

计算水平风荷载：仅水平风荷载参与内力分析和组合，无论是否存在特殊风荷载数据，这是用得最多的风荷载计算方式。

计算特殊风荷载：仅特殊风荷载参与内力计算和组合。

计算水平和特殊风荷载：水平风荷载和特殊风荷载同时参与内力分析和组合，这个选项只用于极特殊的情况，一般工程不建议采用。

（20）地震力计算信息

程序提供了以下四个选项供使用者选择。

① 不计算地震作用。对于不进行抗震设防的地区或者抗震设防烈度为6度时的部分结构，规范规定可以不进行地震作用计算，参见《抗规》第3.1.2条，此时可选择"不计算地震作用"。《抗规》第5.1.6条规定：6度时的部分建筑，应允许不进行截面抗震验算，但应符合有关的抗震措施要求。因此，这类结构在选择"不计算地震作用"的同时，仍然要在"地震信息"页中指定抗震等级，以满足抗震构造措施的要求。此时，"地震信息"页除抗震等级相关参数外其余项会变灰。

② 计算水平地震作用。计算 X、Y 两个方向的地震作用。

③ 计算水平和规范简化方法竖向地震。按《抗规》第5.3.1条规定的简化方法计算竖向地震。

④ 计算水平和反应谱方法竖向地震。按竖向振型分解反应谱方法计算竖向地震。《高规》第4.3.14条规定：跨度大于24m的楼盖结构、跨度大于12m的转换结构和连体结构，悬挑长度大于5m的悬挑结构，结构竖向地震作用效应标准值宜采用时程分析方法或振型分解反应谱方法进行计算。因此，新版SATWE新增了按竖向振型分解反应谱方法计算竖向地震的选项。采用振型分解反应谱法计算竖向地震作用时，程序输出每个振型的竖向地震力以及楼层的地震反应力和竖向作用力，并输出竖向地震作用系数和有效质量系数，与水平地震作用均类似。

（21）特征值求解方式

仅在使用者选择了"水平和反应谱方法竖向地震"时，程序才允许选择"特征值求解方式"。程序提供了两个选项使用者选择。

① 水平振型和竖向振型整体求解。只做一次特征值分析。

② 水平振型和竖向振型独立求解。做两次特征值分析。

一般情况下应选择"水平振型和竖向振型整体求"方式，以真实反映水平与竖向振动间的耦联。

（22）"规定水平力"的确定方法

《抗规》第3.4.3条和《高规》第3.4.5条规定：在规定水平力下楼层的最大弹性水平位移或（层间位移），不宜大于该楼层两端弹性水平位移（或层间位移）平均值的1.2倍，不应大于1.5倍。

《抗规》第6.1.3条和《高规》第8.1.3条规定：设置少量抗震墙的框架结构，在规定的水平力作用下，底部框架所承担的地震倾覆力矩大于结构总地震倾覆力矩50%时的情况。

以上《抗规》和《高规》条文均明确要求位移比和倾覆力矩的计算要在规定水平力作用下进行计算。10版SATWE根据规范要求会输出规定水平力的数值及规定水平力作用下的位移比和倾覆力矩结果。

规定水平力的确定方式依据《抗规》第3.4.3-2条和《高规》第3.4.5条的规定，采用楼层地震剪力差的绝对值作为楼层的规定水平力，即选项"楼层剪力差方法（规范方法）"，一般情况下建议选择此项方法。"节点地震作用CQC组合方法"是程序提供的另一种方法，其结果仅供参考。

（23）墙元侧向节点信息

这是墙元刚度矩阵凝聚计算的一个控制参数，程序强制为"出口"，即只把墙元因细分而在其内部增加的节点凝聚掉，四边上的节点均作为出口节点，以提高墙元的变形协调性。

7.2.1.2　风荷载信息

风荷载是作用在结构上很常见的荷载，部分非抗震或高、柔的结构内力可能由风荷载控制，此时对风荷载的各项参数需予以足够重视和细致分析，最终确定其合理取值进行输入。

SATWE 依据《荷规》的公式 8.1.1-1 计算风荷载。此页输入风荷载计算有关的信息，如图 7-9 所示，包括水平风荷载和特殊风荷载相关的参数。若在第一页"总信息"参数中选择了不计算风荷载，可不考虑本页参数的取值。各选项的含义及取值原则如下。

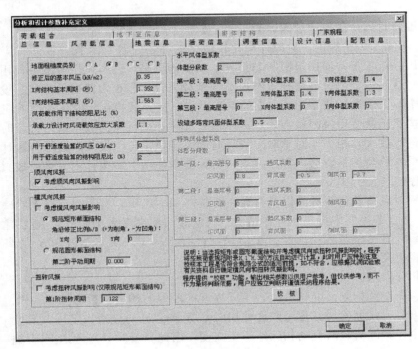

图 7-9　风荷载信息

(1) 地面粗糙度类别

按《荷规》分为 A、B、C、D 四类，用于计算风压高度变化系数等。

(2) 修正后的基本风压

修正后的基本风压（W_k）用于计算《荷规》公式 8.1.1-1 的风压值 W_0，一般按照《荷规》给出的 50 年一遇的风压采用，也可根据当地的气象资料取值，单位 kN/m^2。

当部分重要建筑设计使用期限为 100 年时，则相应按 100 年一遇基本风压取值。对于部分风荷载敏感建筑，应考虑地点和环境的影响进行修正，如沿海地区和强风地带等。又如 CECS 102：2002《门式刚架轻型房屋钢结构技术规程》中规定，基本风压按现行国家标准《荷规》的规定值乘以 1.05 采用。

使用者应自行依据相关规范、规程对基本风压进行修正，程序以使用者填入的修正后的风压值进行风荷载计算，不再另行修正。

(3) X 向、Y 向结构基本周期

"结构基本周期"用于脉动风荷载的共振分量因子 R 的计算，见《荷规》公式 8.4.4-1。新版 SATWE 可以分别指定 X 向和 Y 向的基本周期，用于 X 向和 Y 向风荷载的计算。

新建工程第一次进 SATWE 时，程序按简化方式对基本周期赋初值，这是一个粗略的取值。

当 SATWE 计算完成后，在 WZQ.OUT 文件中可查到单纯的结构自振周期（未考虑填充墙的周期折减），此时应回到此处将合理的自振周期值相应填入，然后进行第二次计算，以得到更为准确的风荷载。注意，回填时的"合理的自振周期值"应为考虑填充墙的周期折减后的结构自振周期。

（4）风荷载作用下结构的阻尼比

新建工程第一次使用 SATWE 时，会根据"结构材料信息"自动对"风荷载作用下的阻尼比"赋初值，混凝土结构及砌体结构为 0.05，有填充墙钢结构为 0.02，无填充墙钢结构为 0.01。

（5）承载力设计时风荷载效应放大系数

《高规》第 4.2.2 条规定：对风荷载比较敏感的高层建筑，承载力设计时应按基本风压的 1.1 倍采用。对于正常使用极限状态设计，一般仍可采用基本风压值或由使用者根据实际情况确定。也就是说，部分高层建筑在风荷载承载力设计和正常使用极限状态设计时，可能需要采用两个不同的风压值。为此，SATWE 新增了"承载力设计时风荷载效应放大系数"，使用者只需按照正常使用极限状态确定风压值，程序在进行风荷载承载力设计时，将自动对风荷载效应进行放大，相当于对承载力设计时的风压值进行了提高，这样一次计算就可同时得到全部结果。填写该系数后，程序将直接对风荷载作用下的构件内力进行放大，不改变结构位移。程序缺省值为 1.0。

对于结构对风荷载是否敏感以及是否需要提高基本风压，有关规范尚无明确规定，但在《高规》第 4.2.2 条说明中提出：一般情况下，对于房屋高度大于 60m 的高层建筑，承载力设计时风荷载计算可按基本风压的 1.1 倍采用；对于房屋高度不超过 60m 的高层建筑，风荷载取值是否提高，可由使用者根据实际情况确定。

（6）体型变化分段数

现代多、高层结构立面变化较大，不同高度区段内的体型系数可能不一样。程序允许体型系数最多可分三段取值，且程序允许使用者分 X 向、Y 向分别指定体型系数。

由于程序计算风荷载时自动扣除地下室高度，因此分段时只需考虑上部结构，不用将地下室单独分段，前提是在总信息栏中需填入地下室层数。

注意，计算水平风荷载时，程序不区分迎风面和背风面，直接按照最大外轮廓计算风荷载的总值，此处应填入迎风面体型系数与背风面体型系数绝对值之和。

对于一些常见体型，风荷载体型系数取值如下。

① 圆形和椭圆平面 $\mu_s = 0.8$。

② 正多边形及截角三角形平面 $\mu_s = 0.8 + \dfrac{1.2}{\sqrt{n}}$，其中 n 为正多边形的边数。

③ 矩形、鼓形、十字形平面 $\mu_s = 1.3$。

④ 下列建筑的风荷载体型系数 $\mu_s = 1.4$。

• V 形、Y 形、弧形、双十字形、井字形平面。

• L 形和槽形平面。

• 高宽比 H/B_{max} 大于 4、长宽比 L/B_{max} 不小于 1.5 的矩形、鼓形平面。

（7）设缝多塔背风面体型系数

在计算带变形缝的结构时，如果使用者将该结构以变形缝为界定义成多塔后，程序在计算各塔的风荷载时，对设缝处仍将作为迎风面，这样会造成计算的风荷载偏大。

为扣除设缝处遮挡面的风荷载，可以指定各塔的遮挡面，此时程序在计算风荷载时，将采用此处输入的"背风面体型系数"对遮挡面的风荷载进行扣减。如果使用者将此参数填为 0，则相当于不考虑挡风面的影响。遮挡面的指定在"多塔结构补充定义"中进行。

（8）特殊风体型系数

"总信息"页"风荷载计算信息"下拉框中，选择"计算特殊风荷载"或者"计算水平和特殊风荷载"时，"特殊风体型系数"变亮，允许修改；否则为灰色状态，不可修改。

"特殊风荷载定义"菜单中使用"自动生成"菜单自动生成全楼特殊风荷载时，需要用到此处定义的信息。

"特殊风荷载"的计算公式与"水平风荷载"相同，区别在于程序自动区分迎风面、背风面和侧风面，分别计算其风荷载，是更为精细的计算方式。应在此处分别填写各区段迎风面、背风面和侧风面的体型系数。

"挡风系数"表示有效受风面积占全部外轮廓的比例。当楼层外侧轮廓并非全部为受风面，存在部分镂空的情况时，应填入该参数，这样程序在计算风荷载时将按有效受风面积生成风荷载。

（9）用于舒适度验算的风压、阻尼比

《高规》第 3.7.6 条规定：房屋高度不小于 150m 的高层混凝土建筑结构应满足风振舒适度要求。SATWE 根据 JGJ 99—1998《高层民用建筑钢结构技术规程》第 5.5.1 节第四条，对风振舒适度进行验算，验算结果在 WMASS.OUT 文件中输出。

验算风振舒适度时，根据上述公式，需要用到"风压"和"阻尼比"，其取值与风荷载计算时采用的"基本风压"和"阻尼比"可能不同，因此单独列出，仅用于舒适度验算。舒适度验算所用"风压"缺省值与风荷载计算的"基本风压"取值相同，需根据《荷规》查找予以确认修改；验算风振舒适度时结构阻尼比按照《高规》要求，宜取 0.01～0.02，程序缺省取 0.02。

（10）顺风向风振

《荷规》第 8.4.1 条规定：对于高度大于 30m 且高宽比大于 1.5 的房屋，以及基本自振周期 T_1 大于 0.25s 的各种高耸结构，应考虑风压脉动对结构产生顺风向风振的影响。当计算中需考虑顺风向风振时，应勾选该菜单，程序自动按照规范要求进行计算。

（11）横风向风振与扭转风振

根据《荷规》第 8.5.1 条规定："对于横风向风振作用效应明显的高层建筑以及细长圆形截面构筑物，宜考虑横风向风振的影响"。《荷规》第 8.5.4 条规定：对于扭转风振作用效应明显的高层建筑及高耸接结构，宜考虑扭转风振的影响。

考虑风振的方式可以通过风洞试验或者按照《荷规》附录 H.1、H.2、H.3 确定。当采用风洞试验数据时，软件提供文件接口 WINDHOLE.PM，使用者可根据格式进行填写。当采用软件所提供的规范附录方法时，除了需要正确填写周期等相关参数外，必须根据规范条文确保其适用范围，否则计算结果可能无效。为便于验算，软件提供图示"校核"结果供使用者参考，应仔细阅读相关内容。

7.2.1.3 地震信息

该页输入有关地震作用的信息，如图 7-10 所示。当抗震设防烈度为 6 度时，某些房屋虽然可不进行地震作用计算，但仍应采取抗震构造措施。因此，若在第一页参数中选择了不计算地震作用，本页中各项抗震等级仍可按实际情况填写，其他参数全部变灰。各选项的含义及取值原则如下。

（1）结构规则性信息

该参数在程序内部不起作用。

（2）设计地震分组

依据《建筑抗震设计规范》附录 A，指定设计地震分组。

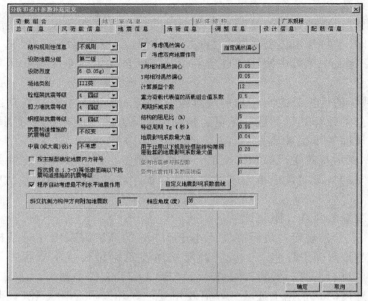

图 7-10　地震信息

（3）地震烈度

地震烈度的取值有 6 度、7 度（0.10g）、7 度（0.15g）、8 度（0.20g）、8 度（0.30g）、9 度共六种选择。

（4）场地类别

依《抗规》，程序提供 I_0、I_1、II、III、IV 共五类场地类别选择。

（5）混凝土框架、剪力墙、钢框架抗震等级

可取值 0、1、2、3、4、5，其中 0、1、2、3、4 分别代表特一级、一级、二级、三级和四级抗震设计等级，5 代表不考虑抗震构造要求。

通过此处指定的抗震等级，SATWE 自动对全楼所有构件的抗震等级赋初值。依据《抗规》、《高规》等相关条文，某些部位或构件的抗震等级可能还需要在此基础上进行单独调整，SATWE 将自动对这部分构件的抗震等级进行调整。对于少数未能涵盖的特殊情况，使用者可通过前处理第二项菜单"特殊构件补充定义"进行单构件的补充指定，以满足工程需求。

其中钢框架的抗震等级是新增的选项，使用者应依据《抗规》第8.1.3条的规定来确定。

对于混凝土框架和钢框架，程序按照材料进行区分：纯钢截面的构件取钢框架的抗震等级；混凝土或钢与混凝土混合截面的构件，取混凝土框架的抗震等级。

（6）抗震构造措施的抗震等级

在某些情况下，结构的抗震构造措施等级可能与抗震措施等级不同，使用者应根据工程的设防类别查找相应规范，以确定抗震构造措施等级。这是一个全楼所有构件的抗震构造措施等级赋值。另外，在"特殊构件补充定义"中也可以分别指定单根构件的抗震等级和抗震构造措施等级。当抗震构造措施的抗震等级与抗震措施等级不一致时，在配筋文件中会输出此项信息。

（7）按中震（或大震）设计

这是针对结构抗震性能设计提供的选项。

进行结构性能设计，只有在具体提出性能设计要点时，才能对其进行有针对性的分析和验算，不同工程其性能设计要点可能各不相同。软件不可能提供满足所有设计需求的万能方法。

因此，使用者可能需要综合多次计算的结果，进行自行判断才能得到性能设计的最终结果。

依据《高规》第 3.11 节，综合其提出的五类性能水准结构的设计要求，SATWE 提供了中震（或大震）弹性设计、中震（或大震）不屈服设计两种方法。无论选择弹性设计还是不屈服设计，均应在"地震影响系数最大值"中填入中震或大震的地震影响系数最大值。程序将自动执行如下调整。

① 中震或大震的弹性设计。与抗震等级有关的增大系数均取为 1。

② 中震或大震的不屈服设计。分为以下几种情况。

- 荷载分项系数均取为 1。
- 与抗震等级有关的增大系数均取为 1。
- 抗震调整系数 γ_{RE} 取为 1。
- 钢筋和混凝土材料强度采用标准值。

(8) 考虑偶然偏心及 X 向、Y 向相对偶然偏心值、使用者指定偶然偏心

偶然偏心的含义指的是：由偶然因素引起的结构质量分布的变化，会导致结构固有振动特性的变化，因而结构在相同地震作用下的受到的影响也将发生变化。考虑偶然偏心，也就是考虑由偶然偏心引起的可能的最不利的地震作用。

当使用者勾选了"考虑偶然偏心"后，程序允许使用者修改 X 向和 Y 向的相对偶然偏心值，缺省值为 0.05（即 5%）。使用者也可点击"指定偶然偏心"按钮，分层、分塔填写相对偶然偏心值。相关规范条文可参见《抗规》第 5.1.1 条，《高规》第 4.3.2 条、第 4.3.3 条。

从理论上看，各个楼层的质心都可以在各自不同的方向出现偶然偏心，从最不利的角度出发，假设偶然偏心值为 5%，则在工程中只考虑下列四种偏心方式。

第一种、第二种：X 向地震，所有楼层的质心沿 Y 轴正、负向偏移 5%。

第三种、第四种：Y 向地震，所有楼层的质心沿 X 轴正、负向偏移 5%。

(9) 考虑双向地震作用

《抗规》第 5.1.1 条规定：质量和刚度分布明显不对称的结构，应计入双向地震作用下的扭转影响。使用者可以根据工程实际情况决定是否要考虑双向水平地震作用。使用者在使用软件时应注意如下。

① 程序允许同时考虑偶然偏心和双向地震作用，此时仅对无偏心地震作用效应（EX、EY）进行双向地震作用计算。

② 考虑双向地震作用，并不改变内力组合数。

(10) 计算振型个数

在计算地震作用时，振型个数的选取应遵循《抗规》第 5.2.2 条条文说明的规定：振型个数一般可以取振型参与质量达到总质量的 90% 所需的振型数。

当仅计算水平地震作用或者用规范方法计算竖向地震作用时，振型数应至少取 3。为了使每阶振型都尽可能得到两个平动振型和一个扭转振型，振型数最好为 3 的倍数。振型数的多少与结构层数及结构形式有关。当结构层数较多、结构层刚度突变较大、结构较复杂时，振型数也应相应增加，如顶部有小塔楼、转换层等结构形式。

选择振型分解反应谱法计算竖向地震作用时，如采用水平振型与竖向振型整体分析模型，为了满足竖向振动的有效质量系数，一般应适当增加振型数。如果采用独立求解方法，可以独立设置竖向振型数，以满足有效质量系数要求。

(11) 重力荷载代表值的活荷组合系数

依据《抗规》第 5.1.3 条规定，在计算地震作用时，重力荷载代表值取恒载的标准值与活载组合值之和。对于不同的可变荷载，其组合值系数可能不同，使用者可在此处修改。程序缺省值为 0.5。

当"地震信息"页中修改了"活荷重力代表值组合系数"时,"荷载组合"页中"活荷重力代表值系数"将联动改变。这两处系数含义虽不同,但取值应相同。

(12) 周期折减系数

周期折减的目的是为了充分考虑填充墙刚度对结构自振周期的影响。对于框架结构,若填充墙较多,周期折减系数可取 0.6~0.7,填充墙较少时可取 0.7~0.8。对于框架-剪力墙结构,可取 0.7~0.8。纯剪力墙结构的周期可取 0.9~1.0。注意,当 SATWE 计算完成后,在 WZQ. OUT 文件中可查到单纯的结构自振周期(未考虑填充墙的周期折减)。

(13) 结构的阻尼比

这是用于地震作用计算的阻尼比(%)。一般混凝土结构取 0.05,钢结构取 0.02,钢-砼混合结构在两者之间取值。可参考规范或根据工程实际情况取值。程序缺省为 0.05。

(14) 特征周期、地震影响系数最大值、用于 12 层以下规则砼框架薄弱层验算的地震影响系数最大值

程序缺省值依据《抗规》取值。

"特征周期"的缺省值由"总信息"页的"结构所在地区"参数、"地震信息"页的"场地类别"和"设计地震分组"三个参数共同确定。

"地震影响系数最大值"和"用于 12 层以下规则混凝土框架结构薄弱层验算的地震影响系数最大值"的缺省值则由"总信息"页的"结构所在地区"参数和"地震信息"页的"设防烈度"两个参数共同确定。

当改变上述相关参数时,程序将自动按规范重新判断特征周期或地震影响系数最大值。

使用者也可以根据需要进行修改,但要注意当上述几项相关参数如"设计地震分组"、"场地类别"、"设防烈度"等改变时,使用者修改的特征周期或地震影响系数值将不再保留,自动恢复为规范值,应注意确认。

"地震影响系数最大值"即旧版中的"多遇地震影响系数最大值",用于地震作用的计算,无论多遇地震或中、大震弹性或不屈服计算时均应在此处填写"地震影响系数最大值"。"用于 12 层以下规则混凝土框架结构薄弱层验算的地震影响系数最大值"即旧版的"罕遇地震影响系数最大值",仅用于 12 层以下规则混凝土框架结构的薄弱层验算。

(15) 竖向地震参与振型数

当"总信息"页"特征值求解方式"项选择"水平振型和竖向振型独立求解方式"时,应在此处填写竖向地震参与振型数,以用于竖向地震作用的计算。

(16) 竖向地震作用系数底线值

根据《高规》第 4.3.15 条规定:大跨度结构、悬挑结构、转换结构、连体结构的连接体的竖向地震作用标准值不宜小于结构或构件承受的重力荷载代表值与《高规》表 4.3.15 所规定的竖向地震作用系数的乘积。

程序设置"竖向地震作用系数底线值"这项参数以确定竖向地震作用的最小值。当振型分解反应谱方法计算的竖向地震作用小于该值时,程序将自动取该参数确定的竖向地震作用底线值。需要注意的是当用该底线值调控时,相应的有效质量系数仍应该达到 90% 以上。

(17) 按主振型确定地震内力符号

按照《抗规》式 5.2.3-5 确定地震作用效应时,公式本身并不含符号,因此地震作用效应的符号需要单独指定。SATWE 的传统规则为:在确定某一内力分量时,取各振型下该分量绝对值最大的符号作为 CQC 计算以后的内力符号;而当选用该参数时,程序根据主振型下地震效应的符号确定考虑扭转耦联后的效应符号,其优点是确保地震效应符号的一致性;

但由于牵扯到主振型的选取，因此在多塔结构中的应用有待进一步研究。

（18）按《抗规》降低嵌固端以下抗震构造措施的抗震等级

根据《抗规》第 6.1.3-3 条的规定：当地下室顶板作为上部结构的嵌固部位时，地下一层的抗震等级应与上部结构相同，地下一层以下抗震构造措施的抗震等级可逐层降低一级，但不应低于四级。当勾选该选项之后，程序将自动按照规范规定执行，使用者将不必在"特殊构件补充定义"中单独指定相应楼层构件的抗震构造措施的抗震等级。

上述内容可以通过抗震规范确定，也可以根据具体需要来指定。

（19）程序自动考虑最不利水平地震作用

在旧版的 SATWE 软件中，当使用者需要考虑最不利水平地震作用时，必须先进行一次计算并在 WZQ.OUT 文件中查看最不利地震角度，然后回填到附加地震相应角度进行第二次计算。而当使用者勾选"自动考虑最不利水平地震作用"后，程序将自动完成最不利水平地震作用方向的地震效应计算，一次完成计算，不必手动回填。

（20）斜交抗侧力构件方向附加地震数，相应角度

《抗规》第 5.1.1 条规定：有斜交抗侧力构件的结构，当相交角度大于 15°时，应分别计算各抗侧力构件方向的水平地震作用。

附加地震组数可在 0～5 之间取值，在"相应角度"输入框填入各角度值。该角度是与 X 轴正方向的夹角，逆时针方向为正，各角度之间以逗号或空格隔开。

当使用者在"总信息"页修改了"水平力与整体坐标夹角"时，应按新的结构布置角度确定附加地震的方向，如假定结构主轴方向与整体坐标系 X 方向、Y 方向一致时，水平力夹角填入 30°时，结构平面布置将整体逆时针旋转 30°，此时主轴 X 方向在整体坐标系下为 $-30°$，作为"斜交抗侧力构件附加地震力方向"输入时，应填入 $-30°$。

每个角度代表一组地震，如填入附加地震数"1"，角度 30°时，SATWE 将新增 EX1 和 EY1 两个方向的地震，分别沿 30°和 120°两个方向。当不需要考虑附加地震时，将附加地震方向数填为零即可。

7.2.1.4　活荷载信息

这一页输入关于活荷载的相关信息和控制参数，如图 7-11 所示。

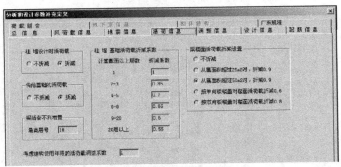

图 7-11　活荷载信息

（1）柱、墙、基础设计时活荷载折减系数

《荷规》第 5.1.2 条规定：梁、墙、柱及基础设计时，可对楼面活荷载进行折减。

此处分 6 档给出了"计算截面以上的层数"和相应的折减系数，可以选择按楼层的折减。程序的默认值是根据《荷规》第 5.1.2-2-1 条的房屋类型取值，包含住宅、宿舍、旅馆、办公楼、医院、托儿所和幼儿园等。当建筑功能与此不同时，使用者需注意根据《荷规》第 5.1.2-2 条相应对其修改，也可选择不折减。

（2）梁楼面活荷载折减设置

其相关规范为《荷规》第 5.1.2-1 条。

为了避免活荷载在 PMCAD 和 SATWE 中出现重复折减的情况，建议使用者当使用 SATWE 进行结构计算时，不要在 PMCAD 中进行活荷载折减，而是统一在 SATWE 中进行梁、柱、墙和基础设计时的活荷载折减。

（3）传给基础的活荷载折减

在结构分析计算完成后，程序会输出一个为"WDCNL.OUT"的组合内力文件，这是按照地基设计规范要求给出的各竖向构件的各种控制组合，活荷载作为一种作用工况，在荷载组合计算时，可按《荷规》第 5.1.2 条折减。

注意此处指定的"传给基础的活荷载"是否折减仅用于 SATWE 设计结果的文本及图形输出，在接力 JCCAD 时，SATWE 传递的内力为没有折减的标准内力，由使用者在 JC-CAD 中另行指定折减信息。

（4）考虑活荷载不利布置的最高层号

SATWE 软件可以考虑梁活荷不利布置。若将此参数填为零，表示不考虑梁活荷不利布置功能；若填一个大于零的数 NL，则表示从 1～NL 各层考虑梁活荷载的不利布置，而 NL +1 层以上则不考虑活荷不利布置；若 NL 等于结构的层数 Nst，则表示对全楼所有层都考虑活荷的不利布置。

（5）考虑结构使用年限的活荷载调整系数

《高规》第 5.6.1 条规定：在持久设计状况和短暂设计状况下，当荷载与荷载效应按线性关系考虑时，荷载基本组合的效应设计值应按下式确定。

$$S_d = \gamma_G S_{Gk} + \gamma_L \Psi_Q \gamma_Q S_{Qk} + \Psi_w \gamma_w S_{wk}$$

其中，γ_L 为考虑设计使用年限的可变荷载（楼面活荷载）调整系数，设计使用年限为 50 年时取 1.0，设计使用年限为 100 年时取 1.1。

在荷载效应组合时，活荷载组合系数将乘上考虑使用年限的活荷载调整系数。

7.2.1.5 调整信息

这一页输入关于结构调整的信息，如图 7-12 所示。

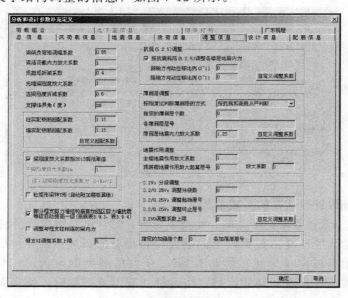

图 7-12　调整信息

图 7-12 中参数的含义及取值原则如下。

（1）梁端负弯矩调幅系数

在竖向荷载作用下，钢筋混凝土框架梁设计允许考虑混凝土的塑性变形内力重分布，适当减小支座负弯矩，相应增大跨中正弯矩，梁端负弯矩调幅系数可在 0.8～1.0 范围内取值。非框架梁程序不会对其进行此项调整。

注意，钢梁不允许进行调幅。此处指定的是全楼的混凝土框架梁的调幅系数，使用者也可以在"特殊构件补充定义"中修改单根梁的调幅系数。

（2）梁活荷载内力放大系数

用于考虑活荷载不利布置对梁内力影响的另一种方法。将活荷载作用下的梁内力（包括弯矩、剪力和轴力）进行放大，然后与其他荷载工况进行组合，一般工程建议取 1.1～1.2。注意，如果在"活荷信息"页中已经考虑了活荷载不利布置，则此处应填为 1，以免不必要地放大。

此法计算结果相对粗略但可加快计算速度，高层初（粗）算时可采用此法。在细算时再转换为考虑活荷载不利布置。

（3）梁扭矩折减系数

对于现浇楼板结构，当采用刚性楼板假定时，可以考虑楼板对梁抗扭的作用而对梁的扭矩进行折减。折减系数可在 0.4～1.0 范围内取值。程序缺省对弧梁以及不与楼板相连的梁不进行扭矩折减。注意若考虑楼板的弹性变形，梁的扭矩不应折减。

此处指定的是全楼梁（框架梁、次梁、连梁）的扭矩折减系数。对于楼层局部刚性楼板、局部弹性楼板的情况，可在"特殊构件补充定义"中进行单根梁的调整。

（4）托墙梁刚度放大系数

实际工程中常常会出现"转换大梁上托剪力墙"的情况，当使用者使用梁单元（一维线单元）模拟转换大梁，用壳元模式的墙单元模拟剪力墙时，墙与梁之间实际的协调工作关系在计算模型中就不能得到充分体现，存在近似性。

实际的协调关系是剪力墙的下边缘与转换大梁的上表面变形协调，而计算模型则是剪力墙的下边缘与转换大梁的中性轴变形协调，这样造成转换大梁的上表面在荷载作用下将会与剪力墙脱开，失去本应存在的变形协调性。与实际情况相比，计算模型的刚度偏柔了，这就是软件提供托墙梁刚度放大系数的原因。

当考虑托墙梁刚度放大时，转换层附近的超筋情况（若有）通常可以缓解。但是为了使设计保持一定的富裕度，建议不考虑或少考虑托墙梁刚度放大。

使用该功能时，使用者只需指定托墙梁刚度放大系数，托墙梁段的搜索由软件自动完成。

注意这里所说的"托墙梁段"在概念上不同于规范中的"转换梁"，"托墙梁段"特指转换梁与剪力墙"墙柱"部分直接相接、共同工作的部分，比如转换梁上托开门洞或窗洞的剪力墙，对洞口下的梁段，程序就不判断为"托墙梁段"，不进行刚度放大，如图 7-13 所示。

（5）连梁刚度折减系数

作为抗震设防的第一道防线，多、高层结构设计中允许连梁在地震作用下开裂进行耗能，开裂后连梁的刚度有所降低，程序中通过连梁刚度折减系数来反映开裂后的连梁刚度。这也

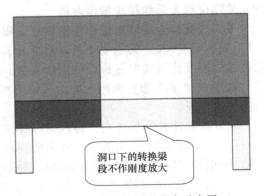

洞口下的转换梁段不作刚度放大

图 7-13　托墙梁刚度放大示意图

是使用者可主动控制结构体系的耗能机构的一种措施，需多加留意。

根据《高规》第 5.2.1 条规定："高层建筑结构地震作用效应计算时，可对剪力墙连梁刚度予以折减，折减系数不宜小于 0.5"。此系数不宜取值过小的原因是为避免连梁开裂过大。需留意的是，指定该折减系数后，程序在计算时只在集成地震作用计算刚度矩阵时进行折减，竖向荷载和风荷载计算时连梁刚度不予折减。

对于连梁的识别，无论是按照框架梁输入的连梁，还是按照剪力墙开洞所形成的墙梁，程序都进行刚度折减。但需注意的是，使用者需在"特殊构件补充定义"→"连梁"中查看软件自动识别的连梁是否合理，是否与使用者所设想的一致。

按照框架梁方式输入的连梁，可在"特殊构件补充定义"→"特殊梁"下指定单构件的折减系数；按照剪力墙开洞所形成的墙梁，则可在"特殊墙"菜单下修改单构件的折减系数。

(6) 支撑临界角（度）

在 PM 建模时常会有倾斜构件的出现，此角度即用来判断构件是按照柱，还是按照支撑（二力杆）来进行设计。当构件轴线与 Z 轴夹角小于该临界角度时，程序对构件按照柱进行设计；否则按照支撑进行设计。

(7) 柱、墙实配钢筋超配系数

对于 9 度设防烈度的各类框架和一级抗震等级的框架结构，框架梁和连梁端部剪力、框架柱端部弯矩、剪力调整应按实配钢筋和材料强度标准值来计算实际承载设计内力，但在计算时因得不到实际承载设计内力（实配钢筋所反算的承载力），而采用计算设计内力。所以，只能通过调整计算设计内力的方法进行设计。超配系数就是按规范考虑材料、配筋因素的一个附加放大系数。该参数同时还用于楼层抗剪承载力的计算。另外，使用者也可点取"自定义调整系数"，分层分塔指定钢筋超配系数。

需注意的是，对于"强柱弱梁"的抗震措施，此法有一定的模拟性，使用者需结合更多措施来尽量实现。

(8) 中梁刚度增大系数

程序中框架梁是按矩形截面输入建立模型的，对于现浇楼盖和装配整体式楼，在采用刚性楼板假定时，楼板作为梁的翼缘，是梁的一部分，在分析中可采用此系数来考虑楼板对梁刚度的贡献。

通过程序自动搜索中梁和边梁，两侧均与刚性楼板相连的中梁的刚度放大系数为 BK，只有一侧与刚性楼板相连的中梁或边梁的刚度放大系数为 $1.0+(BK-1)/2$，其他情况的梁刚度不放大。梁刚度增大系数 BK 可在 1.0～2.0 范围内取值。

梁刚度放大系数还可在"特殊构件补充定义"中对单构件进行修改。

(9) 梁刚度放大系数按照规范取值

考虑楼板作为翼缘对梁刚度的贡献，程序根据 GB 50010—2010《混凝土结构设计规范》（以下简称《砼规》）第 5.2.4 条，自动计算每根梁的楼板有效翼缘宽度，按照 T 形截面与梁截面的刚度比例确定每根梁的刚度系数。

程序在计算 T 形截面刚度时，可以考虑不同的板厚以及板和梁混凝土标号不同时需进行换算的情况。

刚度系数计算结果可在"特殊构件补充定义"中查看，也可以在此基础上进行修改。如果不勾选，则仍按上一条所述，对全楼指定唯一的刚度系数。

(10) 砼矩形梁转 T 形（自动附加楼板翼缘）

《砼规》第 5.2.4 条规定：对现浇楼盖和装配整体式楼盖，宜考虑楼板作为翼缘对梁刚度和承载力的影响。当勾选此项参数时，程序自动将所有混凝土矩形截面梁转换成 T 形截面，在刚度计算和承载力设计时均采用新的 T 形截面，此时梁刚度放大系数程序将自动置为 1，翼缘宽度的确定采用《砼规》表 5.2.4 的方法。注意此项是以 T 形截面同时计算刚度、承载力，前两款仅用于刚度计算。

(11) 部分框支剪力墙结构底部加强区剪力墙抗震等级自动提高一级

根据《高规》表 3.9.3、表 3.9.4，部分框支剪力墙结构底部加强区和非底部加强区的剪力墙抗震等级可能不同。

对于"部分框支剪力墙结构"，如果使用者在"地震信息"→"剪力墙抗震等级"中填入部分框支剪力墙结构中一般部位剪力墙的抗震等级，并在此勾选了"部分框支剪力墙结构底部加强区剪力墙抗震等级自动提高一级"，程序将自动对底部加强区的剪力墙抗震等级提高一级。

(12) 调整与框支柱相连的梁内力

《高规》第 10.2.17 条规定：框支柱剪力调整后，应相应调整框支柱的弯矩及柱端框架梁的剪力和弯矩，程序自动地对框支柱的剪力和弯矩进行调整。由于调整系数往往很大，与框支柱相连的框架梁的剪力和弯矩有可能出现超筋不足。故此框架梁是否进行相应调整，可由使用者决定并通过此项参数进行控制。

(13) 按抗震规范第 5.2.5 条调整各楼层地震内力

《抗规》第 5.2.5 条规定：抗震验算时，结构任一楼层的"水平地震剪力标准值/重力荷载代表值"即"剪重比"不应小于《抗规》表 5.2.5 给出的最小地震剪力系数 λ。程序给出一个控制开关，由使用者决定是否由程序自动进行调整。若选择由程序自动进行调整，则程序对结构的每一层分别判断；若某一层的"剪重比"小于《抗规》要求，则相应放大该楼层的水平地震剪力标准值。

(14) 弱/强轴方向动位移比例

对"剪重比"不足的调整，《抗规》第 5.2.5 条的说明中明确了三种调整方式：加速度段、速度段、位移段。

当动位移比例填为零时，程序采取加速度段方式进行调整。当动位移比例为 1 时，采用位移段方式进行调整。当动位移比例为 0.5 时，采用速度段方式进行调整。

注意：程序所说的弱轴是对应结构长周期方向，强轴对应短周期方向。

(15) 按刚度比判断薄弱层的方式

程序修改了原有按《抗规》和《高规》从严判断的默认做法，改为提供"按《抗规》和《高规》从严判断"，"仅按《抗规》判断"，"仅按《高规》判断"和"不自动判断"四个选项供使用者选择。程序默认值仍为从严判断。

(16) 指定薄弱层个数及相应的各薄弱层层号

SATWE 自动按楼层刚度比判断薄弱层并对薄弱层进行地震内力放大。需注意的是，对于竖向抗侧力构件不连续或承载力变化不满足要求的楼层，不能自动判断为薄弱层，需要使用者人工在此指定。

填入薄弱层楼层个数后，输入各层号时以逗号或空格隔开。

多塔结构还可在"多塔结构补充定义"→"多塔立面"菜单分塔指定薄弱层。

(17) 薄弱层地震内力放大系数、自定义调整系数

《抗规》第 3.4.3 条规定：竖向不规则的建筑结构，其薄弱层的地震剪力应乘以 1.15 的增大系数。《高规》第 3.5.8 条规定：侧向刚度变化、承载力变化、竖向抗侧力构件连续性不符合本规程第 3.5.2、第 3.5.3、第 3.5.4 条要求的楼层，其对应于地震作用标准值的剪力应乘以 1.25 的增大系数。

SATWE 对薄弱层地震剪力调整的做法是直接放大薄弱层构件的地震作用内力，程序统一的放大系数缺省值为 1.25。为满足不同需求，在"薄弱层地震内力放大系数"中，使用者可另行指定统一的放大系数；也可在"自定义调整系数"中，更细致地分层、分塔指定薄弱层调整系数。自定义信息记录在 SATINPUTWEAK.PM 文件中，填写方式同"自定义剪重比调整系数"。

（18）全楼地震作用放大系数

可通过调整此参数来放大全楼地震作用以提高结构的抗震安全度。规范对此无相应条文要求，由设计者根据实际情况自行把握，其经验取值范围是 1.0～1.5。

（19）顶塔楼地震作用放大起算层号及放大系数

使用者可以通过这个系数来放大结构顶部塔楼的内力。若不调整顶部塔楼的内力，可将起算层号填为零。注意该系数仅放大顶塔楼的内力，并不改变位移计算结果。

（20）0.2V0 分段调系数

依《高规》第 8.1.4 条，框架-剪力墙结构在水平地震作用下，框架部分计算所得的剪力容易偏小，为保证第二道防线的框架具有一定的抗侧力能力，需要对框架承担的剪力予以适当调整。0.2V0 调整只对框架-剪力墙结构中的框架梁、柱起作用。若不调整，可将"0.2V0/0.25V0 调整分段数"填为零。

0.2V0 调整的分段数、每段的起始层号和终止层号均以空格或逗号隔开，如分三段调整，第一段为 1～10 层，第二段为 11～20 层，第三段为 21～30 层，则应填入分段数为 3，起始层号为 1、11、21，终止层号为 10、20、30。

0.2V0 调整系数的上限值由参数"0.2V0 调整系数上限"控制，程序缺省值为 2.0。如果程序计算的调整系数大于此处指定的上限值，则按上限值进行调整。如果将某一段起始层号填为负值，则该段调整系数不受上限控制，取程序实际计算的调整系数。

7.2.1.6 设计信息

图 7-14 所示为设计信息。

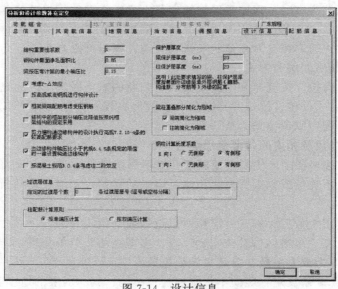

图 7-14 设计信息

图 7-14 设计信息参数的含义如下。

（1）结构重要性系数

由使用者按相关规范取值。

126

(2) 钢构件截面净毛面积比

即钢构件截面净面积与毛面积的比值，由使用者确定。

(3) 梁按压弯计算的最小轴压比

梁承受的轴力一般较小，默认按照受弯构件计算。在实际工程中某些梁可能承受较大的轴力，此时应按照压弯构件进行计算。该值用来控制梁按照压弯构件计算的临界轴压比，默认值为 0.15。当计算轴压比大于该临界值时，按照压弯构件计算，此处计算轴压比指的是所有抗震组合和非抗震组合轴压比的最大值。如使用者填入 0.0 表示梁全部按受弯构件进行计算。

(4) 考虑 P-Δ 效应

点取此项，程序将自动考虑重力二阶效应。对于结构是否需要进行此项计算，可在第一次 SATWE 运行后，查看 WMASS. OUT 文件，内有提示。

(5) 按规范进行构件设计

选择此项，程序按《高规》进行荷载组合计算，按《高层民用建筑钢结构技术规程》JGJ 99—1998 进行构件计算；否则按多层结构进行荷载组合计算，按普通钢结构规范进行构件设计计算。

(6) 框架梁端配筋考虑受压钢筋

程序会自动考虑受压钢筋在梁端正截面设计中的影响。

当已知弯矩设计值 M 计算配筋面积时，若计算的 $\xi < \xi_b$，软件按单筋方式计算受拉钢筋面积；若计算的 $\xi > \xi_b$，软件按双筋方式计算。此时，软件取 $\xi = \xi_b$，分别求出受拉钢筋 A_s 及受压钢筋 A_s'。计算所得的受压钢筋 A_s' 要与反向弯矩所求的拉筋 A_s 进行比较并取大者。

此外，涉及框架梁端受压钢筋的规范条文有《砼规》第 5.4.3、第 11.3.6 条，《抗规》第 6.3.3-2 条。

(7) 结构中框架部分的轴压比按照纯框架结构的规定采用

根据《高规》第 8.1.3 条规定：对于框架-剪力墙结构，当底层框架部分承受的地震倾覆力矩的比值在一定较小范围内时，结构体系为"少墙框架结构"，其框架部分的轴压比需要按照框架结构的规定采用。勾选此选项后，程序将一律按照纯框架结构的规定控制结构中框架柱的轴压比。除轴压比之外，其余设计仍遵循框剪结构的规定。

(8) 剪力墙构造边缘构件的设计执行《高规》第 7.2.16-4 条

《高规》第 7.2.16-4 条规定：抗震设计时，对于连体结构、错层结构以及 B 级高度高层建筑结构中的剪力墙（筒体），其构造边缘构件的最小配筋应按照要求相应提高。勾选此项时，程序将一律按照《高规》第 7.2.16-4 条的要求控制构造边缘构件的最小配筋，即使对于不符合上述条件的结构类型，也要进行从严控制；如不勾选，则程序一律不执行此条规定。

(9) 当边缘构件轴压比小于《抗规》规定的限值时一律设置构造边缘构件

《抗规》第 6.4.5 条规定：底层墙肢底截面的轴压比大于《抗规》表 6.4.5-1 规定的一、二、三级抗震墙，以及部分框支抗震墙结构的抗震墙，应在底部加强部位及相邻的上一层设置约束边缘构件，在以上的其他部位可设置构造边缘构件。其他内容参见《高规》第 7.2.14 条。

勾选此项时，对于约束边缘构件楼层的墙肢，程序自动判断其底层墙肢底截面的轴压比，以确定采用约束边缘构件或构造边缘构件。如不勾选，则对于约束边缘构件楼层的墙肢，一律设置约束边缘构件。

(10) 按《砼规》规范 B.0.4 条考虑柱二阶效应

《砼规》规定：除排架结构柱外，应按第 6.2.4 条的规定考虑柱轴压力二阶效应，排架结构柱应按 B.0.4 条计算其轴压力二阶效应。

勾选此项时，程序将按照 B.0.4 条的方法计算柱轴压力二阶效应，此时柱计算长度系数仍缺省采用（底层为 1.0，上层为 1.25）。对于排架结构柱，使用者应注意自行修改其长度系数。不勾选时，程序将按照第 6.2.4 条的规定考虑柱轴压力二阶效应。

(11) 梁、柱的保护层厚度

此厚度在这里是指净保护层厚度（单位 mm）。

根据《砼规》第 8.2.1 条规定：不再以纵向受力钢筋的外缘，而以最外层钢筋（包括箍筋、构造筋、分布筋等）的外缘计算混凝土保护层厚度，使用者应注意按新的要求填写保护层厚度。

(12) 梁柱重叠部分简化为刚域

2012 年 6 月版的 SATWE 将该参数进行了修改，软件原做法是勾选该参数时同时考虑梁端刚域和柱端刚域，现修改为对梁端刚域与柱端刚域可独立控制。

(13) 钢柱计算长度系数按有侧移计算

程序允许使用者在 X 方向、Y 方向分别指定钢柱计算长度系数。当勾选有侧移时，程序按《钢结构设计规范》GB 50017—2003 附录 D-2 的公式计算钢柱的长度系数；当勾选无侧移时按《钢结构设计规范》GB 50017—2003 附录 D-1 的公式计算钢柱的长度系数。

(14) 指定的过渡层个数及相应的各过渡层层号

《高规》第 7.2.14-3 条规定：B 级高度高层建筑的剪力墙，宜在约束边缘构件层与构造边缘构件层之间设置 1～2 层过渡层。程序不自动判断过渡层，使用者可在此指定。程序对过渡层边缘构件的箍筋配置原则上取约束边缘构件和构造边缘构件的平均值。

(15) 计算原则

按单偏压计算：程序按单偏压计算公式分别计算柱两个方向的配筋。

按双偏压计算：程序按双偏压计算公式分别计算柱两个方向的配筋和角筋。

对于使用者指定的"角柱"，程序将强制采用"双偏压"进行配筋计算。

7.2.1.7 配筋信息

这一页输入关于配筋的信息，如图 7-15 所示。

钢筋强度信息在 PM 中进行定义，其中梁、柱、墙主筋级别按标准层分别指定；梁、柱

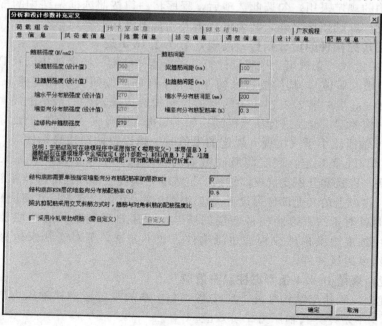

图 7-15 配筋信息

箍筋和墙分布筋级别按全楼定义。钢筋级别和强度设计值的对应关系也在 PM 中指定。在 SATWE 中仅可查看箍筋和墙分布筋强度设计值。

图 7-15 中参数的含义及取值原则如下。

(1) 梁、柱箍筋和墙分布筋强度

从 PM 参数中读取，此处不能修改。新版 SATWE 允许墙水平和竖向分布筋采用不同的强度（单位 N/mm^2）设计值。

(2) 梁、柱箍筋间距

梁、柱箍筋间距强制取为 100mm，不允许修改。对于箍筋间距未取 100mm 的情况，使用者可对配筋结果进行折算。

(3) 墙水平分布筋间距

可取值 100～400mm。

(4) 墙竖向分布筋配筋率

可取值 0.15%～1.2%。

(5) 结构底部需单独指定墙竖向分布筋配筋率的层数、配筋率

这两项参数可以对剪力墙结构分段设定不同的竖向分布筋配筋率，如对加强区和非加强区定义不同的竖向分布筋配筋率。

填入层数 NSW 后，则 1～NSW 层墙竖向分布筋采用此处指定的配筋率，以上各层采用上面指定的"墙竖向分布筋配筋率"。

(6) 梁抗剪配筋采用交叉斜筋方式时，箍筋与对角斜筋的配筋强度比

这是 2012 年 6 月版的 SATWE 的新增参数，用于考虑梁的交叉斜筋方式的配筋。

(7) 采用冷轧带肋钢筋（需自定义）

当使用者采用冷轧带肋钢筋时需勾选该选项。点击自定义按钮后弹出钢筋选择对话框，选择相应的层号、塔号、构件类型以及钢筋级别之后即可完成定义；也可以勾选"当前塔全楼设置"快速完成全楼的设置。使用者还可用记事本分层、分塔指定冷轧带肋钢筋设置。

7.2.1.8 荷载组合

如图 7-16 所示，可以在本页指定各个荷载工况的分项系数和组合值数，数值将影响配

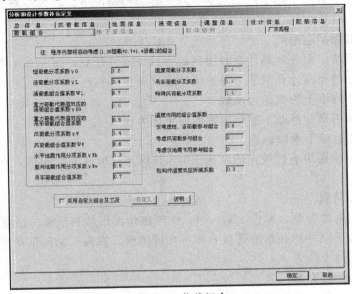

图 7-16 荷载组合

筋设计时的荷载组合，未给出的程序按自动荷载规范计算。

程序在缺省组合中自动判断使用者是否定义了人防、温度、吊车和特殊风荷载，其中温度和吊车荷载分项系数与活荷载相同。

7.2.1.9　地下室信息

本页是有关地下室的参数，如图7-17所示。

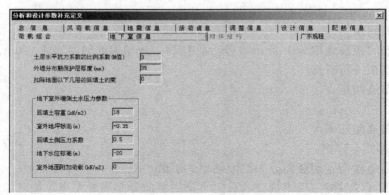

图 7-17　地下室信息

当"总信息"中地下室层数为零时，"地下室信息"页为灰，不允许选择；当填入地下室层数时，"地下室信息"页变亮，允许选择。这些参数的含义及取值原则如下。

（1）土层水平抗力系数的比例系数（M值）及扣除地面以下几层的回填土约束

该参数可以参照《建筑桩基技术规范》JGJ 94—2008 表5.7.5的灌注桩项来取值。M值的取值范围一般在2.5～100之间，对于少数情况的中密、密实的沙砾、碎石类土取值可达100～300。

程序的计算方法即是基础设计中常用的"m"法。关于该方法的相关内容，使用者可参阅与基础设计相关的书籍或规范。

若M值被使用者填入一个负值，如−3（其绝对值小于或等于地下室层数），如地下室有5层，则认为地下室的下部3层无水平位移。在一般情况下，都应按照真实的回填土性质填写相应的M值，以体现实际的土体约束。

（2）外墙分布钢筋保护层厚度

在地下室外围墙平面外配筋计算时用到此参数。依《砼规》第8.2.1条的规定，此处是以最外层分布钢筋的外缘计算混凝土保护层厚度（单位mm）。

（3）回填土容重和回填土的侧压力系数

这两个参数是用来计算地下室外围墙侧向土压力。

（4）室外地面标高，地下水位标高

以PMCAD中楼层组装时设定的结构±0.000标高（单位m）为准，高则填正值，低则填负值。

（5）室外地面附加荷载

对于室外地面附加荷载（单位kN/m^2），应考虑地面恒载和活载。活载应包括地面上可能的临时荷载。对于室外地面附加荷载分布不均的情况，取最大的附加荷载计算，程序按侧压力系数转化为侧向土压力。

7.2.1.10　砌体结构信息

砌体结构有相应的"砌体结构"计算程序，可利用其完成相关的操作和计算。

7.2.1.11　广东规程

这是根据广东地方规程《高层建筑混凝土结构技术规程》DBJ 15-92—2013（以下简称《广东高规》）相应补充的一些计算参数，如图7-18所示。

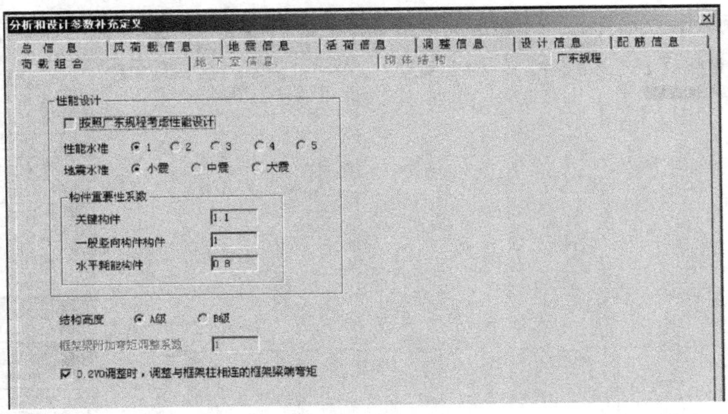

图7-18　广东规程

图7-18中参数的含义及取值原则如下。

（1）按照广东规程考虑性能设计

根据《广东高规》第1.0.6条的规定，当使用者需要考虑性能设计时，应勾选该选项。

（2）性能水准、地震水准

《广东高规》第3.11.1条、第3.11.2条、第3.11.3条规定了结构抗震性能设计的具体要求及设计方法，使用者应根据实际情况选择相应的性能水准和地震水准。

（3）构件重要性系数

《广东高规》式3.11.3-1规定了构件重要性系数 η 的取值范围，程序默认值为：关键构件取1.1，一般竖向构件取1.0，水平耗能构件取0.8。当使用者需要修改或单独指定某些构件的重要性系数时，可在SATWE中的前处理"特殊构件补充定义"中进行操作。

（4）结构高度

《广东高规》第3.3.1条规定：钢筋混凝土高层建筑结构的最大适用高度分别为A级和B级，使用者应根据实际情况选择对应的结构高度级别。

（5）框架梁附加弯矩调整系数

《广东高规》第5.2.4条规定：在竖向荷载作用下，由于竖向构件变形导致框架梁端产生的附加弯矩可适当调幅，弯矩增大或减小的幅度不宜超过30%。当框架梁两侧的竖向构件竖向刚度相差较大时，会引起框架梁两侧竖向位移差，产生较大的梁端附加弯矩，规范允许对这种情况进行附加弯矩调幅。程序默认值为1.0，即不调幅，当使用者需要修改或单独指定某些构件的调幅系数时，可在SATWE中的前处理"特殊构件补充定义"中进行操作。

（6）0.2V0调整时，调整与框架柱相连的框架梁端弯矩

《广东高规》第8.1.4条、第9.1.10条规定：各层框架所承担的地震总剪力按本条第一款调整后，应按调整前、后总剪力的比值调整每根框架柱的剪力及端部弯矩，框架柱的轴力及与之相连的框架梁端弯矩、剪力可不调整。当选择广东地区后，使用者可通过该选项指定0.2V0调整时是否需调整与框架柱相连的框架梁端弯矩。

7.2.2　特殊构件补充定义

在前面的"分析与设计参数补充定义"菜单中可对结构整体性参数进行输入，如需对部分构件进一步更细致地指定其特殊属性，可在此对单构件进行补充指定与修改。例如，可补充定义角柱、铰接柱、不调幅梁、连梁、铰接梁与弹性楼板单元、材料强度和抗震等级等众多信息，如图 7-19 所示。

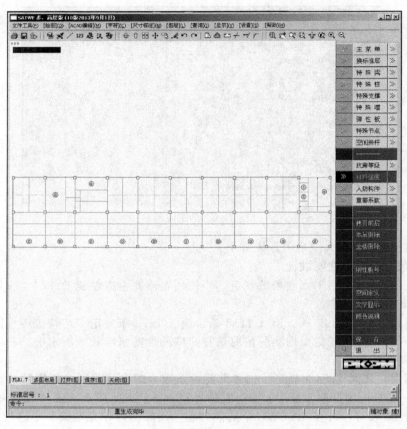

图 7-19　特殊构件定义主菜单

　　本菜单补充定义的信息将用于 SATWE 计算分析和配筋设计。对于一个工程，通过 PMCAD 的第 1 项菜单和 SATWE 的"分析与设计参数补充定义"菜单，程序已自动对所有构件属性赋予初值，如不必改动，则可直接略过本菜单，进行下一步操作。使用者也可利用本菜单查看程序初值。

　　程序以颜色区分数值类信息的缺省值和使用者指定值：缺省值以暗灰色显示，使用者指定值以亮白色显示。缺省值一般由"分析与设计参数补充定义"中相关参数或 PM 建模中的参数确定（以下文中各菜单项将包含详细说明）。随着模型数据或相关参数的改变，缺省值也会联动改变；需注意的是，使用者指定的参数优先级最高，不会被程序强制改变。

　　特殊构件定义信息保存在 PM 模型数据中，构件属性不会随模型修改而丢失，即任何构件无论进行了平移、复制、拼装、改变截面等操作，只要此构件唯一识别号（ID 号）不改变，其特殊属性信息都会保留。

　　一旦执行过本项菜单，补充输入的信息将存放在硬盘当前目录名为 SAT_ADD. PM 的文件中，以后再启动 SATWE 前处理文件时，程序自动读入 SAT_ADD. PM 文件中的有关信息。若想取消一个工程的特殊构件补充定义，可简单地将 SAT_ADD. PM 文件删除，SAT_ADD. PM 文件中的信息与 PMCAD 的第 1 项菜单密切相关。若经 PMCAD 的第 1 项菜单对一个工程的某一标准层的柱、梁布置进行过增减修改，则应相应地检查、修改标准层的补充定义信息，以避免遗漏；而其他标准层的特殊构件信息不必重新定义，程序会自动保留下来。

在点取"特殊构件定义"菜单后，程序在屏幕上绘出结构首层平面简图，如图 7-19 所示。其中右侧各项菜单的功能如下。

7.2.2.1　换标准层

点取这项菜单后，在右侧菜单区显示各层列表。用光标选取各标准层，则在屏幕的绘图区相应地显示各标准层的内容，上述标准层与 PMCAD 中定义的标准层是一致的。没有参加楼层组装的标准层不允许被选择。按〔Esc〕键可返回到前一级子菜单。

7.2.2.2　特殊梁

特殊梁包括不调幅梁、连梁、转换梁、铰接梁、滑动支座梁、门式钢梁、耗能梁、组合梁、单缝连梁、多缝连梁、连梁交叉斜筋、连梁对角暗撑等，如图 7-20 所示。各种特殊梁的含义及定义方法如下。

(1) 不调幅梁

"不调幅梁"是指在配筋计算时不作为弯矩调幅的梁。程序对全楼的所有梁都自动进行搜索"调幅梁"和"不调幅梁"，具体原则是：搜索连续的梁段并判断其两端支座，如果两端均存在竖向构件（柱、墙）作为支座，即为"调幅梁"，以暗青色显示；如两端都没有支座或仅一端有支座（如次梁、悬臂梁等），则判断为"不调幅梁"，以亮青色显示。

如要修改，可先点击"不调幅梁"菜单，然后选取相应的梁，则该梁会在"调幅梁"和"不调幅梁"中进行切换。

钢梁不允许调幅，程序强制为"不调幅梁"。

(2) 连梁

"连梁"是指与剪力墙相连，允许开裂，可作为刚度折减的梁。

此处特指对框架梁指定"连梁"属性，以便在后续程序中进行刚度折减、设计调整等。注意程序对框架梁定义的连梁是不进行缺省判断的，需要使用者手动指定。

程序对剪力墙开洞连梁进行缺省判断。原则是：两端均与剪力墙相连且至少在一端与剪力墙轴线的夹角不大于 30°的梁隐含定义为连梁，以亮黄色显示。

连梁定义及修改的操作方式与不调幅梁相同。

图 7-20　特殊梁菜单

(3) 转换梁

"转换梁"包括"部分框支剪力墙结构"的托墙转换梁（即框支梁）和其他转换层结构类型中的转换梁（如筒体结构的托柱转换梁等），以亮白色显示。注意程序不进行缺省判断，需使用者指定。

在计算时，程序自动按抗震等级放大转换梁的地震作用内力。

(4) 铰接梁（一端铰接、两端铰接）

SATWE 软件中考虑了梁有一端铰接或两端都铰接的情况。当选择一端铰接时，用光标点取需定义的梁，则该梁在靠近光标的一端出现一红色小圆点，表示梁的该端为铰接，再一次点取则可删除铰接定义。当选择两端铰接时，在这根梁上任意位置用光标点一次，则该梁的两端各出现一个红色小圆点，表示梁的两端为铰接，再一次点取则可删除铰接定义。注意铰接梁没有隐含定义，需使用者指定。

（5）滑动支座梁

SATWE 软件中考虑了梁一端有滑动支座约束的情况，用光标点取需定义的梁，则该梁在靠近光标的一端出现一个白色小圆点，表示梁的该端为滑动支座。注意滑动支座梁没有隐含定义，需使用者指定。

（6）门式钢梁

用光标点取需定义的梁，则梁上的标识 MSGL 字符表示该梁为门式钢梁。注意门式钢梁没有隐含定义，需要使用者指定。

（7）耗能梁

用光标点取需要定义的梁，则梁上标识的 HNL 字符表示该梁为耗能梁。注意耗能梁没有隐含定义，需要使用者指定。

（8）组合梁

注意组合梁没有隐含定义，需要使用者指定。点取"组合梁"可以进入下级菜单。首次进入此项菜单时，程序指示是否从 PM 数据自动生成组合梁定义信息，使用者点击确定后，程序自动判断组合梁，并将所有组合梁标注为"ZHL"，表示该梁为组合梁。使用者可以通过右侧菜单查看或修改组合梁参数。组合梁信息记录在文件"ZHL.SAT"中，若想删除组合梁的定义，可简单地将该文件删除。

注意在进行特殊梁定义时，不调幅梁、连梁和转换梁三者之间只能进行一种定义，但门式钢梁、耗能梁和组合梁可以同时定义，也可与前三种梁中的一种进行定义。

（9）单缝连梁

通常的双连梁仅设置单道缝，可以通过"单缝连梁"来指定。点击"单缝连梁"按钮后，出现如图 7-21 所示对话框，使用者需在此处指定"设缝位置"和"缝宽"。当居中设缝时，设缝位置比例为 0.5，否则应根据缝中线距梁顶的距离与梁高的比值来确定设缝位置。"承载梁"用于确定竖向荷载作用在缝上方的连梁，还是缝下方的连梁上。

参数修改完成后，通过点击"布置"按钮可以单选或者窗选目标梁，以指定为相应的双连梁。

（10）多缝连梁

将双连梁概念进一步一般化，程序提供"多缝连梁"功能，可在梁内设置 1～2 道缝。"相对梁顶标高下移"指缝顶距梁顶的距离。"缝下方连梁承担荷载比例"用于确定每条缝下方的连梁承担竖向荷载的比例，如图 7-22 所示。

如设 2 道缝时，自顶向下共形成 3 根连梁，分别编号为 1、2、3，则第一条缝的"缝下

图 7-21　双连梁设置对话框

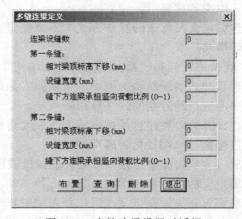

图 7-22　多缝连梁设置对话框

方连梁"指 2 号梁，第二条缝的"缝下方连梁"指 3 号梁。当"设缝数"为 1 时，与"单缝连梁"的功能相同，建议采用"单缝连梁"功能更为便捷。假设缝数为 2 的情况工程中较少见，其操作方式与"单缝连梁"相同。

（11）交叉斜筋

指定按"交叉斜筋"方式进行抗剪配筋的框架梁。

（12）对角暗撑

指定按"对角暗撑"方式进行抗剪配筋的框架梁。

（13）抗震等级

框架梁的抗震等级在"分析与设计参数补充定义"→"地震信息"→"框架抗震等级"中已经定义。实际工程中可能出现框架梁抗震措施和抗震构造措施抗震等级不同的情况，程序允许使用者分别指定二者的抗震等级。可在此处单独定义某一根梁的抗震等级。

根据《高规》第 6.1.8 条的规定：不与框架柱相连之次梁，可按非抗震要求进行设计。程序自动搜索主梁和次梁，主梁取框架抗震等级，次梁默认抗震等级为 5 级，即不考虑抗震要求。

主次梁搜索的原则是：搜索连续的梁段并判断其两端支座，如果有一端存在竖向构件（包括柱、墙及竖向支撑）作为支座，即按主梁取抗震等级；其余均为次梁。对于仅一端有支座的梁，如果是悬挑结构中作为上部结构支承的悬挑梁，理应作为主梁，但如果是阳台挑梁则可作为次梁。为保守起见，程序对上述情况不做区分，一律按主梁取抗震等级，由使用者根据工程实际进行修改，此处需加以注意。

转换梁则无论是主梁还是次梁，一律按主梁取抗震等级。

（14）材料强度

特殊构件定义里修改材料强度的功能与 PM 中的功能一致，两处对同一数据进行操作，因此在任一处修改均可。

程序对于混凝土构件只显示混凝土标号，钢构件仅显示钢号。型钢混凝土或钢管混凝土等复合截面则同时显示混凝土标号和钢号，按照截面类型自动进行判断。

材料强度缺省值为 PM 层信息中的各层梁、柱、墙混凝土标号，以及 PM 设计参数中的"钢构件钢号"。

需要注意的是，在 SATWE 多塔定义里也可以指定各塔、各层的材料强度，如果使用者没有修改，多塔的材料强度缺省值也取 PM 各层的强度。特殊构件定义里并未体现多塔定义的材料信息，因此不是完全所见即所得。

程序最终确定材料强度的原则是：如果特殊构件里有指定，则使用者指定值优先；否则，取多塔定义的材料强度。如果使用者在多处修改过材料强度，应注意校核配筋结果输出的材料强度。

（15）刚度系数

梁刚度系数与"中梁刚度放大系数"（或"梁刚度放大系数按《高规》规范取值"）和"连梁刚度折减系数"这几个参数相关。如果按《高规》规范取值，程序自动计算梁刚度系数，否则程序自动判断中梁、边梁，相应取不同的刚度系数缺省值。

中梁和边梁的搜索基于房间楼板信息。当两侧均有楼板时，默认为中梁；仅一侧有楼板时，默认为边梁。程序对中梁的刚度放大系数取为 BK，边梁的刚度放大系数取为 $1.0+(BK-1.0)/2$。如果两侧均无楼板相连，则不进行刚度放大。

连梁的刚度系数缺省值取"连梁刚度折减系数"，不与中梁刚度放大系数连乘。

以上均允许使用者修改，但组合梁由于在计算梁刚度时已包含了楼板刚度，因此不允许进行修改。

（16）扭矩折减

在此处可以修改单根梁的扭矩折减系数。在"分析与设计参数补充定义"→"调整信息"→"梁扭矩折减系数"中已经定义，若需要单独修改某一根梁的扭矩折减系数在此处修改。对于弧梁和不与楼板相连的梁，不进行扭矩折减，缺省值为1。

（17）调幅系数

在此处可以修改单根梁的梁端弯矩调幅系数。在"分析与设计参数补充定义"→"调整信息"→"梁端负弯矩调幅系数"中已经定义，若需要单独修改某一根梁的梁端弯矩调幅系数在此处修改。只有调幅梁才允许修改调幅系数。

（18）弯矩调整

《广东高规》第5.2.4条规定，在竖向荷载作用下，由于竖向构件变形导致框架梁端产生的附加弯矩可适当调幅，弯矩增大或减小的幅度不宜超过30％。弯矩调整系数的缺省值为"分析与设计参数补充定义"→"广东规程"→"框架梁附加弯矩调整系数"，使用者可对单个框架梁的调整系数进行修改。

图7-23 特殊柱菜单

7.2.2.3 特殊柱

特殊柱包括上端铰接柱、下端铰接柱、两端铰接柱、角柱、转换柱、门式钢柱等，如图7-23所示。这些特殊柱的定义方法如下。

（1）上端铰接柱、下端铰接柱和两端铰接柱

铰接柱程序没有隐含定义，使用者根据需要自行指定。上端铰接柱为亮白色，下端铰接柱为暗白色，两端铰接柱为亮青色。若想恢复为普通柱，只需在该柱上再点一下，柱颜色变为暗黄色，表明该柱已被定义为普通柱。

（2）角柱

注意角柱程序没有隐含定义，使用者需根据实际情况自行指定。用光标点取需定义成角柱的柱，则该柱被标识为"JZ"。若想把已定义的角柱改为普通柱，只需用光标在该柱上再点一下，"JZ"标识被删除，表明该柱已被定义为普通柱。

（3）转换柱

此处需注意，转换柱程序没有隐含定义，使用者需根据实际情况自行指定。定义方法与"角柱"相同，转换柱被标识为"ZHZ"。

"部分框支抗震墙结构"的框支柱和其他转换层结构类型中的转换柱均应在此指定为"转换柱"。

（4）门式钢柱

注意门式钢柱程序没有隐含定义，使用者需根据实际情况自行指定。定义方法与"角柱"相同。门式钢柱被标识为"MSGZ"。

（5）水平转换柱

对于带转换层的结构，水平转换构件除采用转换梁外，还可采用桁架、空腹桁架、箱形结构、斜撑等，根据《高规》第10.2.4条规定：水平转换构件在水平地震作用下的计算内力应进行放大。新版SATWE因此增加了对于水平转换构件的指定。

注意水平转换柱程序没有隐含定义，使用者需根据实际情况自行指定。水平转换柱以字符"SPZHZ"标识，程序将自动对其进行内力调整。

（6）抗震等级、材料强度

柱抗震等级、材料强度菜单的功能与修改方式与梁类似。

柱抗震等级缺省值为"分析与设计参数补充定义"→"地震信息"→"框架抗震等级"，程序还将自动进行如下调整。

① 根据《高规》第 10.2.6 条规定，对部分框支剪力墙结构，当转换层的位置设置在 3 层及 3 层以上时，框支柱的抗震等级自动提高一级。

② 根据《高规》第 10.3.3 条规定，对加强层及其相邻层的柱抗震等级自动提高一级。

如果使用者通过此项菜单修改过柱的抗震等级，则程序以使用者指定的信息优先，不再对该柱进行自动调整。

(7) 剪力系数

可以指定柱两个方向的地震剪力系数，这是针对《广东高规》提供的系数。

7.2.2.4　特殊支撑

特殊支撑菜单如图 7-24 所示。

(1) 两端固接、上端铰接、下端铰接、两端铰接

SATWE 软件对支撑考虑了有一端铰接和两端铰接约束情况，铰接支撑的定义方法与"铰接梁"相同，铰接支撑的颜色为亮紫色，并在铰接端显示一个红色小圆点。

(2) 人/V 支撑、十/斜支撑

根据新的规范条文，不再需要指定。

(3) 水平转换

水平转换支撑的含义与定义方法与"水平转换柱"类似，以亮白色显示。

(4) 本层固接

混凝土支撑缺省为两端固接，钢支撑缺省为两端铰接。通过该菜单，可方便地将本层支撑全部指定为两端固接。

(5) 全楼固接

混凝土支撑缺省为两端固接，钢支撑缺省为两端铰接。通过该菜单，可方便地将该全楼支撑全部指定为两端固接。

(6) 抗震等级、材料强度

与梁、柱定义功能类似。

7.2.2.5　特殊墙

特殊墙菜单如图 7-25 所示。

(1) 临空墙

点取这项菜单可定义地下室人防设计中的临空墙，操作方式与特殊梁一致，临空墙为红色宽线。只有在人防地下室层，才允许定义临空墙。临空墙由使用者指定，程序不缺省判断。

(2) 地下室外墙

程序自动搜索地下室外墙并以灰白色标识。为避免程序搜索的局限性，使用者可在此基础上进行人工干预。

当地下室层数改变时，仅对地下室楼层的外墙定义信息予以保留。对于非地下室楼层，程序不允许定义地下室外墙。

(3) 转换墙

注意转换墙由使用者根据设计需要进行指定，程序不缺省判断。转换墙以黄色显示并标有"转换墙"字样。在需要指定的墙上点击一次完成定义，再次点击取消定义。

程序允许使用者按照墙输入工程中常出现的超大梁转换构件、箱式转换构、加强层的实体伸臂和环带、悬挑层的实体伸臂等。这些用来"模拟水平转换构件的剪力墙"称为"转换墙"。

图 7-24　特殊支撑菜单　　　　　　　　　图 7-25　特殊墙菜单

"转换墙"采用壳体有限元分析，通过应力积分得出梁式内力，按照转换梁做内力调整，最终给出梁式配筋。使用转换墙，可与其上部被转换的剪力墙有更好的有限元边界变形协调，使计算输出结果更接近于实际状况。

（4）交叉斜筋、对角暗撑

在此处指定相应的剪力墙，程序会对洞口上方的墙梁按"交叉斜筋"或"对角暗撑"方式进行抗剪配筋。

（5）抗震等级

操作方法与梁、柱抗震等级菜单功能类似，按照剪力墙抗震等级缺省值"分析与设计参数补充定义"→"地震信息"→"剪力墙抗震等级"，程序还将自动进行如下调整。

① 对于部分框支抗震墙结构，如果使用者填入一般部位剪力墙的抗震等级，并在"调整信息"页勾选了"部分框支剪力墙结构底部加强区剪力墙抗震等级自动提高一级"，程序将自动对底部加强区的剪力墙抗震等级提高一级。

② 根据《高规》第 10.2.6 条，当转换层的位置设置在 3 层及 3 层以上时，剪力墙底部加强部位的抗震等级自动提高一级。

③ 根据《高规》第 10.3.3 条，加强层及其相邻层的核心筒剪力墙的抗震等级自动提高一级。

如果使用者通过此项菜单修改过剪力墙的抗震等级，则程序以使用者指定的信息为优先，不再对该剪力墙进行自动调整。

（6）材料强度

操作方法与梁、柱材料强度菜单功能类似。

（7）连梁折减

可单独指定剪力墙洞口上方连梁的刚度折减系数，缺省值为"分析与设计参数补充定义"→"调整信息"→"连梁刚度折减系数"。

（8）竖配筋率

可以在此处指定单片墙的竖向分布筋配筋率，缺省值为"分析与设计参数补充定义"→"配筋信息"→"剪力墙竖向分布筋配筋率"。如当某边缘构件纵筋计算值过大时，可以在这里尝试增加所在墙段的竖向分布筋配筋率。

(9) 临空墙荷载

此项菜单可单独指定临空墙的等效静荷载，缺省值为：6 级及以上时为 110，其余为 210，单位为 kN/m。

7.2.2.6　弹性楼板

弹性楼板是以房间为单元进行定义的，一个房间为一个弹性楼板单元。定义时只需用光标在某个房间内点一下，则在该房间的形心处出现一个内带数字的小圆环，圆环内的数字为板厚（单位 cm），表示该房间已被定义为弹性楼板。在内力分析时程序将考虑该房间楼板的弹性变形影响；修改时，仅需在该房间内再点一下，则小圆环消失，说明该房间的楼板已不是弹性楼板单元。在平面简图上，小圆环内为零表示该房间无楼板或板厚为零（洞口面积大于房间面积一半时，则认为该房间没有楼板）。弹性楼板菜单如图 7-26 所示。

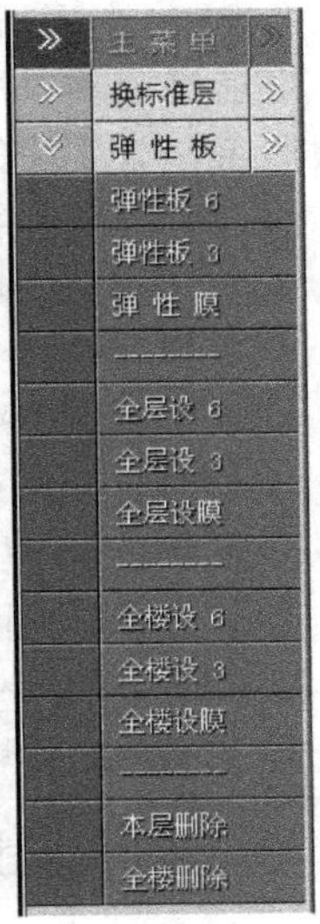

弹性楼板单元分为三种，分别如下。

① 弹性楼板 6。程序真实地计算楼板平面内和平面外的刚度。

② 弹性楼板 3。假定楼板平面内无限刚，程序仅真实地计算楼板平面外刚度。

③ 弹性膜。程序真实地计算楼板平面内刚度，楼板平面外刚度不考虑（取为零）。

图 7-26　弹性楼板菜单

弹性板由使用者人工指定，但对于斜屋面，如果没有指定，程序会缺省为弹性膜，使用者可以指定为弹性板 6 或者弹性膜，不允许定义刚性板或弹性板 3。

7.2.2.7　特殊节点

通过这项菜单，可在当前层的节点上布置附加质量。附加质量是指不包含在恒载、活载中，但规范中规定的地震作用计算应考虑的质量，比如吊车桥架重量、自承重墙等。

这里输入的附加节点质量只影响结构地震作用计算时的质量统计。

7.2.2.8　空间斜杆

以空间视图的方式显示结构模型，用于 PM 建模中以斜杆形式输入的构件的补充定义。各项菜单的具体含义及操作方式可参考"特殊梁"、"特殊柱"或"特殊支撑"选项。

7.2.2.9　抗震等级/材料强度

此处菜单功能与特殊梁/特殊柱等菜单下的抗震等级/材料强度功能相同，在特殊梁、柱等菜单下只能修改梁或柱等单类构件的值，而在此处，可查看/修改所有构件的抗震等级/材料强度值。可根据具体情况选择相应菜单操作。

7.2.2.10　人防构件

只有定义人防层之后，所指定的人防构件才能生效。选择梁/柱/支撑/墙之后在模型上点取相应的构件即可完成定义，并以"人防"字样标记，再次点取则取消定义。"本层全是"用于把本层所有构件指定为人防构件。"本层全否"用于把本层所有构件指定为非人防构件。"删除定义"用于删除使用者自定义的人防构件，所有人防构件变为缺省值（非人防）。

7.2.2.11　重要系数

构件重要性系数是在《广东高规》第 3.11.3 条中规定的。使用者在此可单独指定某些构件的重要性系数。选择梁/柱/支撑/墙之后，填入重要性系数，在模型上点取相应的构件即可完成定义。"本层全删"和"全楼全删"分别用于删除本层和删除全楼使用者自定义的构件重要性系数，删除之后所有构件重要性系数变为缺省值。

7.2.2.12 拷贝前层

点取这项菜单可将在前一标准层中定义的特殊梁、柱、支撑及弹性板信息按坐标对应关系复制到当前标准层，以达到减少重复操作的目的。

7.2.2.13 本层删除与全楼删除

点取这项菜单后，可清除当前标准层或全楼的特殊构件定义信息，使所有构件都恢复其隐含假定，被删除的信息包括特殊梁（不含组合梁）、特殊柱、特殊支撑、特殊墙、弹性板、特殊节点、抗震等级、材料强度等。

7.2.2.14 刚性楼板号

这项菜单的功能是以填充方式显示各块刚性楼板，以便于检查在弹性楼板定义中是否有遗漏。

程序默认将同平面相连的有厚度平板合并成刚性板块，同一层中允许存在多个刚性板块，但刚性板块之间不可有公共节点相连。因此，即使两房间楼板之间仅有一个公共节点，程序也会将两房间楼板归为一个刚性板块。

选择"强制刚性楼板假定"时，同一塔内楼面标高处所有的房间（包括开洞和板厚为零的情况）均从属同一刚性板。对于非楼面标高处的楼板，按照非强制刚性楼板假定的原则进行搜索，形成其余刚性楼板。

7.2.3 温度荷载定义

本菜单通过指定结构节点的温度差来定义结构温度荷载，温度荷载记录在文件 SATWE_TEM. PM 中。若想取消定义可以简单地删除该文件。温度荷载定义的步骤如下。

(1) 指定自然层号

温度荷载输入是按照自然层号输入的（注意此处为自然层，非标准层）。除第 0 层外，各层平面均为楼面。第 0 层对应首层地面。

点取右侧菜单中的"自然层号"，屏幕右侧显示楼层列表，表中的数据代表各楼层板的层号。例如"floor：1"代表一层顶板。"floor：0"代表首层地面。

若在 PMCAD 中对某一标准层的平面布置进行过修改，应相应修改该标准层对应各层的温度荷载。对于所有平面布置未被修改的构件，程序会自动保留其温度荷载。

注意结构层数发生变化时，对应各层温度荷载应重新定义，否则可能造成计算错误。

(2) 指定温差

温差指结构某部位温度值与该部位处于自然状态（无温度应力）时的温度值的差值。升温为正，降温为负，单位℃。

该对话框不需要退出即可进行下一步操作，便于使用者随时修改当前温差。

(3) 捕捉节点

用鼠标捕捉相应的节点，被捕捉到的节点将被赋予当前温差。未被捕捉到的节点温差为零。若某个节点被重复捕捉，则以最后一次捕捉时的温差值为准。

(4) 删除节点

用鼠标捕捉相应节点，被捕捉到节点温差为零。

(5) 拷贝前层

当前层为 n 层时，点取该项可将 $n-1$ 层的温度荷载拷贝过来，然后在此基础上进行修改。

(6) 全楼同温

如果结构统一升高或降低一个温度值，可以点取此项，将结构所有节点赋予当前温差。

(7) 温荷全删

点取本项可以将所有楼层的温差定义全部删除。

7.2.4 特殊风荷载定义

对于平立变化较复杂，或者对风荷载有特殊要求的结构或某些部位如空旷结构、体育场馆、工业厂房、轻钢屋面及有大悬挑结构的广告牌、候车站、收费站等，普通风荷载的计算方式可能不能满足要求。此时，可通过"特殊风荷载定义"更精确地生成风荷载。特殊风荷载记录在文件 SPWIND. PM。若想取消定义，可简单地将该文件删除。

7.2.4.1 特殊风荷载自动生成

自动生成特殊风荷载时，应首先在"分析结构补充定义"→"风荷载信息"→"特殊风荷载信息"中指定迎风面体形系数、背风面体形系数、侧风面体形系数、挡风系数。程序将按照如下方式自动生成风荷载。

① 自动搜索各塔楼平面，找出每个楼层的封闭多边形。

② 计算不同方向的风荷载时，将此多边形向相应的方向投影，找出最大的迎风面宽度以及属于迎风面边界和背风面边界上的节点。

③ 格局迎风面的体形系数、宽度和楼层高度计算出迎风面所受的风荷载。

④ 将迎风面风荷载仅分配给属于迎风面边界上的节点。这里的节点是布置有杆件的节点。

⑤ 背风面、侧风面与迎风面的处理相似。

自动生成的特殊风荷载是针对全楼的，执行一次"自动生成"命令，程序生成整个结构的特殊风荷载。对于不需要考虑屋面风荷载的结构，可直接执行"自动生成"命令，生成各楼层的特殊风荷载。对于屋面风荷载的输入和生成，则另行补充两个必要的参数。

7.2.4.2 人工修改自动生成的风荷载

可在自动生成的基础上，人工补充定义作用在柱顶节点或梁上的风荷载，并定义特殊风与其他荷载的组合系数。

特殊风荷载只能作用于梁上或节点上，并用正负荷载表示压力或吸力。梁上的特殊风荷载只允许指定竖向均布荷载，节点荷载可以指定 6 个分量。

(1) 选择组号

使用者共可以定义 5 组特殊风荷载。

(2) 指定自然楼层号

特殊风荷载输入是按照自然层号输入的（注意此处为自然层，非标准层）。点取右侧菜单中的"自然层号"，屏幕右侧显示楼层列表，表中的数据代表各楼层板的层号，例如"floor：1"代表一层顶板。

若在 PMCAD 主菜单 1 中对某一标准层的平面布置进行修改，需相应修改该标准层对应各层的特殊风荷载。所有平面布置未被改动的构件，程序将自动保留其荷载。注意当结构层数发生变化时，应对各层荷载重新进行定义，否则可能造成计算错误。

(3) 定义梁或节点

输入梁或节点风力并用光标选择构件。可单根选择，也可用窗口选择。节点水平力正向同整体坐标，竖向力及梁上均布力向下为正。若某构件被重复选择，则以最后一次选择时的荷载值为准。

(4) 删除梁或节点

选择相应构件，该构件当前组号的特殊风荷载定义被删除。

(5) 拷贝前层

当前层为 n 层时，点取该项可将 $n-1$ 层的特殊风荷载拷贝过来，然后在此基础上进行修改。注意拷贝的仅为当前组号的荷载。其余组的荷载不会被拷贝。

（6）本组删除

点取本项可将所有楼层的当前组号的特殊风载定义全部删除。

（7）全部删除

点取本项可将所有楼层的所有组号的特殊风荷载定义全部删除。

7.2.5　多塔结构补充定义

在工程中经常会遇到一个大底盘上有多个塔楼，各塔楼层数、层高、混凝土强度又不完全相同，这种情况下就要通过这项菜单补充输入结构的多塔信息。对于非多塔结构，可以跳过此项菜单，直接执行"生成 SATWE 数据文件"菜单，程序隐含规定该工程为非多塔结构。

对于多塔结构，一旦执行过本项菜单，补充输入和多塔信息将被存放在硬盘当前目录下

名为 SAT_TOW. PM 和 SAT_TOW_PARA. PM 两个文件中，以后再启动 SATWE 的前处理文件时，程序会自动读入以前定义的多塔信息。若想取消已经对一个工程作出的补充定义，可简单地将 SAT_TOW. PM 和 SAT_TOW_PARA. PM 两个文件删掉。

SAT_TOW. PM 文件中的信息与 PMCAD 的主菜单 1 "建筑模型与荷载输入"密切相关。若 PMCAD 主菜单 1 中对工程的某一结构标准层进行修改，则相对应的多塔补充定义信息也将被修改，其他标准层的多塔信息不变。若结构标准层数发生变化，多塔定义信息不被保留。

点取"多塔结构补充定义"菜单后，程序在屏幕上显示出结构的首层平面简图。若以前执行过"多塔结构补充定义"菜单，多塔结构补充

图 7-27　多塔结构　定义主菜单如图 7-27 所示。

补充定义主菜单　　7.2.5.1　换层显示

点取这项菜单后，程序会在右侧菜单区显示各层列表，每一项都有 2 个数，这 2 个数分别为自然层号、该层所属的结构标准层号，按［Esc］键可退出这项菜单。若选取某一层，则程序会显示该层的简图。

7.2.5.2　多塔平面

（1）多塔定义

通过这项菜单可定义多塔信息。点取这项菜单后，程序要求使用者在提示区输入定义多塔的起始层号、终止层号和塔数，然后程序要求使用者用闭合折线围区的方法依次指定各塔的范围，建议以最高的塔命名为一号塔，次之为二号塔，依此类推。依次指定完各塔的范围后，程序再次让使用者确定多塔定义是否正确。若正确可按［ENTER］键，否则可按［Esc］键，再重新定义多塔。对于一个复杂工程，立面可能变化较大，可多次反复执行"多塔平面"菜单，来完成整个结构的多塔定义工作。

考虑多塔结构的复杂性，SATWE 软件要求使用者通过围区的方式来定义多塔。对于一个高层结构，可以分段多次定义。对于普通单塔结构，可不执行"多塔结构补充定义"菜单，也可利用此功能，快速对结构的层高、混凝土标号、底部加强区、约束边缘构件、薄弱层等的设置范围进行定义。

程序也可自动定义多塔，通过自动搜索楼板信息，各块楼板相互完全独立者才会被认为是多塔。注意对于带施工缝的单塔结构，不要定义多塔信息，若将这类结构定义成多塔结构，程序会把施工缝部分地认为是独立的迎风面，从而使风荷载计算值偏大一些。对于多塔结构，若不定义多塔信息，程序会按单塔结构进行分析。风荷载、地震作用计算的结果有偏差，可能偏大，也可能偏小，因工程具体情况而变。

（2）多塔检查

进行多塔定义时，要特别注意以下三条原则，否则会造成后面的计算出错。

① 任一节点必须位于某一围区内。

② 每个节点只能位于一个围区内。

③ 每个围区内至少有一个节点。

也就是说，任一节点只能属于一个塔且不能存在空塔。为此程序设置"多塔检查"的功能，点取此菜单，程序会对上述三种情况进行检查并给出提示。

（3）多塔删除

删除多塔平面定义数据及立面参数数据。

7.2.5.3 遮挡平面

通过这项菜单，可指定设缝结构的背风面，从而在风荷载计算中自动考虑背风面的影响。遮挡定义的方式与多塔定义的方式基本相同，需要首先指定起始或终止层号以及遮挡面总数，然后用围区方式依次指定遮挡面的范围。每个塔可以同时有几个遮挡面，但是一个节点只能属于一个遮挡面。

定义遮挡面时不需要分方向指定，只需要将该塔所有的遮挡边界以围区方式指定即可，也可以两个塔同时指定遮挡边界。

7.2.5.4 多塔立面

通过这项菜单可显示多塔结构中各塔的关系简图，还可显示或修改各塔的有关参数，如图 7-28 所示。图 7-28 中的 1～6 项子菜单的功能是显示和指定各层、各塔的层高、梁、柱、墙和楼板的混凝土标号以及钢构件的钢号。通过此项菜单可修改上述参数，这样可实现不同的楼层、不同的塔有各自不同的层高和不同的混凝土强度。图 7-28 中的 7～11 项菜单的功能是可显示和指定底部加强区和约束边缘构件、过渡层、加强层、薄弱层的设置范围。

7.2.5.5 自动生成

对于多数多塔模型，通过这项菜单程序可以自动划分多塔，从而提高使用者的工作效率。但对于个别较复杂的楼层不能对多塔自动划分，程序对这样的楼层将给出提示，使用者可按照人工定义多塔的方式并进行补充输入即可。

7.2.6 生成 SATWE 数据文件及数据检查

这项菜单是 SATWE 前处理的核心，是 SATWE 的前处理向内力分析与配筋计算及处理过渡的一项菜单，其功能是综合 PMCAD 的第 1 项菜单生成的数据和 SATWE 前处理前几项菜单输入的补充信息，将其转换成空间结构有限元分析所需的数据格式。注意所有工程都必须执行本项菜单，正确生成数据并通过数据检查后，方可进行下一步计算分析。凡 PM 或 SATWE 前处理中做过修改调整的，此处必须重新生成数据文件。

点取本菜单时，首先会出现如图 7-29 所示的对话框。新建工程必须在执行本菜单后，才能生成缺省的长度系数和风荷载数据，继而才允许在第 9、第 10 项菜单中查看和修改。此后若调整了模型或参数，需要再次生成数据时，如果希望保留先前自定义的长度系数或风荷载数据，可选择"保留"。如不选择保留，程序将重新计算长度系数和风荷载，并用自动

图 7-28 多塔立面菜单

计算的结果覆盖使用者数据。

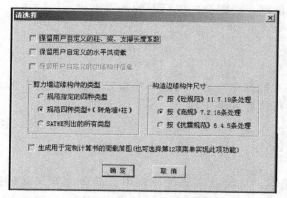

图 7-29　数据检查对话框

同样，边缘构件也是在第一次计算完成后由程序自动生成的，使用者可在 SATWE 后处理中自行修改边缘构件数据，并在下一次计算前选择是否保留先前修改的数据。选择由程序自动生成边缘构件数据时，使用者可以指定边缘构件的类型。

应特别注意：如果在 PM 中对结构的几何布置或楼层数等进行了修改，则此处不能打对勾，必须重新生成长度系数、水平风荷载、边缘构件等信息；否则会造成计算出错。只有在结构、构件的几何布置没有变化且不会改变构件编号、对位关系时，才可以继续使用先前的长度系数等数据。

　　点取"确定"后，程序将生成 SATWE 数据文件并执行数据检查。在数据检查过程中，如发现几何数据文件或荷载数据文件有错，程序会在数据检查报告中输出有关错误信息，使用者可点取"查看数据检查报告"菜单查阅数据检查报告中的有关信息。

7.2.7　修改构件计算长度

　　使用者通过这项菜单可以修改梁、柱及支撑的计算长度。使用者在"生成 SATWE 数据文件及数据检查"执行完毕后，点取这项菜单，程序在屏幕上显示隐含的柱、支撑的计算长度系数及梁平面外计算长度，使用者可以根据工程的实际情况进行交互式修改，构件计算长度修改菜单如图 7-30 所示。

7.2.7.1　指定柱

　　按程序提示输入 X、Y 两个方向的计算长度系数，然后用光标选择需要进行修改的柱，可点选或窗选。

7.2.7.2　梁面外长

　　按程序提示修改指定梁平面外计算长度。

7.2.7.3　指定支撑

　　按程序提示输入 X、Y 两个方向的计算长度系数。

7.2.7.4　立面修改

　　可以通过立面方式修改柱、支撑长度系数及梁面外长度。此时"立面修改"菜单变为"平面修改"，再次点击菜单后可切换回平面修改方式。

图 7-30　构件计算长度修改菜单

　　退出本菜单后，即可执行 SATWE 主菜单中第二步进行内力分析和配筋计算，不需要再执行"生成 SATWE 数据及数据检查"。

　　如果需要恢复程序隐含的计算长度系数，可在执行"生成 SATWE 数据文件及数据检查"时在"保留使用者自定义的柱、梁、支撑长度系数"项上不打对勾，此时使用者在本菜单上定义的数据将被删除，程序将使用隐含的计算长度系数。

　　反之，如果使用者需要保留在本菜单中修改计算长度系数，可在执行"生成 SATWE 数据文件及数据检查"时在"保留使用者自定义的柱、梁、支撑长度系数"项上打对勾，程序将使用前次使用者在本菜单上定义的数据。

需要注意的是，如果使用者在 PMCAD 中对结构的几何布置或层数进行了修改，则不可保留自定义的长度系数，否则计算会出错，必须重新生成数据文件后再进行修改。

7.2.8　水平风荷载查询与修改

使用者在"生成 SATWE 数据文件及数据检查"执行完毕后，程序会自动导算出水平风荷载用于后面的计算。如果使用者认为程序自动导算的风荷载有必要修改，可在本菜单中查看并修改。水平风荷载查询与修改菜单如图 7-31 所示。

进入菜单后，程序首先显示首层的风荷载，其中刚性楼板上的荷载以红色显示，弹性节点上以白色显示。修改时，首先点"修改荷载"菜单，然后选中需要修改的荷载（注意需要点中三角形或圆形标志），在弹出的对话框中进行修改即可。

图 7-31　水平风荷载
查询与修改菜单

可以通过右侧的"换层显示"和"显示上层"菜单进行换层操作，通过"X 向荷载/Y 向荷载"进行两个方向的风荷载切换。

退出本菜单后，即可执行 SATWE 主菜单中的第二步进行内力分析和配筋计算，不需要再执行"生成 SATWE 数据及数据检查"。

如果需要恢复程序自动导算的风荷载，可再执行一遍"生成 SATWE 数据及数据检查"，并选择不保留先前定义的水平风荷载，此时程序将重新生成自动导算的风荷载数据。

如果需要保留在本菜单中修改的风荷载数据，以后每次执行"生成 SATWE 数据及数据检查"时，都应在"保留先前定义的水平风荷载"前打对勾，否则自定义的数据将被删除。

需要注意的是，如果在 PM 中对结构的几何布置或层数进行了修改，则不可保留自定义的风荷载，需要重新生成数据后再进行修改。

7.2.9　图形检查

这项菜单的功能是以图形方式检查几何数据文件和荷载数据文件的正确性。使用者可通过这项菜单输出的图形复核结构的布置、截面尺寸、荷载分布及墙元细分等有关信息。

使用本菜单之前必须已经完成"补充输入及 SATWE 数据生成"的操作。点取"图形检查"选项后，屏幕上弹出一页图检子菜单，如图 7-32 所示。

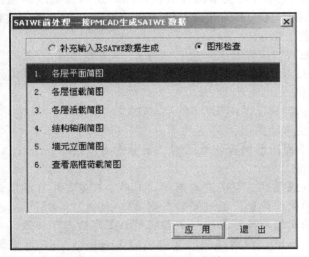

图 7-32　"图形检查"菜单

7.2.9.1　各层平面简图

点取"各层平面简图"菜单，屏幕上首先显示首层结构平面简图，平面图中有平面布置、节点编号、构件尺寸等信息。生成的图形文件名是"FLR ∗ .T"，其中"∗"为层号。

（1）节点

节点以白色小圆点表示，小圆点旁白色小圆圈内的数字为节点号。若该节点在刚性楼板上，则以亮白色表示；否则，以暗白色表示。

（2）梁

在图上以细线表示梁，细线左（或上）方的第一个数字表示该梁的序号，括号内的数字为该梁截面形状类型号，细线右（或下方）的两个数分别表示梁截面的 B 和 H。对于型钢梁，这里仅标出其型钢代号。

梁按其物理属性不同，分几种不同颜色表示：暗青色的为普通梁，亮青色的为不调幅梁（次梁），亮黄色的为连梁，亮白色的为转换梁，在端部带红点的为铰接梁，亮红色的为刚性梁。

（3）柱

柱按其截面形状不同，以闭合曲线表示，柱中心的一个数字表示该柱的序号，柱外边的数字表示截面的 B 和 H。

柱按其属性不同，分几种不同颜色表示：暗黄色的为普通柱，暗紫色的为框支柱，亮紫色的为角柱，亮白色的为上端铰接柱，暗白色的为下端铰接柱。

（4）支撑

支撑的表示方式与梁一样，只是颜色不同，暗紫色的为两端刚接支撑，亮紫色并在端部带红色小圆点的为铰接支撑。

（5）弹性楼板单元

弹性楼板单元以一个内带数字的小圆环表示，圆环内的数字表示板厚（单位 mm）。

（6）各层平面简图各项菜单的主要功能

① 换层显示。点取这项菜单后，程序在右侧菜单区显示各层号和该层所属的 PM 标准层号，可用鼠标或键盘的方向键点取，则程序显示新的一层平面简图。

② 改变字高。可通过这项菜单改变简图上的数字和字符的大小。点取这项菜单后，屏幕弹出数据输入对话框，输入字高并按回车键，则图面上的数字依输入的字高而相应改变大小。

③ 拖动字符。对于复杂结构平面，简图上的数字及字符可能有重叠，用"拖动字符"完成一个字符串或数字的移动操作。按［Esc］键可退出"拖动字符"操作。

④ 字符开关。通过这项菜单可分别把简图上柱、梁、墙或节点信息关闭掉，使图面变得简单明了，便于观察有关信息。

⑤ 构件开关。通过这项菜单可分别把简图上的梁、柱、支撑、墙等构件关闭掉，使图面变得简单明了，便于观察。尤其当同时有梁和支撑时，这项菜单的功能更有意义。

⑥ 构件搜索。通过这项菜单可方便地确定某个柱、梁或墙在平面简图上的确切位置。点取该菜单后，要求输入要搜索的柱、梁或墙号，然后程序自动显示变换。变换后，该构件位居平面中心，并以红色显示该构件号。

⑦ 立面简图。按程序提示选择构件，程序自动搜索构件所在轴线并显示该轴线的全楼立面图或者按［Tab］键切换选择方式，选取直线上的两点并输入起始层号，则此部分的立面图显示于屏幕上，使用者可以直观地进行查看。

立面简图的右侧菜单包括"字符开关"、"构件开关"、"改变字高"、"墙元显示/关闭"。"字符开关"、"构件开关"、"改变字高"的功能和操作方法与上一级菜单相同，通过"墙元显示/关闭"可以显示或关闭墙元细分网格线。

⑧ 保存文件。通过这项菜单可把当前屏幕上的图形存到一个新的文件中。

⑨ 局部放大。通过这项菜单可缩放或移动图面。

⑩ 退出。点取这项菜单可中断各层平面图形检查，返回到"图形检查"菜单。

7.2.9.2　各层恒、活载简图

通过此两项菜单可以查看各层的恒载或活载。点击进入菜单，屏幕上首先显示首层恒载或活载平面简图，平面图中显示各构件的荷载信息。通过屏幕右侧菜单中的换标准层可以检查各荷载标准层的平面结构简图。菜单的功能及操作方法与"各层平面图形检查"一致。

结构每层的恒载和活荷载都是分开显示的，恒载简图的文件名为 Load-d＊.T，活载简图文件名为 Load-L＊.T。

146

7.2.9.3　结构轴测简图

通过这项菜单可以轴测图的方式复核结构的几何布置是否正确。点取这项菜单后，程序要求指定视点，紫色圆环上的白色小圆点代表视点，移动光标时白色小圆点将沿着紫色圆环移动，按回车键后，则程序按当前的视点位置绘出结构的轴测简图。

其中的"构件开关"菜单，可选择需要显示或关闭的构件类型（柱、墙、支撑、梁、板），以便于查看。

7.2.9.4　墙元立面简图

墙元立面图检的目的有两个：一是以图形方式检查墙元数据的正确与否；二是让使用者了解墙元细分情况。

在点取"墙元立面简图"菜单后，屏幕上显示结构首层平面简图，使用者可用鼠标点取要查看的墙所在轴线，则程序在屏幕上画出该轴线上所有墙元及其细分简图。

简图左侧的数字为层号。每个墙元中下方的数字为该墙元的编号，图中绿色粗线围成的闭合区域为一个墙元，蓝色细线围成的区域为墙元的洞口。白色线为墙元细分线，该线把每一个墙元分成许多小壳元。

7.3　结构整体分析与构件内力配筋计算

7.3.1　结构内力、配筋计算

SATWE 主菜单第二项"结构内力、配筋计算"是 SATWE 的核心功能，多、高层结构分析的主要计算都在这里完成。

点击进入"结构内力、配筋计算"主菜单后，屏幕上弹出如图 7-33 所示的计算控制参数对话框。

7.3.2　层刚度比计算

在层刚度比计算中，提供三种选择，分别是"剪切刚度"、"剪弯刚度"和"地震剪力与地震层间位移比（抗震规范方法）"。

(1) 剪切刚度

根据《抗规》第 6.1.14 条的条文说明中给出的方法进行计算。

另外，根据相关条文《高规》附录 E.0.1 建议的计算方法，其中 $K_i = G_i A_i / H_i$，适用于高层建筑的转换层设在 1、2 层时，转换层与其相邻上一层的等效剪切刚度比计算。

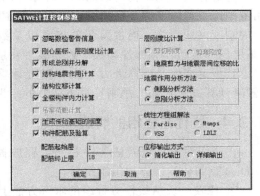

图 7-33　SATWE 计算控制参数对话框

(2) 剪弯刚度

"剪弯刚度"是按有限元方法，通过施加单位力来进行计算。

(3) 地震剪力与地震层间位移比

根据《抗规》第 3.4.3 条条文说明中给出的方法进行计算。

相关条文，《高规》3.5.2-1 条的计算方法，其中 $K_i = V_i / \Delta i$。

由于计算理论不同，三种方法可能给出差别较大的层刚度比计算结果，因此程序根据《抗规》对该选项进行了调整。调整后使用者将不能自由选择层刚度比的计算方法。程序目前采用的规则如下。

① 在计算地震作用下，始终采用第三种方法进行薄弱层判断并始终给出剪切刚度的计算结果。

② 当结构中存在转换层时，根据转换层所在层号，当 2 层以下转换时，采用剪切刚度计算转换层上、下的等效刚度比；对于 3 层以上高位转换则自动进行剪弯刚度计算，并采用剪弯刚度计算等效刚度比。

7.3.3 地震作用分析方法

地震作用分析方法分为"侧刚分析方法"和"总刚分析方法"两种。注意其适用范围。

(1) 侧刚分析方法

侧刚分析方法是按侧刚模型进行结构振动分析。这是一种简化计算方法，只适用于采用楼板平面内无限刚假定的普通建筑和采用楼板分块平面内无限刚假定的多塔建筑。

对于这类建筑，每层的每块刚性楼板只有两个独立的平动自由度和一个独立的转动自由度，"侧刚"就是依据这些独立的平动和转动自由度而形成的浓缩刚度阵。"侧刚计算方法"的优点是分析效率高，由于浓缩以后的侧刚自由度很少，所以计算速度很快。但"侧刚计算方法"的应用范围是有限的，当定义有弹性楼板或有不与楼板相连的构件时（如错层结构、空旷的工业厂房、体育馆所等），"侧刚计算方法"是近似的，会有一定的误差。若弹性楼板范围不大或不与楼板相连的构件不多，其误差不会很大，精度能够满足工程要求。若定义有较大范围的弹性楼板或有较多不与楼板相连的构件，"侧刚计算方法"不适用，而应该采用下面介绍的"总刚分析方法"。

(2) 总刚分析方法

总刚分析方法是按总刚模型进行结构的振动分析。

这是直接采用结构的总刚和与之相应的质量阵进行地震反应分析。这种方法精度高，适用范围广，可以准确分析出结构每层、每根构件的空间反应，通过分析计算结果，可发现结构的刚度突变部位、连接薄弱的构件以及数据输入有误的部位等。当考虑楼板的弹性变形（某层局部或整体有弹性楼板）或有较多错层时，建议采用"总刚分析方法"。

其不足之处是计算量大，比"侧刚计算方法"计算量大数倍。对于一般规则的工程，"侧刚计算方法"和"总刚计算方法"的结果是一致的。

7.3.4 线性方程组的解法

在"线性方程组解法"一栏中，程序提供了"PARDISO"、"MUMPS"、"VSS"和"LDLT"四种线性方程组求解器。

① 比较一。从线性方程组的求解方法上，"PARDISO"、"MUMPS"和"VSS"采用的都是大型稀疏对称矩阵快速求解方法；而"LDLT"采用的则是通常所用的三角求解方法。

② 比较二。从程序是否支持并行上，"PARDISO"和"MUMPS"为并行求解器，当内存充足时，CPU 核心数越多，求解效率越高；而"VSS"和"LDLT"为串行求解器，求解器效率低于"PARDISO"和"MUMPS"。

③ 比较三。"PARDISO"内存需求较"MUMPS"稍大，在 32 位 PKPM 程序下，由于内存容量存在限制，"PARDISO"虽相较于"MUMPS"求解更快，但求解规模略小。一般情况下，"PARDISO"求解器均能正确计算，若提示错误，建议更换为"MUMPS"求解器。若由于结构规模太大仍然无法求解，则建议使用 64 位 PKPM 程序并增加机器内存以获取更高计算效率。

另外，当采用了施工模拟三时，不能使用"LDLT"求解器。"PARDISO"、"MUMPS"和"VSS"求解器只能采用总刚模型进行计算。"LDLT"求解器则可以在侧刚和总刚模型中进行选择。

"PARDISO"、"MUMPS"、"VSS"和"LDLT"四种线性方程组求解器的综合对比如表 7-1 所示。

表 7-1　四种线性方程组求解器的综合对比

求解器	求解方法	是否支持并行	是否支持 64 位
PARDISO	大型稀疏对称矩阵快速求解	是	是
MUMPS	大型稀疏对称矩阵快速求解	是	是
VSS	大型稀疏对称矩阵快速求解	否	否
LDLT	三角分解	否	是
求解器	是否支持施工模拟三	是否支持侧刚模拟	是否支持总刚模型
PARDISO	是	否	是
MUMPS	是	否	是
VSS	是	否	是
LDLT	否	是	是

7.3.5　位移输出方法

在"位移输出方式"选项中，有"简化输出"和"详细输出"两项。

① 简化输出。表示在 WDISP.OUT 文件中仅输出各工况下结构的楼层最大位移，不输出节点位移信息。按总刚模型进行结构的振型分析时，在 WZQ.OUT 文件中仅输出周期、地震力。

② 详细输出。表示在前述的输出内容基础上，在 WDISP.OUT 文件中还增加输出各工况每个节点的位移值，在 WZQ.OUT 文件中输出各振型下每个节点的位移值。

7.3.6　吊车荷载计算

当工程设计有吊车荷载时，选择此项。

若设置了吊车荷载但又不想考虑吊车荷载作用，可不勾选此选项。

7.3.7　生成传给基础的刚度

若想进行上部结构与基础共同分析时，应选择此项，这样在基础分析时计入上部刚度，即可实现上、下部的共同工作。

7.3.8　构件配筋及验算

此项菜单的功能包括按现行规范进行荷载组合、内力调整，然后计算钢筋混凝土构件中的梁、柱及剪力墙配筋。注意第 1 次计算时，程序必须计算所有层的配筋，以后使用者可以根据需要填入"配筋起始层"和"配筋终止层"进行构件的配筋、验算。

对于有剪力墙的结构，程序自动生成边缘构件并可以在边缘构件配筋简图中（注意以"SATWE 后处理"→"图形文件输出"→"3. 墙边缘构件简图"WPJC＊.T 中的配筋值为准，其中"＊"代表层号），或在边缘构件的文本文件 SATBMB.OUT 中查看边缘构件的配筋结果。

对于 12 层以下的采用混凝土矩形柱的纯框架结构，程序将自动采用简化方法进行弹塑性位移验算和薄弱层验算，并将计算结果在 SAT-K.OUT 文件中输出。

7.4 PM 次梁内力与配筋计算

这项菜单的功能是将 PMCAD 主菜单 1 中输入的次梁按"连续梁"简化力学模型进行内力计算并进行截面配筋设计。在 SATWE 配筋简图中，程序会把次梁的配筋结果和 SATWE 计算的梁的配筋结果显示在一张图上以便统一查看。在接 PK 绘梁施工图时，主次梁一起归并，一起出施工图，从而达到简化使用者操作的目的。

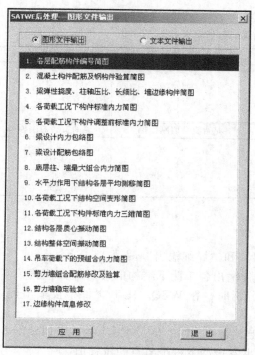

图 7-34 "图形文件输出"菜单

值得注意的是，这里的次梁计算是简化计算，没有参加空间整体构件的有限元分析。如果是 PM 主要的次梁，应该在 PMCAD 中作为主梁布置，以便参加空间整体构件的有限元分析。

7.5 分析结果的图形显示

点取 SATWE 主菜单 4"分析结果图形和文本显示"，首先显示的是图形文件输出菜单，如图 7-34 所示。

7.5.1 各层配筋构件编号简图

在"配筋构件编号图"中，标注了梁、柱、支撑和墙-柱、墙-梁的序号，图中的青色数字为梁序号，黄色数字为柱序号，绿色数字为墙-柱序号，蓝色数字为墙-梁序号。

对于每根墙-梁，还在墙-梁的下部标出其截面的宽度和高度。图中双同心圆旁的数字表示该层的刚度中心坐标，带十字的圆旁的数字为该层的质量中心坐标。

7.5.2 混凝土构件配筋及钢构件验算简图

在"混凝土构件配筋及钢构件验算简图"菜单中，程序以图形方式显示配筋验算结果，其输出的配筋简图的文件名是"WPJ＊.T"，其中"＊"代表层号。图中配筋面积单位为 cm^2，如果有超筋或超限时以红色显示。图中梁、柱、剪力墙、支撑配筋结果表达意义如下。

7.5.2.1 钢筋混凝土梁和型钢混凝土梁

(1) 梁配筋简图的意义 (图 7-35)

$$Asd—Asdv$$
$$GAsv—Asv0$$
$$Asu1—Asu2—Asu3$$
$$\overline{}$$
$$Asd1—Asd2—Asd3$$
$$VTAst—Ast1$$

图 7-35 钢筋混凝土梁和型钢混凝土梁表达方式

Asu1，Asu2，Asu3——梁上部左端、跨中、右端配筋面积。

Asd1，Asd2，Asd3——梁下部左端、跨中、右端配筋面积。

Asv——梁加密区在预设箍筋间距范围内，抗剪箍筋和剪扭箍筋面积的
较大值。

Asv0——梁非加密区在预设箍筋间距范围内，抗剪箍筋和剪扭箍筋面积
的较大值。

Ast，Ast1——梁受扭纵筋的面积和抗扭箍筋在预设箍筋间距 Sb 范围内沿周
边布置的单肢箍筋面积；若 Ast，Ast1 都为零，则不输出这
一项。

Asd——单向对角斜筋的截面面积。

Asdv——同一截面内箍筋各肢的全部截面面积。

G，VT——箍筋和剪扭配筋标志。

(2) 梁配筋计算说明

① 若计算值 $\xi < \xi_b$，软件按单筋方式计算受拉钢筋面积；若计算的 $\xi > \xi_b$，程序自动按双筋方式计算配筋，即考虑受压钢筋的作用。

② 单排钢筋计算时，截面有效高度 $h_0 = h -$ 保护层厚度 $-10-12.5$（假定箍筋直径为 10mm，梁钢筋直径为 25mm）；若配筋率大于 1‰ 时，程序自动按双排钢筋计算，此时截面有效高度按双排钢筋计算，即 $h_0 = h -$ 保护层厚度 $-10-37.5$。

③ 加密区及非加密区箍筋面积都是按照使用者输入的箍筋间距计算的，并按沿梁全长箍筋的面积配筋率要求控制。若使用者在 SATWE 主菜单 1 "分析与设计参数定义"中（详见本章 7.2.1.7 节和图 7-15）输入的箍筋间距与加密区间距相同，则加密区计算配筋结果可以直接使用，非加密区箍筋间距需要根据输入的箍筋间距换算。反之，若输入的间距为非加密区间距，则非加密区计算配筋结果可以直接使用，而加密区箍筋间距需要根据输入的箍筋间距换算。

(3) 钢梁（图 7-36）

R1——钢梁正应力强度与抗拉、抗压强度设计值的比值 F1/f。

R2——钢梁整体稳定应力与抗拉、抗压强度设计值的比值 F2/f。

R3——钢梁剪应力强度与抗拉、抗压强度设计值的比值 F3/fv。

$$\frac{R1-R2-R3}{STEEL}$$

图 7-36　钢梁表达方式

(4) 梁配筋实例（图 7-37）

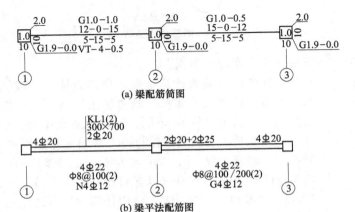

图 7-37　混凝土梁配筋实例

7.5.2.2 混凝土柱和型钢混凝土柱

(1) 矩形截面混凝土柱和型钢混凝土柱

图 7-38 所示为矩形柱配筋简图，各项参数意义如下。

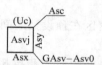

图 7-38 矩形截面混凝土柱和型钢混凝土柱表达方式

Asc——柱一根角筋的面积。注意采用双偏压计算时，角筋不应小于此值，采用单偏压设计时角筋面积可不受此值控制。

Asx、Asy——分别表示该柱 B 边和 H 边的单边配筋面积，包含两根角筋。

Asvj、Asv、Asv0——分别为柱节点域抗剪箍筋面积、加密区斜截面抗剪箍筋面积、非加密区斜截面抗剪箍筋面积，箍筋间距均为使用者预设值 Sc 范围。计算箍筋面积均取 B、H 两个方向的计算箍筋面积的大者。若该柱与剪力墙相连（边框柱），而且是构造配筋控制，则程序取 Asc、Asx、Asy、Asv 均为零。此时该柱的配筋应该在剪力墙边缘构件配筋图中查看（以 SATBMB.OUT 或 "SATWE 后处理"→"图形文件输出"→"3.墙边缘构件简图" WPJC＊.T 中的配筋值为准，其中 "＊" 代表层号）。

Uc——柱轴压比。

G——箍筋配筋标志。

(2) 矩形截面混凝土柱和型钢混凝土柱配筋说明

① 柱全截面的配筋面积为 As＝2(Asx＋Asy)－4Asc。

② 柱的箍筋是按照使用者预设的箍筋间距 Sc 计算，并按加密区内最小体积配箍率的要求控制。

③ 柱的体积配箍率是按照普通箍筋和复合箍筋的要求取值。

(3) 圆形截面混凝土柱

图 7-39 所示为圆形柱配筋简图，各项参数意义如下。

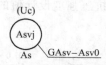

图 7-39 圆形柱表达方式

As——圆形柱全截面配筋面积。

Asvj、Asv、Asv0——按等面积的矩形截面计算箍筋，分别为柱节点域抗剪箍筋面积、加密区斜截面抗剪箍筋面积、非加密区斜截面抗剪箍筋面积，箍筋间距均为使用者预设值 Sc 范围。计算箍筋面积取 X、Y 两个方向的计算箍筋面积的大者。若该柱与剪力墙相连（边框柱），而且是构造配筋控制，则程序取 As、Asv 均为零。此时该柱的配筋应该在剪力墙边缘构件配筋图中查看（以 SATBMB.OUT 或 "SATWE 后处理"→"图形文件输出"→"3.墙边缘构件简图" WPJC＊.T 中的配筋值为准，其中 "＊" 代表层号）。

Uc——柱轴压比。

G——箍筋配筋标志。

(4) 异形截面混凝土柱

图 7-40 所示为异形柱配筋简图，各项参数意义如下。

Asz
Asf
(Uc)
Asvj
GAsv-Asv0

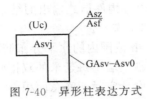

图 7-40 异形柱表达方式

Asz——异形柱固定钢筋位置的配筋面积，即位于直线柱肢端部和相交处的配筋面积之和。

Asf——分布钢筋的配筋面积，即 Asz 之外的钢筋面积，当柱肢外伸长度大于 200mm 时，按间距 200mm 布置。

Asvj、Asv、Asv0——分别为柱节点域抗剪箍筋面积、加密区斜截面抗剪箍筋面积、非加密区斜截面抗剪箍筋面积，箍筋间距均为使用者预设值 Sc 范围。计算箍筋面积取 X、Y 两个方向的计算箍筋面积的大者。

Uc——柱轴压比。

对于 T 形、L 形、十字形的异形柱，固定钢筋（Asz）位置的配筋如图 7-41 所示。

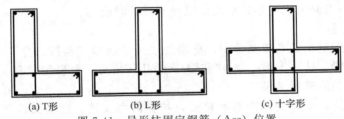

(a) T形
(b) L形
(c) 十字形

图 7-41 异形柱固定钢筋（Asz）位置

7.5.2.3 钢筋混凝土支撑

图 7-42 为钢筋混凝土支撑配筋图，各项参数意义如下。

Asx，Asy——支撑 X、Y 边单边配筋面积（含两根角筋）。

Asv——支撑在预设箍筋间距 S_B 范围内，抗剪箍筋面积（取 Asvx、Asvy 的大值）。

G——箍筋配筋标志。

$$\frac{Asx-Asy}{GAsv}$$

图 7-42 混凝土支撑表达方式

支撑配筋的看法是：把支撑向 XOY 平面投影，即可得到如柱图一样的截面形式。

7.5.2.4 钢筋混凝土剪力墙

(1) 墙-柱

墙-柱表达方式如图 7-43 所示，各项参数意义如下。

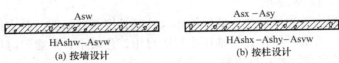

Asw
HAshw-Asvw
(a) 按墙设计
Asx -Asy
HAshx-Ashy-Asvw
(b) 按柱设计

图 7-43 墙-柱表达方式

Asw——墙-柱一端的暗柱实际配筋总面积，如计算不需要配筋时取零且不考虑构造钢筋。当墙-柱长小于 3 倍的墙厚或一字形墙截面高度≤800mm 时，按柱配筋，Asw 为按柱对称配筋计算的单边的钢筋面积。对于墙-柱的边缘构件配筋结果，此处以直线墙段为单元的计算配筋结果（WPJ＊.T）仅供构件配筋计算的校核之用；实际操作应以边缘构件形式输出的结果（WPJC＊.T 或 SATBMB.OUT）为准，详见本章 7.5.3.3 节。

Ashw——在水平分布筋间距 Swh 范围内的水平分布筋面积。

Asvw——对地下室外墙或人防临空墙，每延米的双排竖向分布筋面积。

Asx——按柱设计时，墙面内设计实际配筋总面积。

Asy——按柱设计时，墙面外设计实际配筋总面积。

Ashx——按柱设计时，墙面内设计箍筋间距 Swh 范围内的箍筋面积。

Ashy——按柱设计时，墙面外设计箍筋间距 Swh 范围内的箍筋面积。

H——分布钢筋标志。

（2）墙-梁

墙-梁的配筋及输出格式与普通框架梁一致，见本书 7.5.2.1 节。

需要注意的是：墙-梁除砼强度、抗震等级与剪力墙一致外，其他参数如主筋强度、箍筋强度、墙-梁的箍筋间距，均与框架梁一致。

7.5.2.5　转换墙

对于转换墙，在配筋结果中可以选择"按墙设计"或者"按梁设计"，如果选择"按梁设计"，配筋值是按混凝土梁的形式给出，以便于设计时使用。

7.5.2.6　构件信息

在计算结果图形输出的各项菜单中，都增加了一个选项"构件信息"。通过该项菜单可以按文本方式查询梁、柱、支撑、墙-柱和墙-梁的几何信息、材料的信息、标准内力、设计内力、配筋以及有关的验算结果。

使用者在构件信息中看到的内容和格式，与在内力文件、配筋文件等输出的结果是相同的。

7.5.2.7　立面观察

通过立面观察按钮可以选择两点或某单个构件，把这一范围内立面的构件都显示出来，便于查看。特别是对于层间梁结构及错层结构，平面图中无法将所有构件的信息都一一列出，同一位置可能有多个构件重叠，只显示最上面构件的配筋或内力结果。

要想看到全部只能在立面中查看。

7.5.3　梁弹性挠度、柱轴压比、墙边缘构件简图

点击进入"3. 梁弹性挠度、柱轴压比、墙边缘构件简图"，本菜单以图形方式显示梁弹性挠度、柱轴压比和计算长度系数、剪力墙轴压比以及剪力墙、边框柱相关的边缘构件简图和计算结果，其各项内容输出简图的文件名皆为 WPJC＊.T，其中"＊"代表层号。屏幕右侧菜单如图 7-44 所示。

7.5.3.1　轴压比、组合轴压

点击进入后，程序首先显示柱、墙轴压比及计算长度系数简图。其中括号内数据为柱轴压比，绿色数据为剪力墙轴压比；当轴压比超限时用红色表示，不超限时用白色表示。沿柱 B、H 方向标注的数字是计算长度系数。

注意程序对剪力墙轴压比的计算是按单墙肢进行计算的，如果仅判别单个墙肢的轴压比，没有考虑与其相连墙肢的协同共同受力作用，在某些情况下该轴压比值是不合理的。为

此 SATWE 软件增加了一个"组合轴压"验算功能,可用于使用者人工指定的 L 形、T 形和十字形等剪力墙的组合轴压比验算。程序参照组合墙的概念,由使用者选择若干互相连接的墙肢,然后给出所选墙肢的合并轴压比验算值。

7.5.3.2 弹性挠度

点取屏幕右侧的"弹性挠度"菜单,则屏幕上显示梁的弹性挠度简图,单位为 mm。该挠度值是按梁的弹性刚度和短期作用效应组合计算的,未考虑长期作用效应的影响。此处的挠度值仅供参考。

合理的梁弹性挠度可在"梁平法施工图"内进行查看。

7.5.3.3 边缘构件

点击进入"边缘构件"菜单,程序将自动绘出当前层的边缘构件简图。

注意剪力墙边缘构件的配筋均以此图为准。

(1) 边缘构件的设置

图 7-44 梁弹性挠度、柱轴压比、墙边缘构件菜单

按照《抗规》第 6.4.5 条、《高规》第 7.2.14 条规定,在剪力墙两端和洞口两侧皆应设置边缘构件;但在边缘构件细节方面,《抗规》与《高规》的要求稍有不同。SATWE 按《高规》第 7.2.14 条的规定执行。

程序按照规范要求自动搜索剪力墙边缘构件,并以图形方式显示边缘构件的尺寸及配筋面积。程序按边缘构件的不同设置要求,分成如下四种边缘构件种类进行配筋处理。

- 约束边缘构件。
- 底部加强区的构造边缘构件。
- 非底部加强区的构造边缘构件。
- 过渡层的构造边缘构件(指定过渡层才有此类)。

(2) 边缘构件的基本类型图

规范中给出了四种边缘构件类型,如图 7-45 所示。

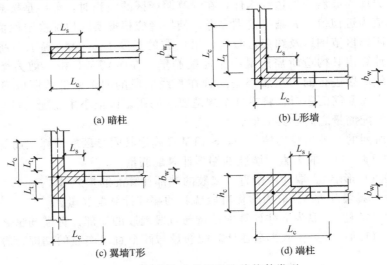

(a) 暗柱

(b) L形墙

(c) 翼墙T形

(d) 端柱

图 7-45 规范给出的四种边缘构件类型

155

SATWE通过归纳总结，补充了四种边缘构件类型，如图 7-46 所示。

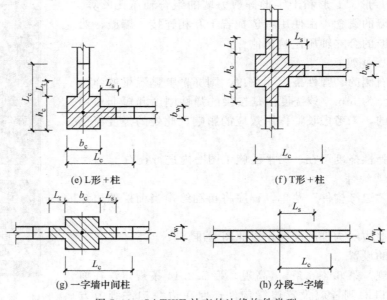

(e) L形＋柱   (f) T形＋柱

(g) 一字墙中间柱   (h) 分段一字墙

图 7-46   SATWE 补充的边缘构件类型

上述列出的是规则的边缘构件类型。但在实际工程中，常有剪力墙斜交的情况，因此，以上列出的边缘构件类型图中，除了第 1 种、第 7 种和第 8 种以外，其余各种类型中的墙肢都允许斜交。

(3) 边缘构件的技术细节

在规范中给出的边缘构件类型有 4 种，即如图 7-45 中的第 1～4 种，它们的阴影区范围的确定方法、程序完全按照《高规》的相关条例执行。

对于 SATWE 补充的 4 种边缘构件类型，其阴影区的确定方法、程序是参照了规范指定边缘构件类型的计算方法推算得到的。所以，其结果仅供参考，使用者可以根据实际情况决定是否采用。

对于有剪力墙墙肢斜交的边缘构件，在计算阴影区的面积时，程序是按规则、类型计算出的，即计算值为近似值，其结果仅供参考，使用者应根据实际情况决定取值。

当确定了阴影区范围以及约束边缘构件沿墙肢的长度 L_c，就明确了主筋和箍筋的配置区域，就可以计算出其构造所需的最小主筋配筋量。在 SATWE 中，剪力墙配筋计算都是针对一个个直线墙段进行的，主筋都是配置在直线墙段的两个端部，所以 SATWE 在确定阴影区主筋的实际配筋面积时，将在这个规范要求的阴影区最小主筋配筋量与相关剪力墙计算出的端部主筋配筋量之间取其大值。

对于上述所列的 8 种边缘构件类型，SATWE 确定其阴影区的计算主筋的原则如下。

- 第 1 种（暗柱）。取为直段墙肢的端部计算配筋量。
- 第 2 种（L 形墙）。取为两个直段墙肢的端部计算配筋量之和。
- 第 3 种（翼墙 T 形）。取为腹板直段墙肢的端部计算配筋量。
- 第 4 种（端柱）。取为端柱计算配筋量与直段墙肢的端部计算配筋量之和。
- 第 5 种（L 形＋柱）。取为端柱计算配筋量与两个直段墙肢的端部计算配筋量的三者之和。
- 第 6 种（T 形＋柱）。取为端柱计算配筋量与腹板直段墙肢的端部计算配筋量的二者之和。

- 第 7 种（一字墙中间柱）。取为柱的计算配筋量。
- 第 8 种（分段一字墙）。取为两个直段墙肢的端部计算配筋量之和。

对于第 8 种边缘构件，内容来自《高规》的第 7.1.6 条，程序按此条款，设定了边缘构件信息。

上述所示的边缘构件类型图是按剪力墙约束边缘构件的设置要求绘制的。对于其他各种构造边缘构件和过渡层边缘构件，这些图示同样适用，只是某些阴影尺寸参数的值可能退化为零。

为了便于后文的叙述，SATWE 在这里定义了一个名词"边缘构件的主肢"。参照图 7-45 和图 7-46，对于每一类边缘构件而言，标有墙宽 bw 的墙肢，我们就称它为边缘构件的主肢，其他墙肢都称为副肢。下面就图中标注的几个参数的含义，说明如下。

L_c——约束边缘构件的范围。

L_s——沿着约束边缘构件主肢的阴影长度。

L_t——沿着约束边缘构件副肢的阴影长度。

A_s——边缘构件阴影区主筋（纵筋）面积，单位 mm^2。

P_{sv}——边缘构件阴影区箍筋的体积配箍率；当 $P_{sv}=0$ 时，按构造配置箍筋。

需要提醒的是：L_c 始点位置、终点位置的取法与 L_s、L_t 是不同的。

(4) 剪力墙配筋结果的使用

SATWE 输出的剪力墙配筋结果均在两个数据文件中有不同表示。

① 在构件的配筋输出文件中（WPJ＊.OUT），以"墙-柱的配筋"项目出现。此处的结果是 SATWE 以各个直线墙段的墙柱为单元对象，按单向偏心受力构件的配筋计算方法进行配筋。所以，输出的是直线段单侧端部暗柱的计算配筋量，而且当构件计算所得的配筋计算值小于零时则取为零，并不考虑构件的构造配筋要求。

② 在剪力墙边缘构件输出文件中（SATBMB.OUT）。前文已经阐述了剪力墙边缘构件配筋值的取值方法，不再赘述。

因此，对于剪力墙的配筋结果应以边缘构件形式输出的结果（SATBMB.OUT 或 WPJC＊.T）为准，而以直线墙段为单元的墙柱计算配筋值（WPJ＊.OUT），仅供构件配筋计算的校核之用。边缘构件配筋结果示例如图 7-47、图 7-48。

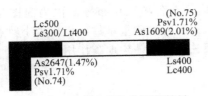

图 7-47　约束边缘构件配筋结果

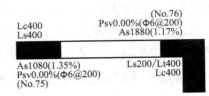

图 7-48　构造边缘构件配筋结果

7.5.4　各荷载工况下构件标准内力简图

通过此项菜单，如图 7-49 所示，使用者可以在这里查看多种荷载工况下的柱底内力、柱顶内力、梁弯矩、梁剪力。荷载工况包括恒荷载、活荷载、X 方向和 Y 方向地震作用及 X 方向和 Y 方向风荷载等工况。

(1) 梁弯矩

可以查看多种荷载工况下的梁弯矩平面简图，其中若有"N＝＊"，表示该梁存在轴力。

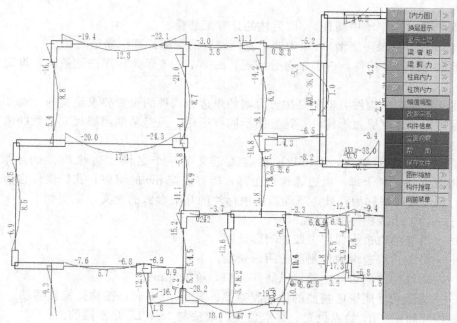

图 7-49　各种荷载工况下构件标准内力简图菜单

（2）梁剪力

可以查看多种荷载工况下的梁剪力平面简图，其中若有"T＝＊"，表示该梁存在扭矩。

（3）柱底内力、柱顶内力

每个柱输出 5 个数（Vx/Vy/N/Mx/My），分别为该柱局部坐标系内 X 方向和 Y 方向的剪力、轴力、X 方向和 Y 方向的弯矩；每个墙-柱输出 3 个数（Vx/N/Mx），其中 Vx、N、Mx 分别为该墙-柱局部坐标系内的剪力、轴力和弯矩。

（4）内力幅值

可改变简图上梁内力曲线的相对高度，以便于查看。

7.5.5　梁设计内力包络图

该菜单显示的是各构件未做调整的地震工况下内力。各项菜单布置与内力简图完全一致。此项菜单下显示的内力未包含各地震工况下的单工况内力调整系数，包括最小剪重比调整、薄弱层剪力放大、0.2V0 调整、框支柱调整、板柱剪力墙结构地震作用调整。

7.5.6　梁设计内力包络图其他说明

通过这项菜单，可以图形方式查看梁各截面设计内力包络图，如图 7-50 所示。每根梁给出 9 个设计截面，梁内力曲线是将各设计截面的内力连线而成的。屏幕右侧菜单中的"弯矩/剪力"按钮是弯矩图和剪力图的切换开关。在弯矩图中若有"N＝＊"，表示该梁存在轴力，在剪力图中若有"T＝＊"表示该梁存在扭矩。

7.5.7　梁设计配筋包络图

通过这项菜单，可以图形方式查看梁各截面配筋结果，如图 7-51 所示。每根梁给出 9 个设计截面，梁配筋曲线是将各设计截面的配筋连线而成的。图面上负弯矩对应的配筋以负数表示。正弯矩对应的配筋以正数表示。在主筋图中若有"Ast＝＊"，表示该梁存在抗扭

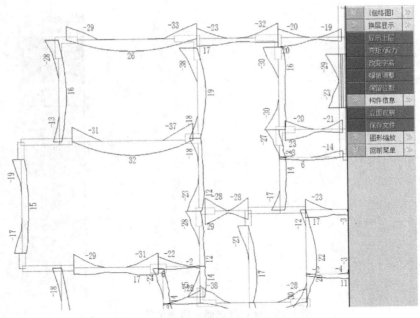

图 7-50　梁设计内力包络图菜单（一）

纵筋。屏幕右侧菜单中的"主筋/箍筋"按钮是梁主筋图和箍筋图的切换开关。

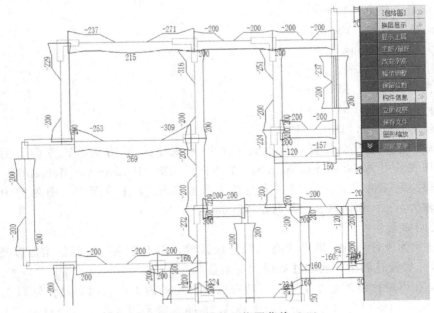

图 7-51　梁设计配筋包络图菜单（二）

7.5.8　底层柱、墙最大组合内力简图

通过这项菜单，可以把专用于基础设计的上部荷载，以图形方式显示出来，如图 7-52 所示。

需特别说明的是，目前该项菜单显示的传基础设计内力仅供参考。更准确的基础荷载，

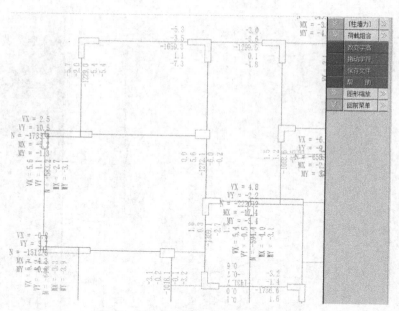

图 7-52　梁设计配筋包络图菜单（三）

应由基础设计模块 JCCAD 读取上部分析的标准内力，在基础设计时通过组合计算得到。

通过屏幕右侧的"荷载组合"子菜单可选择荷载组合，程序提供了以下 7 种组合。

① X 向最大剪力　Vxmax

② Y 向最大剪力　Vymay

③ 最大轴力　Nmax

④ 最小轴力　Nmin

⑤ X 向最大弯矩　Mxmax

⑥ X 向最大弯矩　Mymax

⑦ 恒载＋活载　1.2D＋1.4L

图中每根柱输出 5 个数据，从上到下分别为该柱的 X 方向、Y 方向剪力 Shear-X、Shear-Y，柱底轴力 Axial 和该柱 X 方向、Y 方向的弯矩 Moment-X、Moment-Y。

图中每片墙-柱输出 5 个数据，从上到下分别为该墙-柱的面内、面外剪力 Shear-X、Shear-Y，轴力 Axial 和面内、面外弯矩 Moment-X、Moment-Y。

特别说明如下。

· 上述均为设计荷载，即已含有荷载分项系数，但不考虑抗震调整系数以及框支柱等的调整系数（如强柱弱梁，底层柱底增大等系数）。

· 这里在求最大值或最小值时，当遇有地震参与的内力组合时，其值除以 1.25，然后再去比较，但输出的组合内力值是没有除以 1.25 的。这是因为在基础设计时，上部外力如有地震参与则地耐力要提高 1.25 倍。

· D＋L 是 1.2 恒载＋1.4 活载组合，其中并不包括恒载为主的组合。

7.5.9　水平力作用下各层平均位移简图

通过这项菜单，使用者可以查看在地震作用和风荷载作用下结构的变形和内力。这些参数都是以楼层为单位统计的，使用者可以从宏观上把握结构在水平力作用下的反应。具体内容包括每一楼层的地震力和地震引起的楼层剪力、弯矩，位移、位移角以及每一层的风荷载、风荷作用下的楼层剪力、弯矩、位移、位移角，如图 7-53 所示。

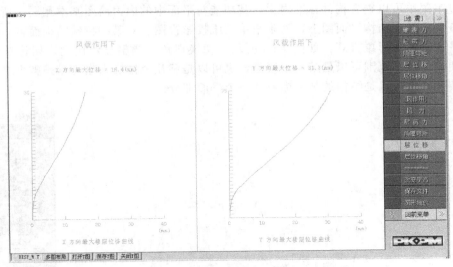

图 7-53　水平力作用下各层平均位移简图菜单

7.5.10　各荷载工况下结构空间变形简图

通过本菜单可以用来显示各个工况作用下的结构空间变形图。为了更清楚地显示结构的变形过程，变形图均以动画显示。在位移标注菜单里还可以看到不同荷载工况作用下节点的位移数值。

观察变形图时，可以随时选择合适的视角。如果动画幅度太小或太大，也可以根据需要改变幅度。对于复杂的结构，可以应用切片功能取出结构的一榀或任一个平面部分单独观察，这样可以看得更为清楚。切片平面的确定是通过捕捉切片平面上的节点来实现，操作相当简便，如图 7-54 所示。

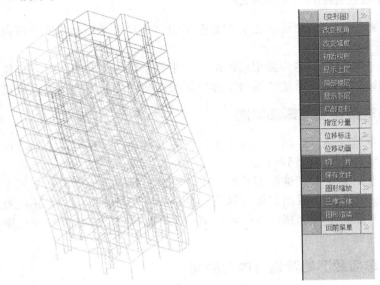

图 7-54　各荷载工况下结构空间变形简图菜单

7.5.11 各荷载工况下构件标准内力三维简图

通过本菜单可以查看构件标准内力，其功能与平面中的内力简图基本相同。所不同的是这里的查看不是在结构平面图上，而是采用三维投影视图。对某些特殊结构而言，这种显示方法比平面查看更形象直观，如图 7-55 所示。切换视角、调整显示比例、切片功能在这里都可以使用。显示范围可以是某一个楼层，也可以是某几个楼层，也可以是整个结构。当然使用的切片，也可以是结构的某一榀或任一个平面部分。

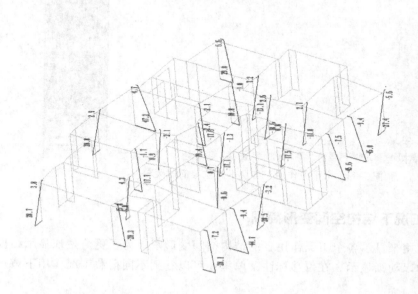

图 7-55　各荷载工况下构件标准内力三维简图菜单

7.5.12 结构各层质心振动简图

通过本菜单可以绘出简化的楼层质心振型图，并且多个振型的图形可以叠加到同一张图上，如图 7-56 所示。

这是一种非常简化的结构振型模拟图，对于复杂结构、有明显薄弱部位的结构或可能存在薄弱部位的结构，建议通过"结构整体空间振动简图"对结构振动反应进行查看。

7.5.13 结构整体空间振动简图

通过本菜单可以显示详细的结构三维振型图及其动画，也可以显示结构某一榀或任一平面部分的振型动画，如图 7-57 所示。

极力建议使用者查看三维振型动画，由此可以一目了然地看出每个振型的性态，可以判断结构的薄弱方向，可以看出结构计算模型是否存在明显的错误。尤其在验算周期比时，对于侧振（平动）第一周期和扭振（扭转）第一周期的确定，一定要参考三维振型图，这样可以避免错误的判断。

7.5.14 吊车荷载下的预组合内力简图

通过本菜单可以显示梁、柱在吊车荷载作用下的预组合内力。其中，每根柱输出 7 个数

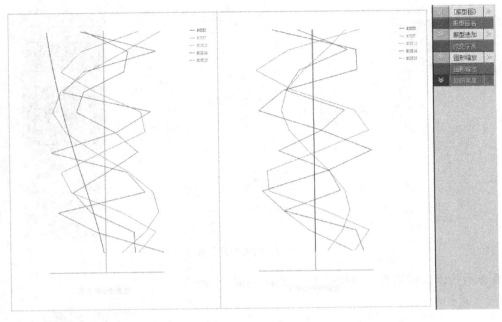

图 7-56　结构各层质心振动简图菜单

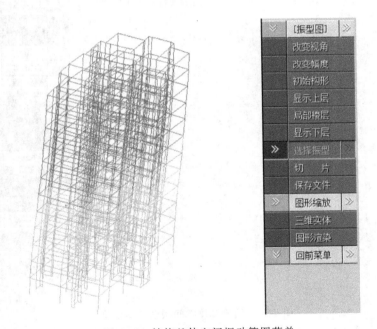

图 7-57　结构整体空间振动简图菜单

字，从上到下分别为该柱 X 方向和 Y 方向的剪力 Shear-X、Shear-Y，柱底轴力 Axial 与该柱 X 方向和 Y 方向的柱顶弯矩 Mxu、Myu 及柱底弯矩 Mxd，Myd，如图 7-58 所示。

7.5.15　剪力墙组合配筋程序

剪力墙组合配筋程序作为 SATWE 配筋计算的一个补充，为剪力墙的合理配筋提供一种补充方法。以下是剪力墙组合配筋程序的界面，进入该程序时，会自动打开首层的结构

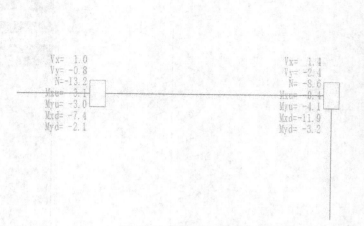

图 7-58　吊车荷载下的预组合内力简图菜单

图，并显示边缘构件信息。右侧是操作菜单，如图 7-59 所示。

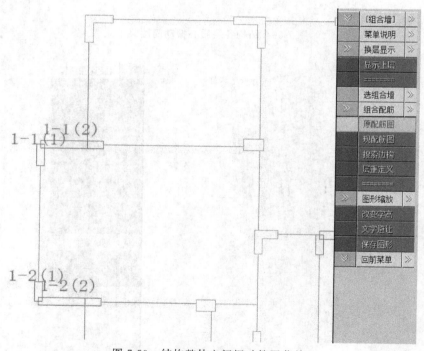

图 7-59　结构整体空间振动简图菜单

上述菜单各选项含义如下。

（1）选组合墙

单击该选项之后，可以指定需要处理的组合墙。使用者可以连续选择相连的剪力墙，选上的墙肢将自动进行编号，并以品红色显示；一组剪力墙选择完毕之后，单击鼠标右键，可继续进行第二组剪力墙的选择。当最后选完之后，双击鼠标右键完成。

如图 7-59 所示，图中显示每根墙肢所在的组合墙及编号：编号为 1-2（1）表示该剪力墙属于第 1 层的第 2 个组合墙中的第 1 个墙肢。注意如下。

① 每选择一个墙肢，其端点处的柱或墙中的柱都被自动搜索。

② 每个组合最多能选 20 个墙肢。

③ 如果点选的墙肢与之前选择的墙肢不相连或者已经被选上，将在屏幕下方的命令行中文字提示。

④ 对一个边缘构件，只有与该节点相连的所有墙肢都被选上，该边缘构件才算选择完整。如果只有部分墙肢被选上的情况，则程序取选中的两片墙的边缘构件尺寸，如图 7-60 最右小图所示；而且在组合配筋完成后返回时，这种不完全的边缘构件的配筋并不改变。

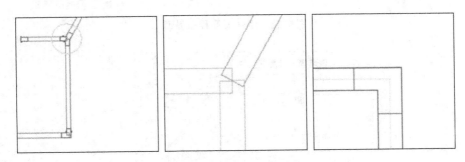

图 7-60　选组合墙示意图

（2）组合配筋

对所选择的剪力墙进行组合配筋。程序自动计算选取的组合墙总内力和边缘构件信息，并且生成组合墙信息文件；文件名按 MW-层号-组合墙号，如 MW-1-2，表示第 1 层的第二个组合墙。如果组合墙的文件已经存在，则不再重新生成，直接进入"组合配筋"程序，详见后续详细介绍。

（3）原配筋图、现配筋图

原配筋图显示 SATWE 计算的边缘构件初始配筋结果。现配筋图显示修改之后的边缘构件配筋结果。可以使用此两个选项相互进行配筋对比。

（4）搜索边构

用于快速定位边缘构件。通过输入边缘构件号进行查找定位。

（5）层重定义

删除该层所有的组合墙及其修改的配筋，其他层的结果不受影响。

（6）保存文件

该选项用于保存现有屏幕上的图形。单击之后，程序提示使用者自行输入文件名，文件扩展名为".T"。

（7）组合配筋程序（子菜单）

组合配筋程序界面如图 7-61 所示。

组合配筋程序各菜单使用说明如下。

① 构件名称。弹出输入框，如图 7-62 所示，使用者可以选择该工程中的所有组合墙。

② 钢筋修改。使用者可修改节点钢筋，如图 7-63 所示。

相关参数说明如下。

　　NO——节点编号，对应该节点的钢筋布置图在左边的窗口中显示。

根数、直径——节点处布置的钢筋数量和直径，使用者可以在此修改这两个值来改变 As 项的配筋值。

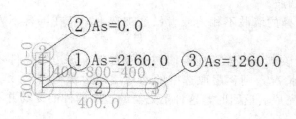

图 7-61　组合配筋程序界面

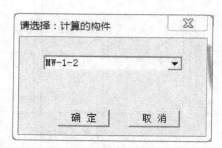

图 7-62　选择组合墙对话框

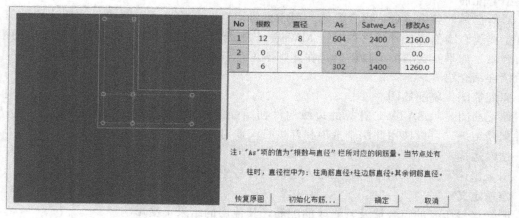

图 7-63　修改节点钢筋界面（一）

As——显示对应"根数"和"直径"的节点配筋面积。

Satwe_As——显示 Satwe 的边缘构件结果，该项不能修改。

修改 As——使用者可以在此修改各个节点的配筋面积，作为后续计算或校核的初始值；该值可以进行修改，其作用与修改"根数"和"直径"相似，只是前者是实配钢筋，而这里可以是任意抽象的面积。

恢复原图——左边窗口中的节点图形是可以移动和缩放的，而此按钮的作用正是将图形恢复为初始大小。

初始化布筋——该按钮是将"根数、直径"进行修改之后的值还原成最初的配筋。

③ 计算。此项是组合配筋的核心，程序通过选定各个节点的配筋初值进行配筋计算或者校核。

如果是计算，则以初值为基础。如果初值已经满足，则以初值为计算结果；否则在初值的基础上往上增加节点配筋，而且只增不减。如果是校核，则只弹出校核的结果是否满足的提示。界面如图7-64所示。

由于异形柱的配筋具有多解性，钢筋初值对计算结果会影响很大，所以该对话框提供了三种初值选择，三项分别对应"钢筋修改"中的三种配筋面积，这里要注意如下。

• 如果"钢筋修改"菜单中"修改 As"一栏都为零的话，此处只提供前两种初值选择。

• "配筋计算"如果正常计算，则弹出"截面配筋满足要求"提示对话框。如果超筋，则弹出"截面超筋"。

• "配筋校核"如果正常计算，则提示"截面配筋满足要求"提示对话框。如果配筋不足，则弹出"截面配筋太少"。

• 如果计算结果"超筋"，有时通过"修改As"将不同的节点设成不一样的值，可能使计算时重新分配钢筋，而不超筋。不管选择以谁为初值，计算的结果都更新在"修改 As"一栏中，并在"退出"菜单操作中保存下来。

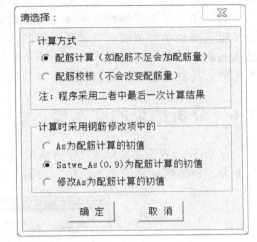

图 7-64　修改节点钢筋界面（二）

④ 显示结果。该项以文本显示配筋计算或校核的详细过程，包括组合墙的各种参数、内力组合、节点配筋、墙肢配筋等信息。

⑤ 退出。退出 Mwall.exe 程序，返回计算之后的配筋，回到前界面。如果超筋，则"现配筋图"中边缘构件配筋图中显示 As 为 99999.0。

7.5.16　剪力墙稳定验算

本菜单是基于《高规》附录 D 中的要求，在立面图中选择单片墙或越层墙后，通过自定义约束条件后即可进行墙体的稳定验算，并将稳定验算的各参数在文本中显示，验算结果如图7-65所示。

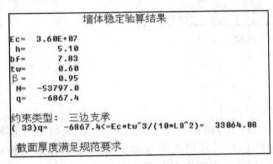

图 7-65　剪力墙稳定验算结果

7.5.17　边缘构件信息修改

本项菜单是通过修改剪力墙端部边缘构件的类型（约束边缘构件、构造边缘构件），达到修改边缘构件信息的目的。

在 SATWE 计算中，程序根据剪力墙端部所处的位置，按要求已经生成了剪力墙约束边缘构件和构造边缘构件信息。对于生成的结果，如使用者想要改变剪力墙边缘构件的种类，则可通过以下子菜单来实现。"约束构件"用于把选取的剪力墙端部的边缘构件修改为约束边缘构件。"构造构件"用于把选取的剪力墙端部的边缘构件修改为构造边缘构件。"删除构件"用于把选取的剪力墙端部的边缘构件删除，即修改为无边缘构件。

在完成每一次的修改操作之后，程序将根据修改后的边缘构件种类，及时重新生成当前层的边缘构件信息，并以新的边缘构件信息刷新图面。

需要注意：在经过剪力墙边缘构件信息的修改之后，程序也会同时更新剪力墙边缘构件输出文件（SATBMB.OUT）及其他相关文件的内容。因此，凡是与边缘构件信息有关联的后续功能模块，如要采用新的结果，就应重新处理。

为了便于使用者操作，程序对可以设置边缘构件的部位，用实心圆点加以表示。此外，为了更直观地了解该圆点处构件当前的边缘构件种类状况，程序用不同的颜色进行了区分：红色表示该部位已经按要求生成为约束边缘构件；黄色表示该部位已经按要求生成为构造边缘构件；粉红色表示该部位已无边缘构件。

7.6 分析结果的文本显示

点取 SATWE 主菜单 4 "分析结果图形和文本显示"，选择 "文本文件输出" 分页菜单，其下为各种结构计算的文本结果，如图 7-66 所示。

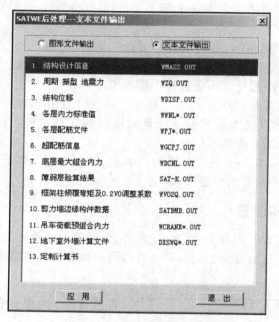

图 7-66　文本文件输出菜单

7.6.1 结构分析、设计输出文件

结构分析与设计信息输出的文件是 WMASS.OUT。

这个文件包含结构分析与设计的控制参数、各层的楼层质量和质心坐标、风荷载、层刚度、薄弱层、计算时间、转换层刚度比、结构整体稳定、楼层抗剪承载力等有关信息。分析过程的各主要步骤也写在该文件中，以便进行核对分析。下面分别介绍这几部分的详细内容。

7.6.1.1 结构分析与设计控制参数

这部分信息是使用者在 "参数定义" 中设定的一些参数，把这些参数放在该部分的目的是为了便于使用者审核及存档。另外，还输出了剪力墙加强区的层数和塔号、约束边缘构件层与过渡层号与塔号、加强层号与塔号及各层的偶然偏心指定信息。

7.6.1.2 各层质量质心信息

其输出格式示例如下。

层号	塔号	质心 X	质心 Y (m)	质心 Z (m)	恒载质量 (t)	活载质量 (t)	附加质量	质量比
5	1	33.098	7.423	21.500	86.7	1.5	0.0	0.04
4	1	3.134	2.430	18.500	1969.7	219.8	0.0	1.21
3	1	0.744	2.404	14.000	1582.1	229.7	0.0	0.93
2	1	−2.533	2.060	9.500	1623.2	329.9	0.0	1.01
1	1	−2.037	2.839	5.000	1655.9	269.1	0.0	1.00

活载产生的总质量（t）：　　　　　1049.934

恒载产生的总质量（t）：　　　　　6917.589

附加总质量（t）：　　　　　　　　0.000

结构的总质量（t）：　　　　　　　7967.523

恒载产生的总质量包括结构自重和外加恒载

结构的总质量包括恒载产生的质量和活载产生的质量和附加质量

活载产生的总质量和结构的总质量是活载折减后的结果（1t＝1000kg）

其中恒载产生的总质量包括结构自重和外加恒载的重力方向分量。结构的总质量包括恒载产生的质量，活载产生的质量和附加质量。活载产生的总质量和结构的总质量是活载折减后的结果（1t＝1000kg）。程序根据规范的要求，按塔给出上下楼层的质量比，并在质量比超过 1.5 时给出提示信息。

7.6.1.3　各层构件数量、构件材料和层高信息

其输出格式示例如下。

层号（标准层号）	塔号	梁元数（混凝土/主筋）	柱元数（混凝土/主筋）	墙元数（混凝土/主筋）	层高 (m)	累计高度 (m)
1 (1)	1	186 (30/360)	33 (30/360)	15 (30/360)	5.000	5.000
……	……					

7.6.1.4　风荷载信息

其输出格式示例如下。

层号	塔号	风荷载 X	剪力 X	倾覆弯矩 X	风荷载 Y	剪力 Y	倾覆弯矩 Y
5	1	24.28	24.3	72.8	25.88	25.9	77.6
4	1	78.65	102.9	536.0	312.63	338.5	1601.0
3	1	68.10	171.0	1305.7	263.84	602.4	4311.5
2	1	57.61	228.6	2334.6	249.35	851.7	8144.2
1	1	56.76	285.4	3761.6	249.47	1101.2	13650.1

若使用者考虑横风向或扭转风振时，该部分输出格式为：层、塔号、风作用方向、顺风荷载、顺风剪力、顺风倾覆弯矩、横风荷载、横风剪力、横风倾覆弯矩、扭转风荷载、楼层扭矩。其中，力的单位为 kN 或 kN·m。

7.6.1.5　各楼层等效尺寸

其输出格式示例如下。

层号	塔号	面积	形心 X	形心 Y	等效宽 B	等效高 H	最大宽 BMAX	最小宽 BMIN
1	1	1423.80	−2.42	2.07	79.10	18.00	79.10	18.00
2	1	1423.80	−2.42	2.07	79.10	18.00	79.10	18.00
3	1	1278.00	1.63	2.07	71.00	18.00	71.00	18.00
4	1	1315.08	2.66	2.07	73.06	18.00	73.06	18.00
5	1	60.00	33.13	7.32	8.00	7.50	8.00	7.50

这部分信息是根据《广东高规》第3.4.3条和第4.3.3条要求输出的。等效尺寸便于使用者计算结构高宽比以及考虑偶然偏心时，计算每层质心沿垂直地震作用方向的偏移值时采用。

7.6.1.6　计算需求资源、计算耗时信息

记录工程文件名、分析时间、自由度、对硬盘资源需求及主要计算步骤信息。

7.6.1.7　结构各层刚度中心、偏心率、相邻层抗侧移刚度比等计算信息

其输出格式示例如下。

==

Floor No　　：层号

Tower No　　：塔号

Xstif，Ystif　：刚心的X，Y坐标值

Alf　　　　：层刚性主轴的方向

Xmass，Ymass：质心的X，Y坐标值

Gmass　　　：总质量

Eex，Eey　：　X，Y方向的偏心率

Ratx，Raty　：　X，Y方向本层塔侧移刚度与下一层相应塔侧移刚度的比值（剪切刚度）

Ratx1，Raty1　：　X，Y方向本层塔侧移刚度与上一层相应塔侧移刚度70%的比值

或上三层平均侧移刚度80%的比值中之较小者

Ratx2，Raty2　：　X，Y方向本层侧移刚度与上一层相应塔侧移刚度90%、110%或者150%比值

110%指当本层层高大于相邻上层层高1.5倍时，150%指嵌固层

RJX1，RJY1，RJZ1：结构总体坐标系中塔的侧移刚度和扭转刚度（剪切刚度）

RJX2，RJY2，RJZ2：结构总体坐标系中塔的侧移刚度和扭转刚度（剪弯刚度）

RJX3，RJY3，RJZ3：结构总体坐标系中塔的侧移刚度和扭转刚度（地震剪力与地震层间位移的比）

==

Floor No.　1　　Tower No.　1

Xstif＝　　−4.9101（m）　　Ystif＝　　−1.3977（m）　　Alf ＝　　0.0000（Degree）

Xmass＝　−1.5007（m）　　Ymass＝　　−1.3305（m）　　Gmass（活荷折减）＝　2755.1274（　2475.0752）（t）

Eex＝　　0.1971　　Eey ＝　　0.0032

Ratx＝　　1.0000　　Raty＝　　1.0000

Ratx1＝　　2.0495　　Raty1＝　　2.1415

Ratx2＝　　1.0857　　Raty2＝　　1.1344　　薄弱层地震剪力放大系数＝1.00

RJX1=1.5499E+08（kN/m）　　RJY1=9.9478E+07（kN/m）　　RJZ1=0.0000E+00（kN/m）

RJX2=2.0372E+08（kN/m）　　RJY2=1.3582E+08（kN/m）　　RJZ2=6.0929E+10（kN/m）

RJX3=1.0941E+08（kN/m）　　RJY3=5.6712E+07（kN/m）　　RJZ3=0.0000E+00（kN/m）

RJX3/H=2.6050E+07（kN/m）　　RJY3/H=1.3503E+07（kN/m）　　RJZ3/H=0.0000E+00（kN/m）

　　……　……

==

7.6.1.8　高位转换时转换层上部与下部的等效侧向刚度比

根据《高规》附录E.0.3，当在总信息中填写有转换层层号时，程序输出内容如下。

- 转换层。所在的层号。
- 转换层下部。起始层号、终止层号、高度。
- 转换层上部。起始层号、终止层号、高度。
- X方向下部刚度、X方向上部刚度、X方向刚度比。
- Y方向下部刚度、Y方向上部刚度、Y方向刚度比。

7.6.1.9　抗倾覆验算结果

根据《高规》第12.1.7条进行结构整体抗倾覆验算，输出结果示例如下。

	抗倾覆力矩 Mr	倾覆力矩 Mov	比值 Mr/Mov	零应力区（%）
X 风荷载	10214252.0	154780.3	65.99	0.00
Y 风荷载	8196467.5	197671.9	41.47	0.00
X 地震	9908413.0	285816.2	34.67	0.00
Y 地震	7951045.5	285816.2	27.82	0.00

程序分别给出风及地震作用下的抗倾覆验算结果，其中风荷载作用下的抗倾覆力矩的永久重力荷载按 1.0 恒载＋0.7 活载计算，而地震作用下则按 1.0 恒载＋0.5 活载计算（注意此处的 0.5 为活荷重力荷载代表值组合系数）。

7.6.1.10 结构整体验算结果

程序给出结构的刚重比、结构整体稳定验算结果并依据《高规》第 5.4.4 条进行判断和提示，在结构计算中是否需要考虑 P-Δ 效应等信息。

设计时，第一次计算可不考虑；待查看本计算结果和提示后，如果需要考虑 P-Δ 效应，则再返回"分析与设计参数补充定义"菜单中进行调整。

① 对于框架结构输出结果示例如下。

层号	X 向刚度	Y 向刚度	层高	上部重量	X 刚重比	Y 刚重比
1	0.186E+07	0.292E+07	4.80	78427.	114.10	178.58
……	……					

该结构刚重比 Di＊Hi/Gi 大于 10，能够通过高规（5.4.4）的整体稳定验算
该结构刚重比 Di＊Hi/Gi 大于 20，可以不考虑重力二阶效应

② 对于剪力墙结构、框剪结构、简体结构输出结果示例如下。

X 向刚重比 EJd/GH＊＊2＝　　　11.11
Y 向刚重比 EJd/GH＊＊2＝　　　14.96
该结构刚重比 EJd/GH＊＊2 大于 1.4，能够通过高规（5.4.4）的整体稳定验算
该结构刚重比 EJd/GH＊＊2 大于 2.7，可以不考虑重力二阶效应

7.6.1.11 结构舒适度验算结果

根据《高规》第 3.7.6 条规定给出普通风荷载作用下的舒适度验算结果。程序分别输出 X 和 Y 向的顺风向与横风向振动最大加速度。当考虑横风向风振时，按荷载规范给出舒适度验算结果。

7.6.1.12 楼层抗剪承载力及承载力比值

输出结果示例如下。

层号	塔号	X 向承载力	Y 向承载力	Ratio_Bu：X, Y	
……	……				
1	1	0.1748E+06	0.1526E+06	0.95	0.92

X 方向最小楼层抗剪承载力之比：　0.95 层号：　1 塔号：　1
Y 方向最小楼层抗剪承载力之比：　0.92 层号：　1 塔号：　1

Ratio_Bu 表示本层与上一层的承载力之比。当 Ratio_Bu-X 小于 0.8 时，表示 X 向承载力不满足规范要求。Ratio_Bu-Y 小于 0.8 时，表示 Y 向承载力不满足规范要求。

混凝土构件承载力是以计算配筋乘以超配筋系数计算得到的，钢构件取其极限强度计算得到结果。

7.6.2 周期、地震力与振型输出文件

结构分析与设计信息输出文件的文件名是 WZQ.OUT。

该文件可有助使用者对结构的整体性能进行分析和评估。文件的输出内容和解释如下。

7.6.2.1 各振型特征参数

输出结果示例如下。

===

考虑扭转耦联时的振动周期（秒）、X，Y 方向的平动系数、扭转系数

振型号	周期	转角	平动系数（X+Y）	扭转系数
1	1.4085	111.08	0.96（0.00+0.96）	0.04
2	1.1389	1.01	0.99（0.99+0.00）	0.01
3	0.8332	89.50	0.08（0.02+0.06）	0.92
……	……			

地震作用最大的方向＝ －4.331（度）

===

根据《高规》3.4.5 条规定："结构扭转为主的第一自振周期 T_t 与平动为主的第一自振周期 T_1 之比"，A 级高层建筑不应大于 0.9，B 级高度高层建筑、混合结构高层建筑及本规范第 10 章所指的复杂高层建筑不应大于 0.85。

如何判断一个周期是扭转周期还是平动周期的方法，可以通过扭转系数和平动系数来判定。对于一个振动周期来说，若扭转系数等于 1，则说明该周期为纯扭转振动周期。若平动系数等于 1，则说明该周期为纯平动振动周期，其振动方向为 Angle；若 Angle＝0°，则为 X 方向的平动；若 Angle＝90°，则为 Y 方向的平动；否则沿 Angle 角度方向空间振动。

若扭转系数和平动系数都不等于 1，则该周期为扭转周期和平动混合振动周期。对于混合振动周期可以参考平动系数和扭转系数来判断该振动周期是以平动为主，还是以扭转为主。一般来说，当平动系数大于 0.6 时，可以初步判定该周期为以平动为主的周期，但若要最终确定，还需要根据结构整体空间振动的动画来确定（在"结构整体空间振动简图"菜单中查看）。

7.6.2.2 各振型的地震力输出

在这里可以输出各振型、每层、仅考虑 X 向或仅考虑 Y 向的地震作用。

输出结果示例如下。

===

仅考虑 X 向地震作用时的地震力

Floor：层号

Tower：塔号

F-x-x：X 方向的耦联地震力在 X 方向的分量

F-x-y：X 方向的耦联地震力在 Y 方向的分量

F-x-t：X 方向的耦联地震力的扭矩

振型 1 的地震力

Floor	Tower	F-x-x (kN)	F-x-y (kN)	F-x-t (kN-m)
8	1	20.75	11.12	－0.99
……	……			

仅考虑 Y 向地震时的地震力

Floor：层号

Tower：塔号

F-y-x：Y 方向的耦联地震力在 X 方向的分量

F-y-y：Y 方向的耦联地震力在 Y 方向的分量

F-y-t：Y 方向的耦联地震力的扭矩

振型　1 的地震力

Floor	Tower	F-y-x (kN)	F-y-y (kN)	F-y-t (kN-m)
8	1	−1.35	−2.00	1.77
……	……			

==

7.6.2.3　主振型的判断信息

　　对于刚度均匀的结构，在考虑扭转耦联计算时，一般来说前两个或前几个振型为其主振型，但对于刚度不均匀的复杂结构，上述规律不一定存在，SATWE 程序中给出了各振型对基底剪力贡献的计算功能，其输出结果示例如下。

==

各振型作用下 X 方向的基底剪力

振型号	剪力（kN）
1	16.81
2	1189.77
3	0.14
4	4.19
5	833.84
6	5.36

各振型作用下 Y 方向的基底剪力

振型号	剪力（kN）
1	53.90
2	0.43
3	1496.49
4	21.34
5	0.32
6	6.21

==

　　通过上面的输出信息可以看出，第 2 振型在 X 方向的基底剪力最大，第 3 振型在 Y 方向的基底剪力最大，我们就可以判断第 2 振型是 X 方向主振型，第 3 振型是 Y 方向主振型。

7.6.2.4　等效各楼层的地震作用、剪力、剪重比、弯矩

　　程序可输出各振型下地震荷载 CQC 的结果，包含各楼层的地震反应力、剪力、弯矩，以及按《抗规》第 5.2.5 条、《高规》第 4.3.12 条规定的楼层最小剪重比。输出结果示例如下（以 X 方向为例）。

==

各层 X 方向的作用力（CQC）

Floor　：层号

Tower　：塔号

Fx　　　：X 向地震作用下结构的地震反应力

Vx　　　：X 向地震作用下结构的楼层剪力

Mx　　　：X 向地震作用下结构的弯矩

StaticFx ：静力法 X 向的地震力

Floor	Tower	Fx	Vx（分塔剪重比）	（整层剪重比）	Mx	StaticFx
		(kN)	(kN)		(kN-m)	(kN)

（注意：下面分塔输出的剪重比不适合于上连多塔结构）

Floor	Tower	Fx	Vx（分塔剪重比）	（整层剪重比）	Mx	StaticFx
8	1	48.47	48.47（11.81%）	（11.81%）	145.40	141.99
7	1	548.96	573.93（4.72%）	（4.72%）	2664.92	371.63
6	1	366.29	853.30（3.29%）	（3.29%）	6405.37	374.05
5	1	337.77	940.47（2.59%）	（2.59%）	10313.20	234.63
4	1	392.57	1035.27（2.22%）	（2.22%）	14253.27	188.32
3	1	419.04	1173.41（2.06%）	（2.06%）	18423.69	142.01
2	1	420.75	1358.39（2.01%）	（2.01%）	23136.04	98.40
1	1	259.77	1494.94（1.91%）	（1.91%）	28942.38	51.72

抗震规范（5.2.5）条要求的 X 向楼层最小剪重比 = 1.60%

X 方向的有效质量系数： 95.28%

==

各层 Y 方向的作用力（CQC）从略。

7.6.2.5 参与振型的有效质量系数

有效质量系数是判断结构振型个数取值是否合理的重要指标，也是判断结构计算中地震作用的取值够不够的重要指标。当有效质量系数大于90%时，表示振型数、地震作用满足规范要求，反之应增加计算振型数。可参见本章第7.6.2.4节的输出结果示例。

7.6.2.6 各楼层地震剪力系数调整情况

按《抗规》第5.2.5条、《高规》第4.3.12条的要求，计算的各层地震剪力应满足最小剪力系数的要求。以下是根据规范计算出的楼层剪力调整系数，输出结果示例如下。

========================各楼层地震剪力系数调整情况 [抗震规范（5.2.5）验算]==========

层号	塔号	X 向调整系数	Y 向调整系数
1	1	1.112	1.083
2	1	1.097	1.065
3	1	1.076	1.050
……	……		

==

若调整系数大于1.0，则说明该楼层的地震剪力不满足《抗规》第5.2.5条要求，此时若在参数定义中设定由程序自动调整内力，则在内力计算时，程序自动对地震作用下的内力乘以该调整系数。

当首层地震剪力不满足要求而需要进行调整时，程序会对其上部所有楼层进行调整且同时调整位移和倾覆力矩。依《抗规》第5.2.5条的条文解释，需要注意如下。

① 满足最小地震剪力是结构后续抗震计算的前提，只有调整到符合最小剪力要求才能进行相应的地震倾覆力矩、构件内力、位移等的计算分析，即意味着当各层的地震剪力需要调整时，原先计算的倾覆力矩、内力和位移均需要相应调整。

② 只要底部总剪力不满足要求，则结构各楼层剪力均需要调整，不能仅调整不满足的楼层。

③ 当底部总剪力相差较多时，结构的选型和总体布置需重新调整，不能仅采用乘以增大系数方法处理。

④ 采用时程分析法时，其计算的总剪力也需符合最小地震剪力的要求。

⑤ 本条规定不考虑阻尼比的不同，是最低要求，各类结构包括钢结构、隔震和消能减震结构均应一律遵守。

7.6.2.7 楼层的振型位移值

各楼层的振型位移值输出格式如下。

振型号

Floor，Tower，X-Disp，Y-DISP，Angle-Z

Floor——层号。

Tower——塔号。

X-Disp、Y-DISP、Angle-Z——X 向、Y 向和扭转的三个振型分量。

7.6.2.8 竖向地震作用

当选择计算竖向地震作用时，程序将输出竖向地震作用的相应计算结果。

若使用者选择规范简化算法，则程序仅输出每层各塔的竖向地震力；若使用者选择水平振型与竖向振型整体求解，则程序会输出每个振型的竖向地震力；若使用者选择水平振型与竖向振型独立求解，则程序还会输出竖向振型的各个周期值。程序还会输出每个楼层各塔的竖向总地震力以及按《高规》第4.3.15条规定的调整信息。

7.6.3 结构位移输出

结构位移信息输出文件是 WDISP.OUT。

该文件可以帮助使用者对结构的位移进行分析。在 SATWE "结构内力与配筋计算" 操作时，如果位移输出选项中选择 "简化输出" 位移信息，则 WDISP.OUT 文件中只有各工况下每层的最大层间位移、位移比等。如果选择 "详细输出" 则增加各工况下的每层各节点的三个线位移。"简化输出" 未考虑竖向地震的计算输出结果示例如下。

```
=========================================================================
Floor    ：层号
Tower    ：塔号
Jmax     ：最大位移对应的节点号
JmaxD    ：最大层间位移对应的节点号
Max-（Z）：节点的最大竖向位移
h        ：层高
Max-（X），Max-（Y）  ：X，Y方向的节点最大位移
Ave-（X），Ave-（Y）  ： X，Y方向的层平均位移
Max-Dx，Max-Dy      ：X，Y方向的最大层间位移
Ave-Dx，Ave-Dy      ：X，Y方向的平均层间位移
Ratio-（X），Ratio-（Y） ：最大位移与层平均位移的比值
Ratio-Dx，Ratio-Dy  ：最大层间位移与平均层间位移的比值
Max-Dx/h，Max-Dy/h：X，Y方向的最大层间位移角
DxR/Dx，DyR/Dy      ： X，Y方向的有害位移角占总位移角的百分比例
Ratio_AX，Ratio_AY ： 本层位移角与上层位移角的1.3倍及上三层平均位移角的1.2倍的比值的大者
X-Disp，Y-Disp，Z-Disp：节点X，Y，Z方向的位移
===工况  1===X方向地震作用下的楼层最大位移
```

Floor	Tower	Jmax JmaxD	Max-（X） Max-Dx	Ave-（X） Ave-Dx	h Max-Dx/h	DxR/Dx	Ratio_AX
5	1	543	7.18	7.14	3000		
		537	0.30	0.28	1/9997	99.9%	1.00
4	1	415	6.91	6.88	4500		
		526	1.20	1.19	1/3759	50.4%	2.15
3	1	290	5.83	5.81	4500		
		290	1.80	1.78	1/2502	18.3%	1.85
2	1	281	4.12	4.11	4500		
		279	2.15	2.11	1/2096	13.9%	1.55
1	1	39	2.04	2.00	5000		
		39	2.04	2.00	1/2454	99.9%	0.89

```
X方向最大层间位移角：        1/2096（第2层第1塔）
…… ……
=========================================================================
```

其中各荷载工况包括 X 向地震、X 向（＋、－）5％偶然偏心地震、X 向双向地震、Y 向地震、Y 向（＋、－）5％偶然偏心地震、Y 向双向地震、X 方向风、Y 方向风、恒荷载、活荷载等。同时给出规定水平力下的位移结果（楼层位移比、楼层层间位移角）。

7.6.4 底层柱、墙最大组合内力

结构底层柱、墙最大组合内力输出文件是 WDCNL.OUT。

该文件主要用于基础设计，为基础计算提供上部结构的各种内力组合以满足基础设计的要求。注意此处输出的结果：仅限于基础在同一标高的结构，对不等高嵌固的情况不适用；文件输出仅保持《荷载规范》（2001 版）的内容，不再提供《荷载规范》（2012 版）相关内容的升级。即当基础设计时所采用的准确的基础荷载，应由基础设计模块 JCCAD 读取上部分析的标准内力，在基础设计时组合计算得到。此处所输出结果，仅供参考时用。相关内容参见本章第 7.5.8 节"底层柱、墙最大组合内力简图"。文件包括如下 4 部分。

① 底层柱组合设计内力。

② 底层斜柱或支撑组合设计内力。

③ 底层墙组合设计内力。

④ 各荷载组合下的合力及合力点坐标。

每组内力都提供了如下 7 种组合形式。

① X 向最大剪力　Vxmax

② Y 向最大剪力　Vymax

③ 最大轴力　　　Nmax

④ 最小轴力　　　Nmin

⑤ X 向最大弯矩　Mxmax

⑥ Y 向最大弯矩　Mymax

⑦ 1.2 恒载＋1.4 活载　D＋L

7.6.5 各层构件配筋与截面验算输出文件

各层构件配筋与截面验算输出文件是 WPJ＊.OUT，其中"＊"号代表楼层号。该文件主要用于构件设计，为使用者提供了各种构件的截面配筋验算结果，它包括如下部分信息。

7.6.5.1 内力组合信息

列出了各种荷载工况下的荷载组合系数。

7.6.5.2 柱、支撑配筋及截面验算

对混凝土矩形截面柱、圆形截面柱、异形截面柱和混凝土支撑等，输出配筋计算结果、控制内力和控制内力组合号等信息。

对钢柱和钢支撑，输出截面验算结果、构件稳定验算结果以及控制内力和控制内力组合号等信息。

对钢管混凝土柱，输出截面的极限弯矩、构件稳定验算结果以及控制内力和控制内力组合号等信息。

当计算地震力且为特一、一、二、三级抗震设防时，还对框架节点进行验算。

7.6.5.3 剪力墙-柱配筋输出及墙-梁配筋输出

输出剪力墙的"墙-柱"及"墙-梁"配筋计算结果、控制内力和控制内力组合号等信息。

7.6.5.4 梁配筋及截面验算

对混凝土梁，输出配筋及控制内力和控制内力组合号等信息。对钢梁，输出截面验算结

果、构件稳定验算结果以及控制内力和控制内力组合号等信息。

7.6.5.5　混凝土柱、支撑、墙-柱、墙-梁和梁的配筋示意图

混凝土柱、支撑、墙-柱、墙-梁和梁的配筋简图如图 7-67～图 7-73。

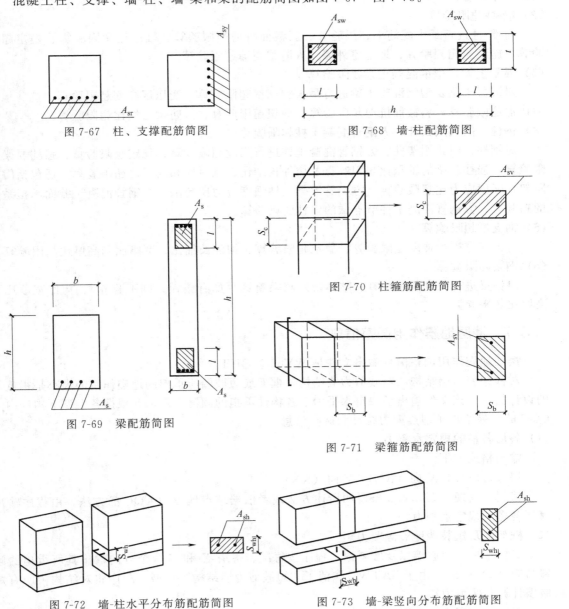

图 7-67　柱、支撑配筋简图　　　　图 7-68　墙-柱配筋简图

图 7-69　梁配筋简图

图 7-70　柱箍筋配筋简图

图 7-71　梁箍筋配筋简图

图 7-72　墙-柱水平分布筋配筋简图　　　图 7-73　墙-梁竖向分布筋配筋简图

7.6.6　超筋超限信息

超筋超限信息输出文件是 WGCPJ.OUT，同时在 WPJ＊.OUT 中也被输出。

该文件随着配筋一起输出，即计算几层配筋，该文件中就有几层超筋超限信息，并且下一次计算会覆盖前次计算的超筋超限内容。因此，要想得到整个结构的超筋信息，必须从首层到顶层一起计算配筋。程序认为不满足规范的规定均为超筋超限，同时在配筋简图中以红色字符显示。

（1）混凝土柱、支撑的超限验算

对混凝土柱、支撑进行轴压比、最大配筋率验算、斜截面抗剪超限验算、节点域抗剪承载力超限验算。

（2）墙-柱超限验算

对墙-柱进行最大配筋率超限验算、斜截面抗剪超限验算、轴压比超限验算、稳定超限验算、施工缝超限验算、地下室外墙、人防临空墙超限验算。

（3）混凝土梁、型钢混凝土梁超限验算

对混凝土梁及型钢混凝土梁进行最大配筋率超限验算、受压区高度超限验算、抗剪承载力比值超限验算、斜截面抗剪超限验算、剪扭超限验算、人防梁延性比超限验算。

（4）钢柱、门式刚架柱、方钢管混凝土柱超限验算

对钢柱、门式刚架柱、方钢管混凝土柱进行强度超限验算、稳定超限验算、强柱弱梁超限验算、强柱弱梁的轴压比超限验算及构件长细比、宽厚比和高厚比超限验算，还包括门式刚架柱强度应力比超限验算、方钢管混凝土柱强度应力比超限、方钢管混凝土截面承担系数的超验算、方钢管混凝土柱节点域的强柱弱梁验算。

（5）钢支撑超限验算

对钢支撑进行强度超限验算、稳定超限验算、构件长细比、宽厚比和高厚比超限验算。

（6）钢梁超限验算

对钢梁进行强度超限验算、整体稳定超限验算（如有楼板，则不验算）、构件宽厚比和高厚比超限验算。

7.6.7 楼层地震作用调整信息

楼层地震作用调整信息输出文件是 WV02Q. OUT。

对框架剪力墙结构、短肢剪力墙结构，框架或短肢墙所承担的地震作用的大小是很重要的设计指标。该文件输出了规定水平力下各构件承担的倾覆力矩，并根据各振型下构件内力 CQC 的结果给出了地震剪力统计和调整信息。

（1）各层各塔的规定水平力

输出格式如下。

层号，塔号，X 向（KN），Y 向（KN）

依据《高规》第 3.4.5 条说明所述方法或者依据结点地震力 CQC 的方法，由程序输出每层各塔的规定水平力。

（2）框架柱及短肢墙地震倾覆力矩

对框架柱、短肢墙以及墙斜撑，程序按每层、每塔 X 和 Y 两个方向输出其所承担的倾覆力矩（kN·m）。由于 SATWE 取消了"短肢剪力墙结构"类型，程序将对结构中所有短肢墙计算其倾覆力矩。

程序对倾覆力矩采用三种计算方法。按照规范规定，倾覆力矩应根据规定水平力计算，而由 CQC 方法计算的倾覆力矩仅供参考。

（3）框架柱及短肢墙地震倾覆力矩百分比

根据前文由规定水平力得到的倾覆力矩，程序计算框架柱及短肢墙所承担的倾覆力矩百分比，使用者需要根据该比值确定结构类型。

（4）框剪结构中框架柱所承担的地震剪力

程序按每层、每塔 X 和 Y 两个方向，输出框架柱所承担的剪力、楼层总剪力、框架柱占楼层剪力的百分比以及指定分段调整后各段底部剪力 V0 和每层柱承担的剪力占 V0 的比例。

(5) 0.2V0 (0.25V0) 的调整系数

对混凝土框架剪力墙结构，输出格式如下。

0.2Vox, 1.5Vcxmax, 0.2Voy, 1.5Vcymax

对高层钢结构，输出格式如下。

0.25Vox, 1.8Vcxmax, 0.25Voy, 1.8Vcymax

调整系数，输出格式如下。

Coef_x(Col), Coef_y(Col), Vcx(Col), Vcy(Col), Coef_x(Wal) Coef_y(Wal)

$0.2V0x$、$0.2V0y$——X 方向和 Y 方向的 20% 的基底剪力，即 $0.2V0$。

$1.5Vcxmax$、$1.5Vcymax$——框架所承担地震剪力的 1.5 倍。

$0.25V0x$、$0.25V0y$——X 方向和 Y 方向的 25% 的基底剪力，即 $0.25V0$。

$1.8Vcxmax$、$1.8Vcymax$——框架所承担地震剪力的 1.8 倍。

在调整时，取 0.2V0 (0.25V0) 和 1.5Vcmax (1.8Vcmax) 中的小值。

Coef_x(Col)、Coef_y(Col)——柱 X 方向和 Y 方向的放大系数。

注意：在 SATWE 的分段调整信息中，当把某段 0.2V0 调整的起始层号填成负值时，在该段的调整中程序将不受上限的限制；否则根据使用者指定的限值对调整系数进行控制。

Coef_x(Wal)、Coef_y(Wal)——筒体结构的墙 X 方向和 Y 方向放大系数。

Vcx(Col)、Vcy(Col)——该层 X 方向和 Y 方向柱所承受的地震剪力。

在做上述调整时，SATWE 可以自动按塔进行，但分段信息是交互输入的。注意分段方式的不同会使 V0 的结果完全不同。

(6) 使用者干预 0.2V0 (0.25V0) 调整系数的方法

当使用者需要干预 0.2V0 调整系数时，可在 "SATWE 前处理"→"调整信息"→"自定义调整系数"中调整。程序将在工程目录中自动生成 SATINPUT02V.PM 文件，并提交使用者修改。

7.6.8 简化薄弱层验算文件

对于 12 层以下的混凝土矩形柱框架结构，当计算完各层配筋之后，程序按简化薄弱层计算方法求出弹塑性位移、位移角等信息，输出到 SAT-K.OUT 文件中。

若采用 "采用侧刚模型" 计算的框架结构，当屈服系数小于 0.5 时，即只要有一层的屈服系数小于 0.5 时，程序就会求出各层的弹塑性位移、位移角等。

7.6.9 剪力墙边缘构件输出文件

剪力墙边缘构件输出信息的文件名是 SATBMB.OUT。

该文件先输出生成边缘构件的控制参数包括结构类型、抗震烈度、轴压比的控制作用及是否执行《高规》第 7.2.16-4 条的规定等信息，然后输出层号和第 Nfloor 层剪力墙边缘构件等信息。最后，输出层中的每一个边缘构件（包括其类型、形状、坐标点、尺寸配筋）等信息。

7.6.10 吊车荷载作用下的预组合内力文件

对于有吊车荷载的工程，吊车荷载与组合内力信息的文件名是 WCRANE*.OUT（"*" 号代表层号）。该文件输出吊车荷载及组合内力信息。

第8章 工程实际操作实例

前面几章，学习了 PKPM 系列软件中的 PMCAD、PK 与 SATWE 的使用方法。本章把 PKPM 结构 CAD 在具体工程中的操作过程做一个详细介绍，用一个工程实例来说明怎样利用这些软件来操作具体的实际工程，读者通过这一部分的学习，能够仿此操作流程学会操作实际工程。

8.1 工程条件

拟建某商场，设计参数如下。

8.1.1 荷载取值

8.1.1.1 楼面荷载

(1) 楼面恒载

楼面外加装修荷载 2kN/m² (不包括楼板自重)，屋面外加荷载 5kN/m² (不包括楼板自重)。现浇板的自重通过 PMCAD 软件自动导算，用户需要在 PMCAD 三维建模菜单中的"楼面恒活"中选择"自动计算楼板自重"选项，则由程序自动计算楼板自重，用户输入的楼面荷载中不计入楼板自重。

(2) 楼面活载

商场 3.5kN/m²；办公 2kN/m²；楼梯 3.5kN/m²；卫生间 2.5kN/m²；中央空调 0.5kN/m²；吊顶 0.5kN/m²。

(3) 屋面活荷载

一般上人屋面：2.0kN/m²。

8.1.1.2 梁、墙荷载

(1) 填充墙荷载

加气混凝土砌块材料容重 7kN/m³；

加气混凝土砌体包括砌筑砂浆的折算容重 10.5kN/m³；

水泥砂浆容重 20kN/m³；

外墙面砖荷载 0.3kN/m²。

① 内墙荷载

200 厚加气混凝土砌块 $0.2m \times 10.5 kN/m^3 = 2.1kN/m^2$。

30 厚水泥砂浆抹灰（双面）$0.03m \times 20kN/m^3 = 0.6kN/m^2$。

小计 $2.7kN/m^2$。

② 外墙荷载

200 厚加气混凝土砌块 $0.2m \times 10.5kN/m^3 = 2.1kN/m^2$。

30 厚水泥砂浆抹灰（双面）$0.03m \times 20kN/m^3 = 0.6kN/m^2$。

30 厚无机保温砂浆（外面）$0.03m \times 10kN/m^3 = 0.3kN/m^2$。

外墙面砖 $0.3kN/m^2$。

小计 $3.3kN/m^2$。

（2）门、窗荷载

$0.5kN/m^2$。

（3）风荷载

基本风压 $0.7kN/m^2$，地面粗糙度 B 类。

8.1.2 结构抗震设防

设防烈度 7 度，基本地震加速度值 $0.1g$，场地类别为 Ⅱ 类，地震设计分组为第一组，剪力墙抗震等级为二级，框架抗震等级为三级。

8.1.3 建筑结构安全等级

二级

8.1.4 建筑平面图

各层建筑平面如图 8-1～图 8-3 所示。

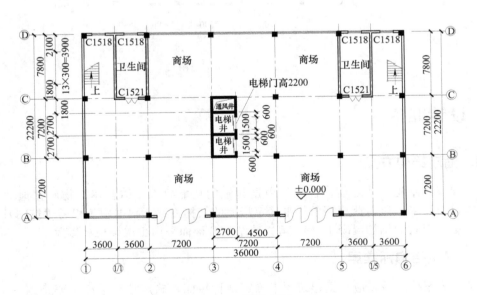

图 8-1 1 层平面图

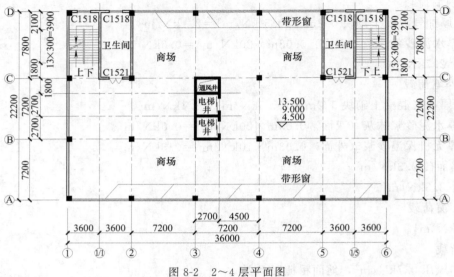

图 8-2　2～4 层平面图

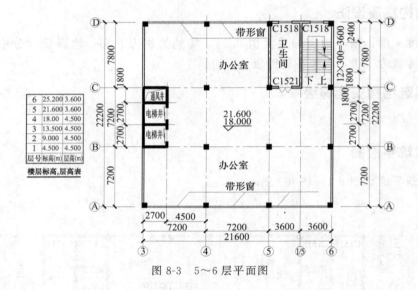

图 8-3　5～6 层平面图

8.2　设计准备

8.2.1　确定结构方案

在房屋建筑结构设计之前,首先应根据建筑的功能要求,结合建筑物所在地的场地情况、抗震设防要求、风雪荷载等条件来确定房屋的结构方案。根据本工程的建筑图及相关资料,确定结构形式为钢筋混凝土框架-剪力墙结构,楼面采用主次梁现浇楼盖。

8.2.2　确定结构标准层

当结构方案确定后,应根据建筑图来确定结构平面,确定结构平面主要是划分标准层。按照标准层的定义,将结构平面布置、层高、材料、荷载完全相同的相邻楼层作为一个标准层。

本工程底层建筑平面是供基础设计使用的，不为其建立结构标准层。标准层的首层应以一层柱、剪力墙、楼盖为起算层。建筑平面2~4层的建筑功能、层高、材料、荷载完全相同，将其定义为第一标准层；5层局部为4层屋顶，将其定义为第二标准层；6层建筑平面变小，将其定义为第三标准层；6层顶为屋顶，将其定义为第四标准层。

8.2.3 建立平面网格草图

根据PMCAD软件的定义，梁、承重墙、斜杆、墙上洞口等构件需要布置在网格线上，柱需要布置在节点上，因此需要拟定平面网格的草图，以便在轴线输入时使用。一般以竖向承重结构所在的轴线为基本网格，本工程采用柱网所在的轴线为基本网格。

8.3 由PMCAD建立结构三维模型

8.3.1 交互式建立三维结构模型

执行PMCAD的主菜单1"建筑模型与荷载输入"，程序打开交互式输入主界面。

8.3.1.1 轴线输入

按前面拟定的轴网草图，按如下步骤输入轴网。

① 点取屏幕右侧"轴线输入"菜单中的子菜单"正交轴网"，程序弹出如图8-4所示"直线轴网"输入对话框。

② 将开间定义为"5*7200"；将进深定义为"2*7200，7800"。

③ 按"确定"按钮程序回到"轴网输入"子菜单，在平面上选择插入点将轴网布置在平面图上。程序自动将绘制的定位轴线分割为网格和节点。凡是轴线相交处都会产生一个节点，轴线线段的起止点也作为节点。

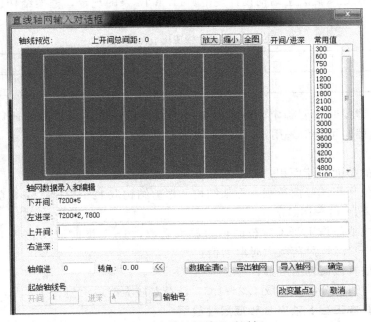

图 8-4 直线轴网输入对话框

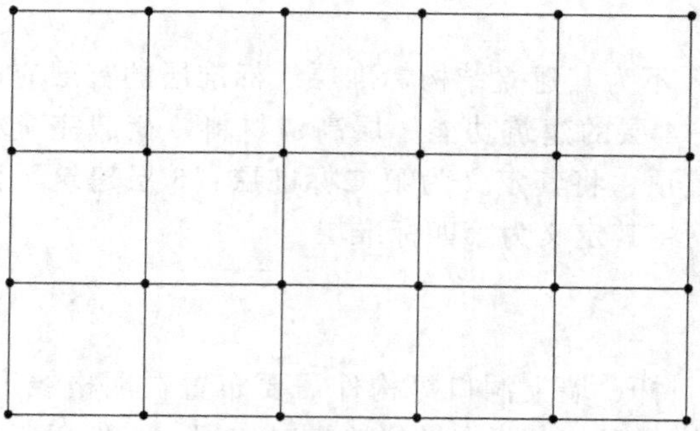

图 8-5 主网格

④ 点取"轴线命名"按钮命名各条轴线，按"返回顶级"按钮，将程序回到主菜单界面。

至此本工程的主网格就建立了，如图 8-5 所示。用户可以用编辑命令将其他的网格布置到平面上，也可以待主网格上的构件布置完后再布置次网格。

8.3.1.2 楼层定义

"楼层定义"是结构整体模型输入的核心。在楼层定义中，用户可以建立新的标准层，交互式布置各种结构构件，布置楼板，定义标准层的基本信息，并可以对标准层进行编辑修改。

楼层定义的步骤如下。

（1）柱布置

① 柱定义。根据各柱的负荷面积，用经验公式手算各柱大致需要的截面尺寸，也可以根据用户的经验确定各柱大致需要的截面尺寸。根据本工程的情况，定义 500×500、600×600、650×650 三种混凝土矩形截面柱。定义方法参见 2.6.1 构件定义。

用经验公式估算柱截面一般是通过控制柱轴压比的方法来确定柱截面。

$$A_c = \frac{N_c}{f_c \mu_N} \tag{8-1}$$

式中　A_c——柱截面全面积；

　　　N_c——柱考虑地震作用组合轴力设计值；

　　　f_c——柱混凝土强度设计值；

　　　μ_N——柱轴压比。

柱轴压比宜满足《混凝土结构设计规范》11.4.16 条的规定，框架结构也可以简单采用表 8-1 的限值。

表 8-1　框架柱轴压比 μ_N 的限值表

抗震等级	一	二	三	四
轴压比限值	0.65	0.75	0.85	0.9

柱的截面在建模时就要确定，而此时柱的轴向力设计值还很难准确计算，为了设计方便，在初定柱截面时可近似采用：

$$N_c = \gamma_G \alpha S w F \tag{8-2}$$

式中　S——柱的楼面负荷面积；

　　　w——单位面积的竖向荷载，框架结构和框剪结构取 $12 \sim 14 kN/m^2$，剪力墙和筒体结构采用 $14 \sim 16 kN/m^2$；

　　　α——考虑地震作用及风荷载的轴力放大系数，6～7 度时取 $1.05 \sim 1.15$，8 度时取 $1.1 \sim 1.2$，风荷载大时取大值；

　　　F——柱估算截面以上层数；

　　　γ_G——竖向荷载分项系数取 $1.2 \sim 1.3$，活荷载较大时取大值。

例题 1　估算本工程 5 轴交 B 轴底层柱截面

负荷面积 $S = 7.2m \times 7.2m = 51.84m^2$。

单位面积的竖向荷载，框剪结构取 $w=13\text{kN/m}^2$。

地震作用及风荷载的轴力放大系数 $\alpha=1.1$。

柱估算截面以上层数 $F=6$。

竖向荷载分项系数 $\gamma_\text{G}=1.25$。

计算结果：

$$N_\text{c}=\gamma_\text{G}\alpha SwF=1.25\times1.1\times51.84\times13\times6=5559.8\text{kN}$$

柱混凝土强度采用 C40　$f_\text{c}=19.1\text{MPa}$。

框架柱轴压比限值三级抗震等级 $n=0.85$。

柱截面面积估算：

$$A_\text{c}=\frac{N_\text{k}}{f_\text{c}n}=\frac{5559.8\times10^3}{19.1\times0.85}=342458\text{mm}^2。$$

取 $bh=600\text{mm}\times600\text{mm}=360000\text{mm}^2$，满足要求。

② 柱布置。根据各柱的负荷面积不同，将不同截面的柱输入到节点上。输入的方法可以采用"直接点取"、"沿轴输入"、"窗口选取"和"围栏选取"四种输入方式。柱与轴线的偏心关系应在此时同时输入，输入结果如图 8-6 所示。

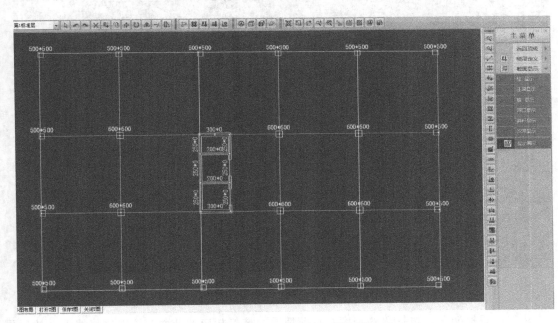

图 8-6　第一标准层柱、墙布置

（2）墙布置

① 定义墙。墙定义仅定义剪力墙，墙截面只需定义厚度，层高输入为零。根据本工程的情况，定义 200、250、300 厚三种截面。定义方法参见 2.6.1 构件定义。

② 墙布置

根据工程的抗侧需要与构造要求，布置不同截面的剪力墙到相应的网格线上。输入的方法同样可以采用"直接点取"、"沿轴输入"、"窗口选取"和"围栏选取"四种输入方式，输入结果如图 8-6 所示。在这里输入的墙仅仅是混凝土剪力墙，不包括填充墙。填充墙按照其重量作为梁间荷载输入。

（3）洞口布置

① 定义洞口。根据电梯门的大小定义剪力墙洞口尺寸为 1500×2200。另外，通风井壁需要开一个计算洞，其尺寸为 100×2200。

② 洞口布置。首先按照电梯门的位置布置墙洞口，然后在通风井井壁上输入计算洞口（后面的结构分析软件 SATWE、TAT 都不能计算封闭不开洞的剪力墙），输入结果如图 8-6 所示。

（4）梁布置

① 定义梁。梁截面定义是根据梁的跨度及梁的负荷大小来确定。框架梁高一般取跨度的 1/8～1/12，梁宽一般取梁高的 1/2～1/3。非框架梁高一般取跨度的 1/12～1/16，梁宽一般取梁高的 1/2～1/3。负荷较大的梁取上限，负荷较小的梁取下限。根据本工程的情况，定义 200×400、200×500、250×500、250×650、250×700、300×700 等截面。定义方法参见 2.6.1 构件定义。

② 梁布置。布置梁之前，需要用户通过编辑命令或绘图命令将需要布置梁的位置上布置网格线，如图 8-7 所示。

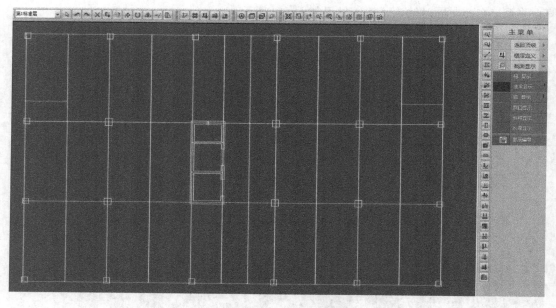

图 8-7　第一标准层梁网格布置

首先布置框架梁，根据梁的跨度及负荷情况，选择相应的截面布置在网格线上。然后再布置非框架梁，如果没有网格线，可以将框架梁先复制到次梁的位置上，在其上面布置非框架梁，程序将自动替换其截面，输入结果如图 8-8 所示。

需要注意的是，本节所说的"主梁"并非一般结构主梁，而是软件定义的名称，可以称之为"PM 主梁"。用户用"PM 主梁"既可以布置框架梁也可以布置非框架梁，可以将软件的"主梁布置"理解为梁布置。软件还提供了"次梁布置"功能，它是软件布置次梁的一项辅助功能，一般情况下不用此项功能布置次梁。次梁布置非常复杂，通过"主梁布置"无法反映结构设计需要时，可以通过"次梁布置"菜单布置次梁。

（5）截面显示及本层修改

点取"截面显示"按钮分别显示各种构件的截面尺寸，用户通过屏幕查看截面尺寸是否

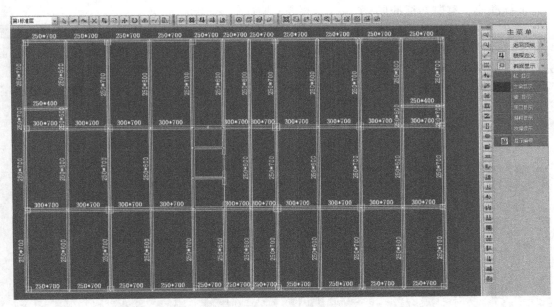

图 8-8　第二标准层梁布置

正确。如果需要修改，可以点取"本层修改"按钮，修改各种构件。

（6）偏心对齐

各种构件都布置完毕后，可以点取"偏心对齐"按钮，将构件按需要的偏心方向布置。

（7）本层信息

最后一项是输入和确认以下结构信息：板厚、板混凝土保护层厚度和梁、板、柱及剪力墙混凝土强度等级、梁柱钢筋强度等级、本标准层层高。为了便于施工，梁板混凝土强度等级同时采用 C30。剪力墙和柱混凝土强度等级采用 C40，梁、柱、墙钢筋类别均采用 HRB400。输入的信息如图8-9 所示。其中本标准层层高仅在显示本层的三维视图时使用，并非最终的结构层高，结构层高要在楼层组装时输入。

图 8-9　本层信息

（8）输入楼板结构信息

点取"楼板生成"生成现浇板，在标准层楼面上进行楼板开洞、修改楼板厚、楼板错层等。操作步骤如下。

① 楼板开洞

点取"楼板开洞"子菜单下的"全房间洞口"对电梯井、通风井开洞。点取"楼板开洞"按钮对楼梯间开局部洞口。

② 修改板厚

点取"修改板厚"按钮，输入 120mm，点取卫生间，将卫生间现浇板厚改为 120mm。

③ 楼板错层

点取"楼板错层"按钮，输入楼板下沉值 100mm，点取卫生间，卫生间的板面标高降低 100mm。

至此第一标准层就输入完毕了。

（9）换标准层，复制新标准层

完成第一标准层平面布置后，点取"换标准层"按钮，或在标准层列表中点取"添加新标准层"，新增标准层的方式选用"全部复制"，就可以用第一结构标准层复制出第二标准层。当前层自动换到第二标准层，在其上面布置结构或修改，完成第二结构标准层的布置。反复此项操作，直到把本工程的 4 个结构标准层全部布置完毕，按"返回顶级"退出楼层定义。

上述操作如图 8-10～图 8-12 所示。

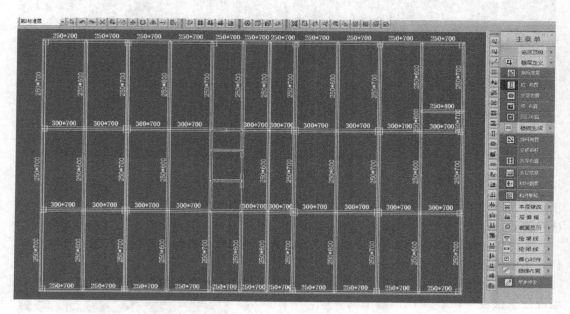

图 8-10　第二标准层

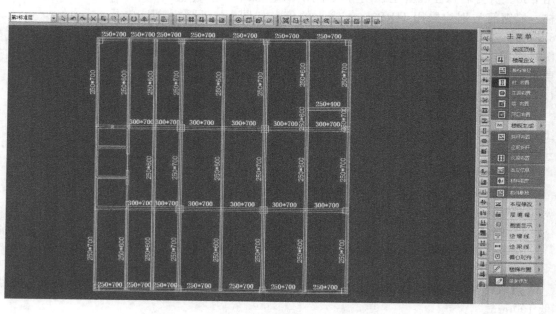

图 8-11　第三标准层

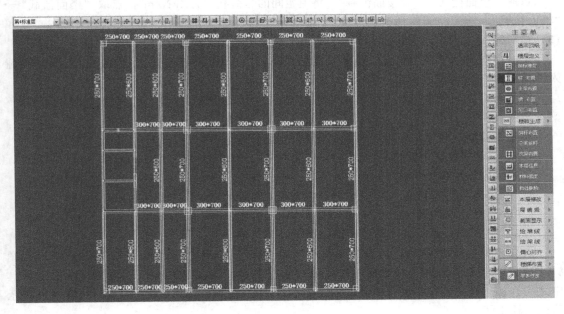

图 8-12　第四标准层

8.3.1.3　荷载输入

点取"荷载输入"菜单，定义楼面恒载及活载，输入梁间荷载、节点荷载等荷载。通过标准层列表选择第一标准层。第一标准层对应的荷载是建筑二层的荷载。

（1）设置楼面恒、活载

点取右侧菜单中"恒活设置"，设置第一标准层的楼面恒载及荷载。在此仅设置本楼层典型的楼面恒载和活载。首先要根据建筑图计算楼面荷载，计算方法详见以下例题二。

例题 2　第一标准层楼面荷载统计

恒载：外加装修荷载 $2kN/m^2$。

　　　　现浇板自重 $0.1m \times 25kN/m^3 = 2.5kN/m^2$。

　　　　小计 $4.5kN/m^2$。

注意： 如果选择由软件自动计算现浇板自重，则上述计算可不计现浇板自重。

活载：商场 $3.5kN/m^2$。

　　　　中央空调 $0.5kN/m^2$。

　　　　吊顶 $0.5kN/m^2$。

　　　　小计 $4.5kN/m^2$。

楼面荷载由软件计算现浇板自重，输入 $2.5kN/m^2$；楼面活载按照例题二计算结果，输入 $4.5kN/m^2$。输入结果详见图 8-13。

（2）楼面恒、活载二次输入

通过楼面荷载定义已经将楼面的主要荷载统一输入，但是工程上的楼面荷载不可能每个房间都是一样的。不同的装修标准有不同的恒荷载，不同的使用功能就会产生不同的活荷载，因此需要根据建筑图对楼面荷载进行二次输入。

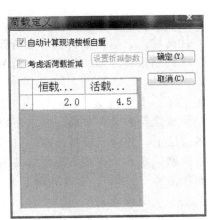

图 8-13　楼面荷载设置

点取"楼面荷载"→"楼面恒载",将卫生间的恒荷载改为 $4kN/m^2$,点取"楼面活载"→"楼面恒载",将卫生间的活荷载改为 $2.5kN/m^2$。

(3) 梁荷输入

梁间荷载包括活载和恒载。由于楼面恒荷载和活荷载由程序自动导算到梁上,此时要输入的荷载仅有填充墙重量这一项。

填充墙折算面荷载在 8.1.1.2 节中已经算出,用该荷载乘以填充墙高度就得到填充墙下梁承担的线荷载。

填充墙荷载=每米填充墙折算荷载×填充墙高度(层高-梁高)

4.5m 层高楼梯间内墙荷载=$2.7kN/m^2$×(4.5m-0.6m)=10.53kN/m,取 10.5kN/m。

4.5m 层高楼梯间外墙荷载=$3.3kN/m^2$×(4.5m-0.7m)=12.54kN/m,取 12.5kN/m。

4.5m 层高带形窗荷载=$3.3kN/m^2$×1m+0.5 kN/m^2×2.8m=4.7kN/m。

1.5m 高女儿墙荷载=$3.3kN/m^2$×1.5m=4.95kN/m,取 5.0kN/m。

3.6m 层高填充墙荷载计算及楼梯间荷载计算从略。

点取屏幕右侧菜单中"荷载输入"→"梁间荷载"→"荷载输入"屏幕上弹出如图 8-14 所示的"梁荷输入"对话框。对话框中定义各种填充墙的荷载,定义完毕后,选择其中之一,按"布置"按钮进入荷载输入主界面,用鼠标选取要输入荷载的梁,该梁变红表示荷载已输上了。

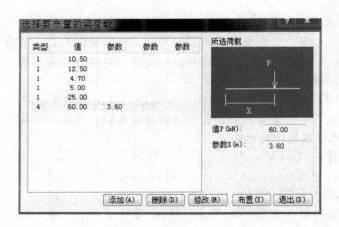

图 8-14 梁荷输入

(4) 柱荷输入、墙荷输入和节点荷载输入

本例题没有外加的柱荷、墙荷和节点荷载。用户若需要输入可参见本书第 2 章 2.7 荷载输入。

8.3.1.4 楼层组装

完成建筑的竖向布局,要求用户把已经定义的结构标准层和荷载标准层组装在从下至上的各楼层上,并输入层高。图 8-15 所示的是本工程的楼层组装结果。

注意:底层结构层高与建筑层高不一致,结构层高应从基础顶面起算,本工程假定基础顶面标高为-0.300,首层结构层高为 4.8m。

8.3.1.5 设计参数

根据工程的具体要求输入结构分析所需要的总信息和材料、地震、风荷载及绘图信息。具体输入方法详见第 2 章 2.8 节设计参数,输入结果详见图 8-16。

图 8-15 楼层组装

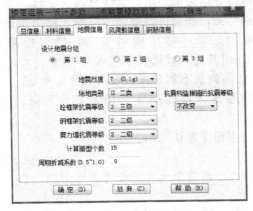

(a) 总信息

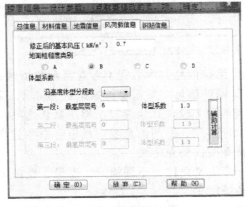

(b) 材料信息

(c) 地震信息

(d) 风荷载信息

图 8-16 设计参数

8.3.1.6 数据检查

点"退出程序"→进入数据检查程序。数据检查过程中若程序提示数据有错误，可随时点"返回建模并显示检查结果"项返回程序修改数据，也可以选择"继续退出程序"。

8.3.2 平面荷载校核

这部分主要工作是对输入的荷载进行人工校核。具体操作详见本书第 3 章。

8.4 空间结构分析与设计（SATWE）

通过 SATWE 完成整个工程的整体分析、内力计算及截面的配筋与验算，并可以连接"梁墙柱施工图软件"绘制施工图。这部分的操作步骤如下。

8.4.1 接 PM 生成 SATWE 数据文件

选择主菜单 1 "接 PM 生成 SATWE 数据文件"，系统打开"接 PM 生成 SATWE 数据"子菜单，其中有"补充输入及 SATWE 数据生成"和"图形检查与修改"两页子菜单，如图 8-17 所示。

（1）分析与设计参数补充定义

在这里通过对话框输入结构整体分析所需要的总信息、风荷信息、地震信息、活荷信息、调整信息、配筋信息、设计信息、荷载组合。各项页菜单中需要修改的内容如下。

① 总信息。结构体系为框剪结构。由于程序不能自动计算梁、柱、剪力墙的抹灰荷载，因此将混凝土容重改为 26kN/m³，其他参数用程序默认选项。

② 风荷信息。基本风压采用 $0.7 \ kN/m^2$，不考虑风振。

③ 地震信息。本工程为规则建筑。设计地震分组为第一组，设防烈度为 7 度，场地类别二类，框架抗震等级为三级，剪力墙抗震等级为二级，考虑偶然偏心，周期折减系数 0.9。其他参数用程序默认选项。

图 8-17 接 PM 生成 SATWE 数据子菜单

④ 活载信息。本工程不考虑活荷载折减；活荷载最不利布置的最高层号为 6 层。

⑤ 调整信息。梁扭矩折减系数为 0.4，梁刚度放大系数按照 2010 版规范取值，$0.2V_0$ 分段调整为 1 段，其他参数用程序默认选项。

设计信息、配筋信息及荷载组合中参数均采用程序默认选项。

（2）特殊构件补充定义

补充定义角柱、不调幅梁、连梁、铰接梁和弹性楼板单元和抗震等级等信息。

（3）多塔定义

本工程为单塔结构，不需要定义多塔信息，可以跳过这一步。

（4）生成 SATEW 数据文件及数据检查

点取"生成 SATEW 数据文件及数据检查"选项，程序自动生成结构有限元所需的数据格式文件。

以后凡是经 PMCAD 的第 1 项菜单或 SATWE 前处理 1～7 项菜单采用交互输入方式对工程的几何布置或荷载信息做过修改的，都要经过这项菜单重新生成 SATWE 的几何数据文件和荷载数据文件。

　　检查几何数据文件、竖向荷载数据文件和风荷载数据文件的正确性。如果有错误，程序会有出错提示，用户可以根据错误序号，通过本书附录 A 查找出错误所在，返回到相应的菜单或回到 PMCAD 中进行修改。如果没有错误就可以对结构进行整体分析与内力计算。

8. 4. 2　SATWE 结构分析与配筋计算

　　点取 SATWE 主菜单 2 "结构内力与配筋计算"、主菜单 3 "PM 次梁内力与配筋计算"对结构进行整体分析与配筋计算。计算结束后点取主菜单 4 "分析结果图形和文本显示"查看分析结果。分析结果图形和文本文件的查看方法详见第 7 章 7.5 节和 7.6 节。用户要查看其中的各种输出文件，确定结构能否满足设计要求。如果有超限或超出规范限制的信息，则认为试算没有通过，需要返回到 PMCAD 修改结构，修改后执行 PMCAD 主菜单 1，再执行 SATWE 主菜单 1、2 重新计算，如此反复试算，直到满足设计要求为止。如果计算分析结果能够满足设计要求就可以绘制结构施工图。

8. 5　绘制梁、柱施工图

　　绘制梁、柱施工图需要调用 "墙梁柱施工图" 软件。选择 PKPM 主界面中结构页中的 "墙梁柱施工图"，屏幕出现如图 8-18 所示的菜单，操作步骤如下。

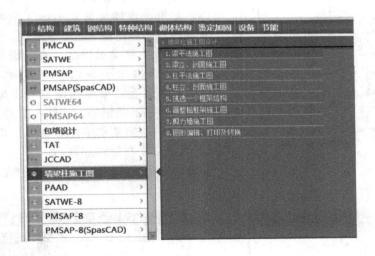

图 8-18　梁、柱施工图主菜单

8. 5. 1　绘制梁平法施工图

　　直接点取主菜单 1 "梁平法施工图" 选项，程序进入 "梁平法施工图" 程序主界面，在这里完成梁平表法施工图全部操作。操作过程如下。

（1）参数修改

　　点取右侧菜单中的 "参数修改"，程序弹出如图 8-19 所示平面梁绘图参数对话框，按要求修改其中的参数后，按 "确定" 按钮返回主菜单。

（2）定义钢筋标准层

点取右侧菜单中的"设钢筋层"程序弹出定义钢筋标准层对话框，用户可以将楼层结构构件布置和配筋相同的楼层定义为同一钢筋层，软件会根据各层配筋面积数据中取大值作为配筋依据。

第一次进入梁施工图时，程序会自动弹出定义钢筋标准层对话框。程序会按照标准层的划分状况生成梁钢筋标准层。用户应根据工程的实际情况定义钢筋标准层。

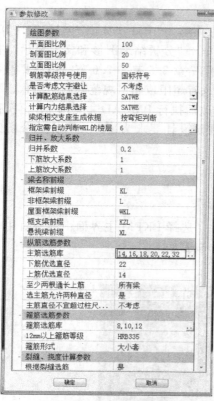

图 8-19　平面梁绘图参数

（3）挠度计算

点取右侧菜单中的"挠度图"查看梁的挠度是否有超限或挠度过大的梁，如果有，则需要返回到PMCAD中进行修改。

（4）裂缝宽度计算

点取右侧菜单中的"裂缝图"查看梁的最大裂缝宽度。如果裂缝超限梁较少，可以返回到主界面，用"修改钢筋"功能适当增加配筋或减小钢筋直径来减小裂缝宽度。如果裂缝超限梁较多，可以在图8-19所示的梁选筋参数中选择根据裂缝宽度自动选筋，这样程序将根据裂缝宽度调整梁配筋。

（5）查改钢筋

① 点取右侧菜单中的"查改钢筋"→"连梁修改"，程序弹出如图 8-20（a）所示的修改对话框，可以在此修改连续梁的集中标注中的梁名称、顶部贯通钢筋、下部钢筋、箍筋及腰筋。

② 点取右侧菜单中的"查改钢筋"→"单跨修改"，程序弹出如图 8-20（b）所示的修改对话框，可以在此修改连续梁单跨的左右支座上部钢筋、顶部贯通钢筋、下部钢筋、箍筋及腰筋。

③ 点取右侧菜单中的"次梁加筋"→"箍筋开关"，程序自动布置附加箍筋。

操作完毕后按"退出"按钮，结束绘图操作。

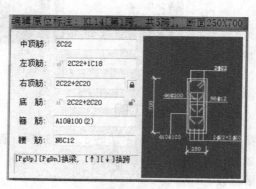

（a）连梁修改　　　　　　　　　（b）单跨修改

图 8-20　查改钢筋

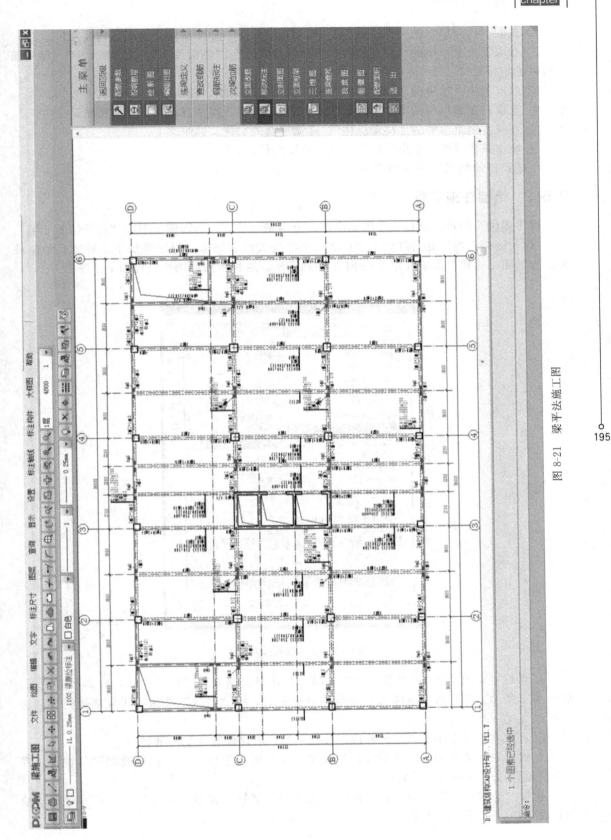

图 8-21 梁平法施工图

④ 点取下拉菜单中的"标注轴网"→"自动标注",标注结构平面图的轴线及尺寸。

⑤ 点取下拉菜单中的"标注构件"→"注柱尺寸"、"注梁尺寸"、"注墙尺寸",标注偏心构件的定位尺寸。

⑥ 点取下拉菜单中的"标注轴网"→"层高表"菜单,插入结构层高表。

⑦ 点取右侧菜单中的"次梁加筋"→"箍筋开关",程序自动布置附加箍筋。

⑧ 点取右侧菜单中的"移动标注",移动重叠的字符及标注。

⑨ 操作完毕后按"退出"按钮,结束绘图操作。

上述操作的结果如图 8-21 所示。

8.5.2　绘制柱施工图

程序提供了两种绘制柱施工图的画法,分别是"柱立、剖面施工图"、"柱平法施工图"。

"柱平法施工图"是将柱施工图以按照平法方式绘制出来,程序提供了多种方式绘制柱平法施工图,这里仅简单介绍 PKPM 剖面列表法。这种画法的操作过程如下。

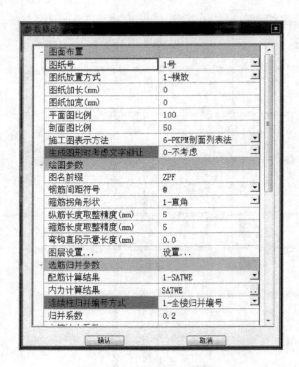

图 8-22　柱参数修改对话框

① 点取主菜单 3"柱平法施工图"选项,程序弹出输入绘图柱子选筋归并参数对话框,如图 8-22 所示。用户按要求输入相关绘图补充参数,按"确认"按钮进入柱剖面列表画法程序。

② 点取右侧菜单中的"平面修改"按钮,用户可以修改柱实配钢筋。

③ 点取右侧菜单中的"相同修改"按钮,用户可以选择与上一次修改相同的柱子,程序会自动修改被选到的柱子配筋。

④ 按"选柱画图"按钮,在平面图上选择要绘制柱大样施工图的柱编号,程序自动绘出柱施工图,如图 8-23 所示。

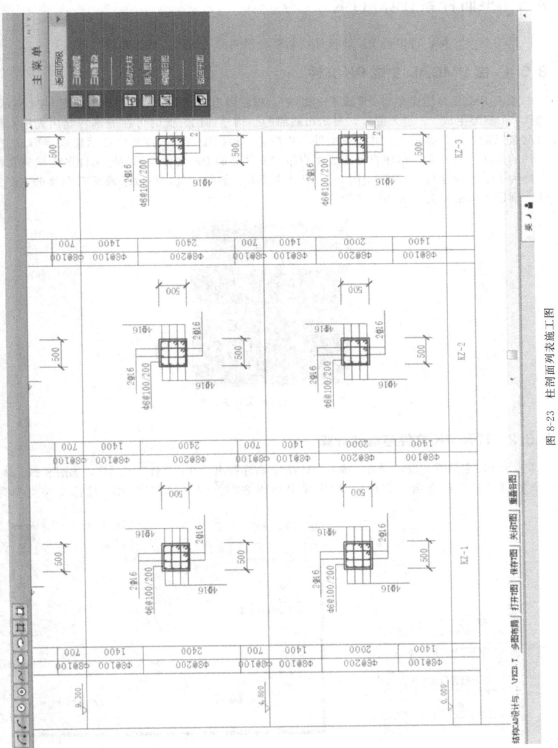

图 8-23　柱剖面列表施工图

8.6 平面杆系计算（PK）

对于框架结构，可以用 PK 计算并绘制单榀框架的施工图，操作步骤如下。

8.6.1 由 PMCAD 生成 PK 文件

点取 PMCAD 主菜单 4 "形成 PK 文件"，程序弹出形成 PK 文件主菜单如图 8-24 所示。选择 "1 框架生成"，进入此项，显示出底层的结构平面图。此时可在屏幕右侧用光标点取风荷载来输入风荷载信息，并点取文件名称栏目，给框架命名。按程序提示输入要形成 PK 文件的轴线号后回车，程序自动生成用户指定文件名的 PK 文件（不指定文件名的缺省文件名称为 PK-轴线号），并退回到图 8-24 所示的菜单。如此反复，可以形成所有框架的 PK 文件。现以 1 轴框架为例说明后续操作。

图 8-24 形成 PK 文件主菜单

8.6.2 打开 PK 文件与框架计算

点取 PK 主菜单 1 "PK 交互式输入与计算"，程序弹出 "打开文件" 对话框，如图 8-25（a）。选择 "打开已有数据文件"，程序弹出如图 8-25（b）所示对话框，选择文件类型为

(a)

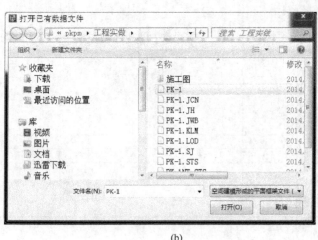

(b)

图 8-25 打开文件菜单

"空间建模形成的平面框架文件"，在文件列表中选择 PK-1。也可以直接在文件名栏输入 1 轴的 PK 文件名 PK-1。按"打开"按钮，进入 PK 交互式输入与计算程序。

点取屏幕右侧菜单中的"计算简图"按钮，可以显示框架立面图及各种荷载工况下的荷载简图，如图 8-26 所示。

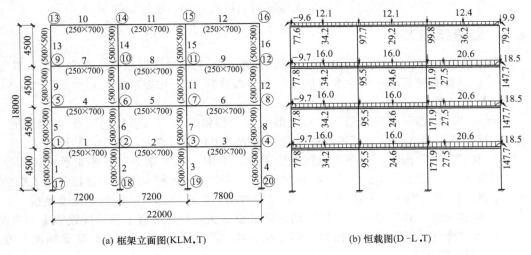

(a) 框架立面图(KLM.T) (b) 恒载图(D-L.T)

图 8-26 PK 数检图

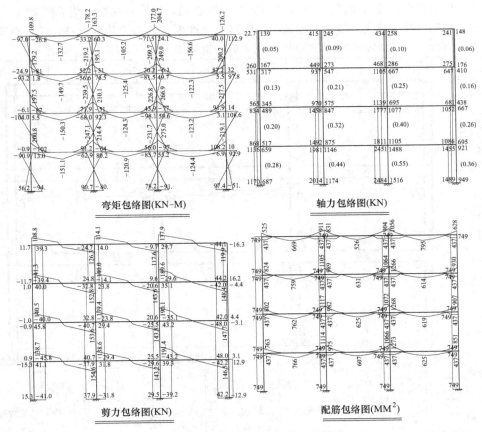

弯矩包络图(KN-M) 轴力包络图(KN)

剪力包络图(KN) 配筋包络图(MM²)

图 8-27 配筋包络图和各种内力简图

点取屏幕右侧菜单中的"参数输入"输入框架计算所需的各项参数，详见本书第6.2.2.4节。

点取屏幕右侧菜单中的"计算"按钮，程序自动对1轴框架进行内力计算，屏幕右侧显示"内力计算结果输出子菜单"，在这里可以查看配筋包络图和各种内力简图，如图8-27所示。每个图都有相应的文件名，写在图形文件的下方。

检查各简图，如果没有超限或超出规范限制的信息，就可以绘制框架施工图。

8.6.3 绘框架施工图

点取主菜单2"框架绘图"，程序进入PK钢筋混凝土梁柱配筋程序，操作过程如下。

① 点取屏幕右侧菜单中的"参数修改"→"参数输入"，按要求输入相关绘图参数、配筋信息及补充参数。

② 点取"柱纵筋"、"梁下筋"、"梁上筋"、"梁柱箍筋"、"节点箍筋"及"梁腰筋"等按钮，程序以图形方式显示实配钢筋的数量及规格，用户可以在此修改梁、柱配筋。

③ 点取"次梁"按钮，程序进入次梁子菜单。点取"改次梁力"屏幕显示次梁程序自动计算的集中力，若需要修改可以直接用鼠标点取图中集中力所在的梁，按提示输入新的集中力，该梁上作用的集中力将被修改。点取"修改吊筋"可以修改吊筋的数量及规格。

④ 点取"裂缝计算"按钮，程序自动计算梁裂缝宽度并在屏幕上显示梁裂缝宽度简图。

⑤ 点取"挠度计算"按钮，按程序提示输入准永久系数，程序自动计算梁挠度并在屏幕上显示梁挠度简图。

⑥ 点取"施工图"→"画施工图"，程序提示："是否将相同的层归并"，选择"归并"，程序提示输入出图文件名，输入文件名KJ-1.T，按"OK"按钮，程序自动绘出整榀框架施工图。点取"移动图块"、"移动标注"按钮，用鼠标在屏幕上点取要移动的图块和标注，进行布图操作，如图8-28所示。回主菜单按"退出"程序将刚绘出的框架施工图以KJ-1.T存盘退出。

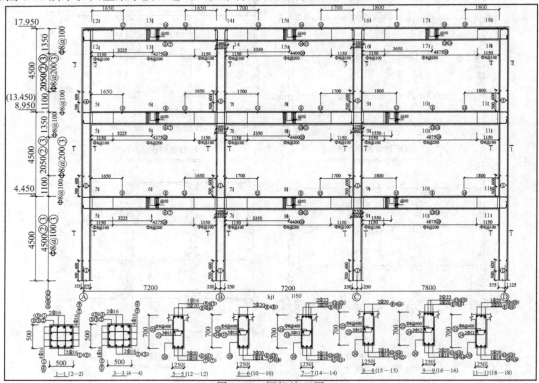

图 8-28　框架施工图

8.7　由 PMCAD 绘制楼板结构施工图

以本工程的第 1 层为例介绍以 PMCAD 绘制楼板结构施工图的方法。

8.7.1　参数修改

执行主菜单 3 "画结构平面图"，程序弹出选择楼层对话框，选择第 1 层，程序在屏幕上显示第 1 层平面简图。

选择屏幕右侧菜单中 "配筋参数" 按钮，程序弹出楼板配筋参数对话框，如图 8-29 所示。根据本工程的具体情况结合结构设计规范对此菜单中的各选项进行调整，调整结果如图 8-29 所示。设置完毕，按 "确定" 按钮退出。选择 "绘图参数" 按钮，设置画图参数，设置结果如图 8-30 所示。设置完毕，按 "确定" 按钮退出。

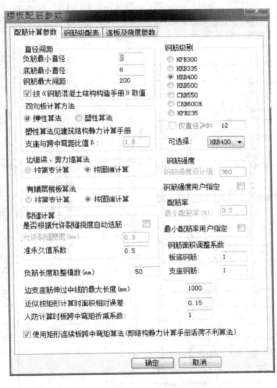

图 8-29　楼板配筋参数对话框

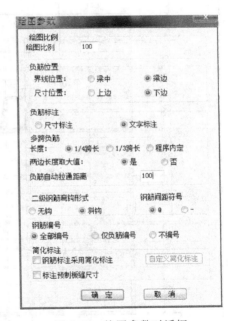

图 8-30　绘图参数对话框

设置完这两项后，按 "楼板计算" → "自动计算" 程序计算楼板配筋。程序自动对各种现浇板进行配筋计算。计算完毕后点取屏幕右侧菜单中楼板计算结果图形选择菜单，查看计算结果，可以分别显示现浇板计算配筋图、实配钢筋图及内力图。

8.7.2　交互式绘制结构平面图

点取屏幕右侧菜单中的 "进入绘图" 按钮，首先在屏幕显示当前结构标准层的平面图模板图，内容有框架柱、梁、剪力墙的布置及次梁布置等。交互式绘制结构平面图的步骤如下。

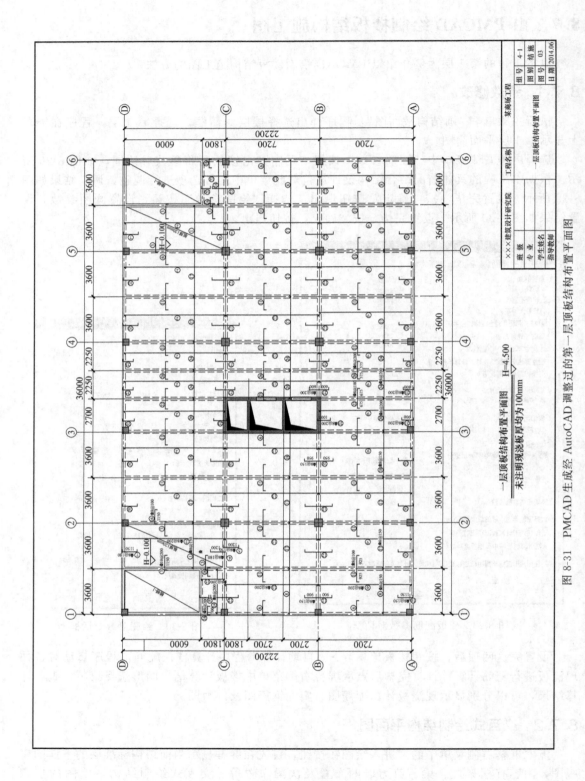

图 8-31　PMCAD 生成经 AutoCAD 调整过的第一层顶板结构布置平面图

（1）标注轴线

点取下拉菜单"标注轴线"按钮，在"标注轴线"子菜单中，选择其中的"自动标注"按钮，程序自动将轴线（PMCAD主菜单1中定义的轴线）画在平面图上。

（2）填充柱和墙体

点取下拉菜单"设置"按钮，选择菜单中的"构件显示"，程序弹出构件显示绘图参数对话框，选择"柱涂实"和"墙涂实"这两项，将柱和剪力墙涂实。

（3）画板钢筋

点取右侧菜单"画板钢筋"按钮，程序弹出"画板钢筋"子菜单，选择其中的"逐间布筋"按钮，用鼠标点取要布置钢筋的房间或按［Tab］键用窗口方式选择整个图形，程序自动将现浇板钢筋布置在平面图上。

（4）标注尺寸

点取右侧菜单"标注尺寸"按钮，标注构件的定位尺寸。

（5）存图退出

完成绘图后，点此项菜单退出，这时该层平面图即形成一个图形文件，该文件名称为PM1.T。绘出的图形如图8-31所示。

8.8　施工图图纸编辑

8.8.1　PKPM图形文件格式转换为AutoCAD图形文件格式

选择PMCAD主菜单9"图形编辑、打印及转换"，程序进入"图形编辑、打印及转换"菜单，选择屏幕上侧菜单"工具"→"T图转DWG图"，程序打开"T转DWG"文件管理器。用户从中选取需要转换的"文件名.T"文件，按"打开"键程序自动生成"文件名.DWG"文件。例如：选择"PM1.T"后，按"打开"键生成的文件名为"PM1.DWG"。目前的版本生成的是AutoCAD R16版文件格式的DWG文件。

8.8.2　由AutoCAD编辑图形文件

由PKPM软件生成的图形文件往往需要通过AutoCAD编辑和修改，进行插入图框、调整图面、写说明文字、编图纸目录等操作。

8.8.2.1　插入图框

AutoCAD插入图框的方法有多种，这里仅介绍两种常用的方法。

（1）从标准图库中调用

图框如果是已经建立好的标准图形文件，可以用块插入的方法插入图框。用鼠标点取下拉菜单"插入"→"块"，程序弹出块插入对话框，如图8-32所示。点取右侧的"浏览"按钮，选择标准图框图形文件所在的文件夹，选择该文件，按"确定"按钮将图块插入当前图形。

（2）从原有的图形文件中调用

图框如果是在原有的图形文件中，则可以从新的窗口打开原有的图形文件，将其中的图框复制到剪切板上，再从剪切板上粘贴到当前图上。

8.8.2.2　图面调整与编辑

（1）更改文字对正方式

由PKPM软件生成的图形文件中的文字对正方式都是以"调整"方式对正的，这种对

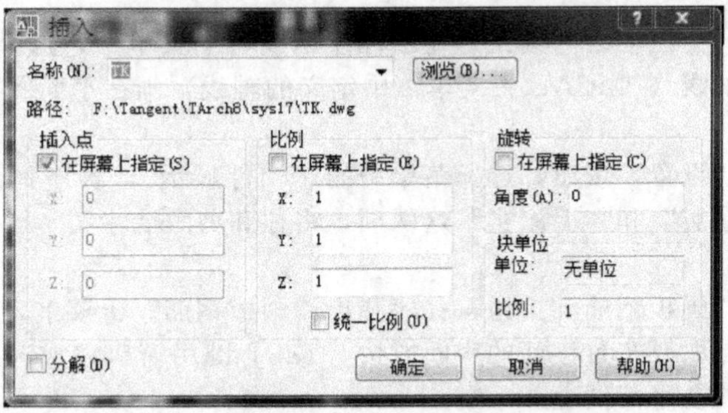

图 8-32 插入图框

正方式不便于对文字的修改和编辑，需要将对正方式修改为"左对齐"。用特性修改命令可以完成这项操作。

（2）调整重叠的文字

由 PKPM 软件生成的图形文件中经常会出现文字重叠的现象，可以用 MOVE（移动）命令，将重叠的文字移开。文字与图形重叠时，如果文字不能移走，可以将图形对象局部打断或删除。

（3）图面调整

如果由 PKPM 软件生成的图形文件的图面需要修改，可以用 AutoCAD 的修改命令进行修改。

（4）标注尺寸

在 PKPM 软件生成的图形文件中，如果有未标注的尺寸，可以利用 AutoCAD 的标注命令补充标注。

8.8.2.3 图纸编号

整个工程的施工图都画出后，需要对图纸进行编号，并编写图纸目录，最后通过绘图仪打印输出。

8.9 施工图图纸打印

8.9.1 设置选择绘图仪

启动 AutoCAD，选择主菜单"工具"→"选项"→"打印"，如图 8-33 所示。如系统已经配置绘图仪，则直接选取指定的绘图仪；如系统没有配置绘图仪，则点击"添加或配置绘图仪"按钮，进入添加打印机向导，选择从磁盘安装绘图仪的驱动程序。

8.9.2 调整绘图仪参数

点击 AutoCAD 标准工具栏上打印机图标，系统弹出如图 8-34 所示对话框，各选项的使用方法如下。

8.9.2.1 打印设备

（1）打印机配置

在名称栏中选择指定的绘图仪。

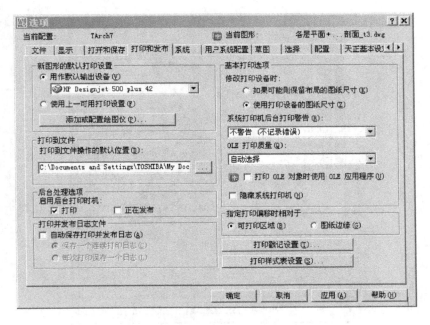

图 8-33　设置选择绘图仪

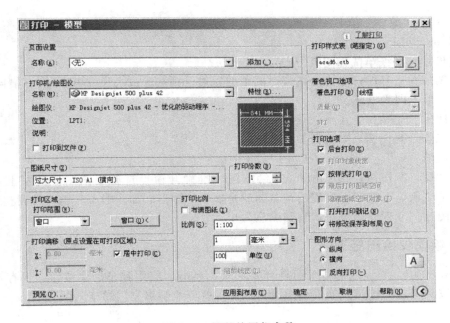

图 8-34　调整绘图仪参数

（2）打印样式表（笔指定）

在名称栏中选择一个打印样式，如选择"acad.ctb"。如需修改线宽和颜色，点击"编辑"按钮，出现二级菜单，如图 8-35 所示。

选定"格式视图"，在"颜色"栏中选定指定的绘图颜色，一般选"黑色"；在"笔号"栏中指定绘图仪笔号，一般选择"7"；在"线宽"栏中，如果施工图已经设置好线宽，则选择"使用对象线宽"，如施工图没有指定线宽，则选择"0.25mm"作为图纸线宽。

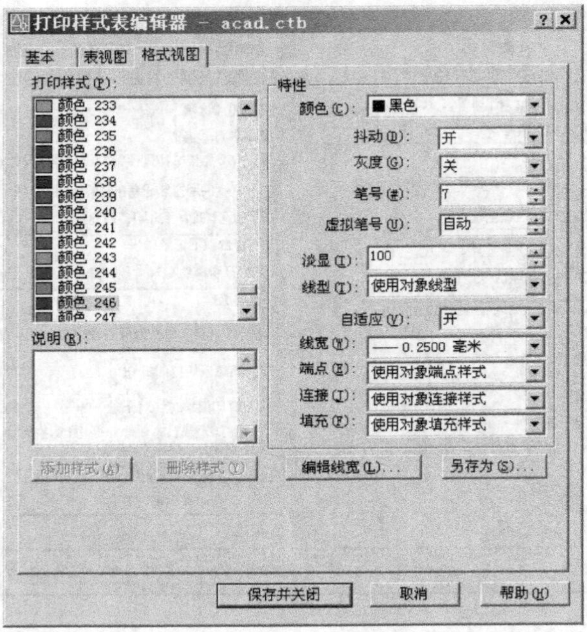

图 8-35　打印样式编辑

8.9.2.2　打印设置

如图 8-34 所示。

（1）图纸尺寸、图纸单位和图纸方向

施工图如为 1 号图，考虑绘图仪对图纸的压边，则选取过大尺寸 ISO A1（横向）；单位为 mm；图形方向为横向。

（2）打印比例

按施工图绘制比例，如选择 1：100。

（3）打印区域

点击"窗口"按钮，在 AutoCAD 绘图区中准确开窗点选施工图图框的左上角和右下角，再点击"预览"按钮，出现的预览图就是输出的图形。如图形不完整，需调整窗口的选择或者绘图比例或者绘图尺寸，直到满意为止。

8.9.3　绘图仪绘出施工图

在图 8-32 中，当预览的施工图符合要求时，点击"应用到布局"按钮，保存本次打印设置，再按"确定"按钮，如果绘图设备正常，就可绘制出完整的施工图图纸。

第9章　建筑结构施工图的组成

本章以一个简单的框架剪力墙结构为例来说明建筑结构施工图的组成，读者可以通过学习本章的内容，对结构施工图要表达的内容及深度有一个初步的了解，结构施工图一般由如下几部分组成。

9.1　结构总说明

结构总说明是结构施工图中的一张纲领性图纸，通常作为结构施工图的首页，结施-01如图 9-1 所示，其内容包括如下几个部分。

9.1.1　设计依据

① 设计采用的现行国家标准结构规范及相关的其他国家标准规范。
② 设计采用的现行行业标准、地方标准。
③ 设计要求，包括如下几个部分。
a. 设计使用年限。
b. 建筑结构的安全等级。
c. 建筑结构耐火等级。

9.1.2　结构抗震设防

① 建筑物设防类别。
② 建筑物所在地的基本设防烈度。
③ 本工程设防烈度。
④ 框架梁、柱、剪力墙抗震等级。
⑤ 场地类别。
⑥ 设计基本地震加速度值。

9.1.3　设计活荷载标准值

① 设计活荷载。
② 风、雪荷载。

208

结构施工图设计总说明

1. 采用现行设计规范、规程标准和设计依据
1.1 建筑结构制图标准　　　　　　　　GB/T 50105—2010
建筑结构可靠度设计统一标准　　　　GB 50068—2001
建筑结构荷载规范　　　　　　　　　GB 50009—2012
建筑抗震设计规范　　　　　　　　　GB 50011—2010
混凝土结构设计规范　　　　　　　　GB 50010—2010
砌体结构设计规范　　　　　　　　　GB 50003—2011
建筑地基基础设计规范　　　　　　　GB 50007—2011
建筑桩基技术规范　　　　　　　　　JGJ 94—2008
1.2 设计使用年限
本工程结构设计使用年限为50年。
1.3 建筑结构的安全等级
本工程建筑结构的安全等级为二级。
1.4 建筑结构构件的安全等级按二级等级设计。
本工程建筑构件耐火等级按二级设计。
2. 结构抗震设计
2.1 建筑物所在地区抗震设防类别　　　丙类
建筑抗震设防烈度　　　　　　　　　7度
框架抗震等级　　　　　　　　　　　三级
剪力墙抗震等级　　　　　　　　　　三级
场地土类别　　　　　　　　　　　　Ⅱ类
设计地震分组　　　　　　　　　　　第一组
3.1 设计基本地震加速度值　　　　　　0.10g
3.1 基本风压：0.40kN/m²
3.2 基本雪压：0.40kN/m²
3.3 施工荷载按各层相应的楼（屋）面活荷载
3.4 使用活荷载标准值
4. 主要结构材料
4.1 混凝土强度等级
基础部分见基础施工图说明。

表1

楼层	柱	墙	梁、板	其他
1～6层	C30	C30	C30	C20

圈梁、压顶梁 C20，过梁同相应构件，预制构件同相应标准图。
4.2 填充墙
框架填充墙及围护端墙采用 A5.0 加气混凝土砌块，
密度级别 B07，砌筑砂浆采用 M5 混合砂浆砌筑。
4.3 钢材
4.3.1 钢筋 <12mm 为 HPB300 钢（Φ，$f_y = 270\text{MPa}$），
钢筋 ≥ 12mm 均为 HRB400 钢（Φ，$f_y = 360\text{MPa}$）。

设计活荷载标准值

办公室：2.0kN/m²
卫生间：2.5kN/m²
楼梯间：3.5kN/m²
上人屋面：2.0kN/m²
商场：3.5kN/m²

钢筋（Φ）及 HRB400 钢（Φ，$f_y = 360\text{MPa}$）。
不同钢筋之间焊接或焊接应同较低强度钢材定标条。
4.3.2 焊条：E4x 用于 HPB300 钢筋焊接；E5x 用
于 HRB400 钢筋焊接。
4.3.3 图中所示有 Φ6 钢筋均等同于 Φ6.5。
4.3.4 现浇板钢筋的箍筋均采用 HRB400 钢
（Φ）。

5. 构造要求
5.1 受力钢筋的混凝土净保护层厚度以箍筋外侧
计算：
基础构件环境类别为二 b，露天构件环境类别为二
a，其他构件环境类别为一。上部结构混凝土环境
类别的采用，施工中根据构件所处环境按表11G101-1
54 页取用。
5.2 钢筋锚固
（1）钢筋锚固
（d 为钢筋直径）
（2）板的底部钢筋伸入支座内长度均应≥5d
伸至支座和支撑构造钢筋锚入支座中心线，目长度≥5d
（3）纵向钢筋的箍筋固长度 LaE 详见11G101-1 第
53 页。
5.3 钢筋的接头
5.3.1 接头、形式及要求
5.3.1 板、梁、构造柱、圈梁搭接内受拉钢筋绑扎搭接头，一般应
采用机械连接或搭接焊接头，当截面钢筋直径相应，先连接，
直径≥22mm 时应采用机械连接接头。其次采用单面搭接焊，以上连接
头应符合《混凝土结构工程施工质量验收规
范》GB 50204—2002 《钢筋机械连接技术规程》JGJ 107—
2010 的要求和进行接头试验。
JGJ 18—2012。《钢筋机械连接技术规程》JGJ 107—
（2）框架柱内的纵向钢筋采用机械连接接头。当
直径≥22mm 时应采用机械连接接头。当接头时使用
接长度 L 采用国家图集 11G101-1 第 55 页。
5.3.2 接头位置应错开，同一连接区段内纵向钢筋接头
（1）接头位置应错开，受力钢筋接头应设在受力较小处。
的位置错开，同一连接区段受力钢筋绑扎搭接接头面积应符合表 2 规定。
为 1.3 倍接头长度，同一连接区段内的受力钢筋截面
面积占受力区段内钢筋接头的百分数应符合表 2 规定。

表2 接头区段内纵向钢筋接头面积的百分率（%）

接头形式	受拉区	受压区
绑扎搭接接头	25	50
焊接接头	50	不限

5.3 受力钢筋接头
（1）梁的底部纵向钢筋接头长在支座或支座两侧 1/3
跨度范围内，不应在跨中 1/3 范围内接长。梁的上部纵
向钢筋接头可选择在跨中 1/3 跨度范围内的受力支座
处接长。
5.4 现浇混凝土板受力钢筋接长及设置
（1）板的底部钢筋，长跨筋置下排，短跨筋置上
网内侧。
（2）板的底部钢筋，短跨钢筋置上排，长跨钢筋置上
网外侧。

（2）当板底与梁底平时，板的下部注明的构造板内中未注明时应置入梁内，
之上。
（3）所有梁内向钢筋绑扎接头在范围内，箍筋加密至同距
5.5 梁
（1）框架梁纵向钢筋接头上范围内，箍筋加密起算出上 L/250（L 为两端悬挑梁或悬挑梁，端
度的两侧）；悬挑梁、板的均应起步，拱高不小于 30。
（2）梁跨度大于 6m 的梁的接头，梁外皮平平时，梁外侧的纵向钢筋应稍做弯折，置于柱、端
主筋内侧。
5.6 柱
框架柱（KZ）纵向构造详见国标 11G101-1 第 57～60 页。
5.7 预应力空心板及圈梁
预应力空心板板跨≤3.900m 时采用 120mm 厚板，>3.900m 时采用 180mm
厚板。
5.8 过梁　所有加气混凝土填充墙中的门窗过梁均根据建施图标注的洞口尺寸选
取，参见图集 03G322-3。
（2）圈梁　构造柱
钢筋混凝土圈梁、构造柱纵向钢筋参见 11G101-1 第 55 页。
5.9 填充墙
5.9.1 填充墙沿框架全高每隔 500～600mm 设 2 Φ 6.5 拉筋，拉筋伸入墙
长度应不小于墙长的 1/3 或全长通长。详见图集 12G614。
5.9.2 填充墙与梁接缝处、上端的 15×15 孔钢丝网。
5.9.3 填充墙端头加柱 0.8mm 的 15×15 孔钢丝网。
内墙必须加柱 300mm 宽、0.8mm 的 15×15 孔钢丝网。
6. 遗留问题
6. 电梯机房及楼梯板待设备定型后另行出图。
7. 选用图集

采用标准图集目录

序号	图集名称	图集号	备注
1	钢筋混凝土过梁	03G322-3	
2	平法标准图集	11G101-1	
3	砌体填充墙结构构造图集	12G614	

框架梁、柱、楼梯纵向受拉钢筋应采用抗震钢筋，要求：
检验所得的抗拉强度实测值与屈服强度实测值的比
值不应小于 1.25；钢筋的屈服强度实测值与标准值的比
值不应小于 1.3；钢筋在最大拉力下的总伸长率实测值不
应小于 9%。

某办公楼

×××建筑设计研究院		工程名称	结构施工图 设计总说明	设计号	2014-01-11
审定		注册师		图别	结施
审核		校对	设计	图号	01
工程负责		工种负责	制图	日期	2014年9月

图 9-1　　　结施-01

③ 施工荷载。

9.1.4　主要结构材料

① 各结构构件所采用的混凝土强度等级，如有抗渗要求应注明混凝土抗渗等级。

② 砌体结构中的砌块材料类别、强度等级及容重；砌筑砂浆的类别及强度等级。

③ 各结构构件所采用的钢筋级别及强度等级。

④ 钢结构构件的材料类别及强度等级。

9.1.5　基础说明

基础说明可以放在基础图中，也可以放在总说明中，其主要内容如下。

① 房屋 0.000 标高的绝对高程。

② 基础形式。

③ 注明地质勘察单位及勘查报告的名称。

④ 持力层的选择。

⑤ 基础构造要求。

⑥ 基础材料及强度等级。

⑦ 防潮层的做法。

⑧ 设备基础的做法。

9.1.6　钢筋混凝土构件的构造要求

① 受力钢筋的混凝土净保护层厚度。

② 钢筋锚固要求及钢筋锚固长度选用表。

③ 钢筋接头。

a. 接头形式及要求。

b. 钢筋搭接长度选用表。

c. 接头位置及数量。

④ 现浇板构造要求。

⑤ 梁构造要求。

⑥ 柱构造要求。

⑦ 剪力墙构造要求。

⑧ 圈梁、构造柱构造要求。

9.1.7　非结构构件构造要求

① 框架填充墙的构造要求。

② 女儿墙构造要求。

9.1.8　特殊说明

① 外加剂的使用要求。

② 新材料、新工艺、新技术的要求。

9.1.9　采用的标准图集

以表格的形式列出本施工图中采用的标准图的图集名称及编号。

9.1.10 遗留问题

① 本施工图遗留的设计问题。
② 需要在施工阶段逐项解决的问题。

9.2 基础施工图

基础施工图主要包括基础平面图、基础大样图、基础构造图、基础说明、基础构件配筋图等几个部分。

9.2.1 基础平面图

基础平面图画法如图 9-2 结施-02 所示，其中包括以下几个部分。
① 建筑物的轴网及轴线尺寸。
② 基础构件布置。
③ 基础构件与轴线的定位尺寸及编号。
④ 与基础相连的上部结构构件布置、编号及定位尺寸。

9.2.2 基础大样图

基础大样图是指主要基础构件的大样图，如桩基础大样、条形基础大样、独立基础大样、挡土墙大样等，样图参考图 9-3 结施-03 所示。

9.2.3 基础构造图

基础构造图是指控制基础构造要求的详图，如地梁钢筋锚固、搭接构造详图，桩基础与承台连接详图，与主、次梁附加箍筋及吊筋详图等。

9.2.4 基础说明

基础说明一般在基础图中，也可以在结构总说明中，其主要内容已经在结构总说明中介绍了，这里就不再介绍。

9.2.5 基础构件配筋图

基础中钢筋混凝土构件的配筋图，如地梁配筋图、挖孔桩配筋图、承台配筋图、挡土墙配筋图等。对于种类比较多的构件，可以采用配筋表的形式。

9.3 柱施工图

柱施工图的画法在工程中因地区不同、设计单位不同和设计人不同方法有很多，常用的方法主要包括以下几种。

9.3.1 柱平表法施工图

柱平法施工图是目前比较常用的画法，它是根据国家建筑标准设计图集《混凝土结构施工图平面整体表示方法制图规则和构造详图》11G101-1（以下简称《平法图集》）中的制图规则绘制的，该规则分为列表注写方式和截面注写方式。

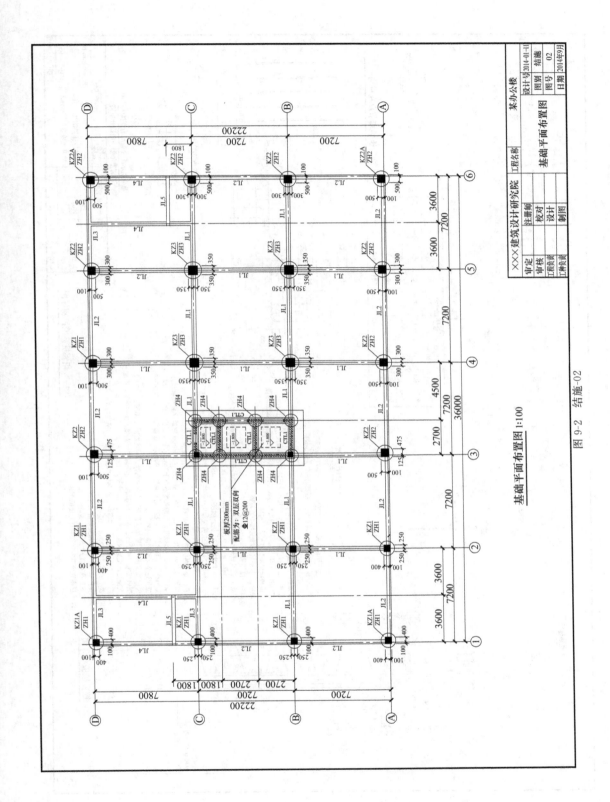

基础平面布置图 1:100

图9-2 结施-02

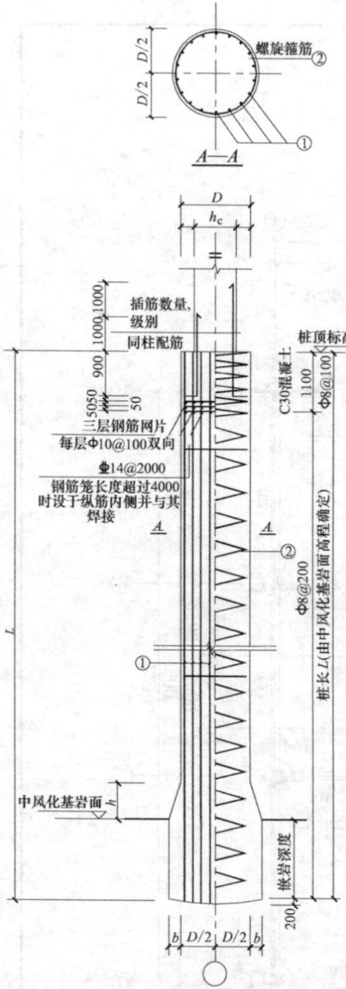

挖孔桩桩身详图

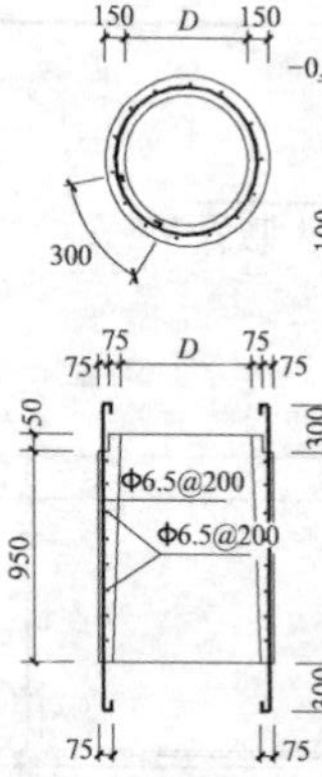

挖孔桩护壁详图

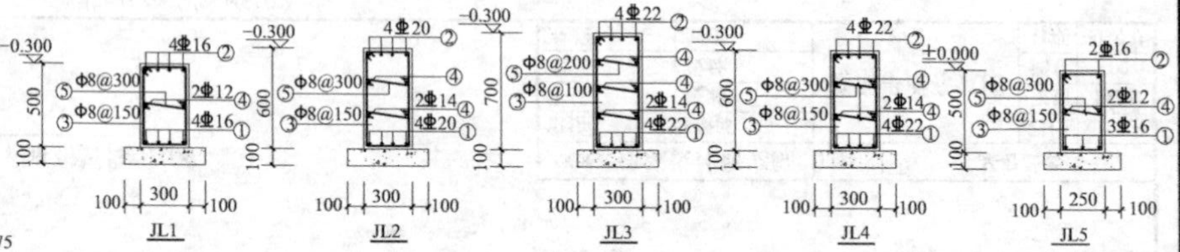

挖孔桩明细表

编号	桩长L (m)	桩径D (mm)	嵌岩深度 H(mm)	桩顶标高 Bg	①	②	b	h
ZH1	桩长L由中风化基岩面高程确定	1100	1100	−0.300	14Φ14	Φ8	100	300
ZH2		1200	1200	−0.300	16Φ14	Φ8	100	300
ZH3		1300	1300	−0.300	14Φ16	Φ8	100	300
ZH4		1000	1000	−2.700	12Φ14	Φ8	100	300

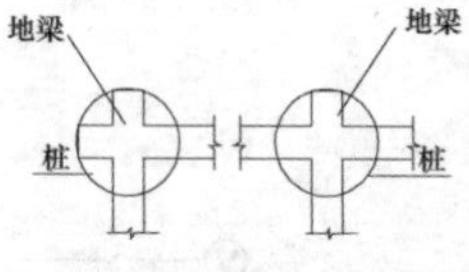

地梁端节点在桩内位置

基础设计说明

1.本工程柱下采用混凝土人工挖孔桩，±0.000=252.70(建筑标高)。
2.本工程根据中国××建筑勘察研究院提供的《某办公楼工程地质勘察报告》进行设计。
3.要求挖孔桩基持力层为中风化砂岩。
其中：挖孔桩基持力层基岩饱和单轴抗压强度标准值 $f_{cr} \geq 10$MPa。
4.基坑开挖至持力层后,必须做岩心试样抗压试验，应由设计,质监,地勘人员现场验槽后方可浇注基础。
5.除标注外,基础均对柱,墙中心布置。
6.材料强度等级和保护层厚度：
混凝土:挖孔桩采用C30,桩顶插筋范围混凝土强度等级同柱混凝土强度，地梁、承台梁、护壁采用C30，垫层采用C15。
钢筋:Φ为HPB300（Ⅰ级）钢筋，Φ为HRB400（Ⅲ级）钢筋。
保护层厚度:挖孔桩主筋混凝土保护层厚度有护壁时采用50mm，无护壁时采用70mm，基梁(JL)承台梁(CTL)采用40mm。
挖孔桩施工时应切实做好护壁,并注意排水，保证施工安全。
7.基坑开挖完毕,应及时清底、封闭，避免基岩长时间裸露风化,降低承载力。基梁内纵筋伸入边柱基础内的长度不小于37d，在桩基础内贯通。基梁、桩身内纵筋不宜有接头,有接头时应采用焊接，同一截面内接头钢筋面积不应超过全部纵筋面积的50%。
基梁的底部纵向钢筋接长在支座或支座两侧1/3跨度范围内,不应在跨中1/3范围内接头。基梁的上部纵向钢筋可选择在跨中1/3跨度范围内接长，不应在支座处或支座两侧1/3跨度范围内接长。
8.室内地面标高处墙顶做1:2水泥砂浆(掺防水粉)防潮层。室内地面标高以下覆盖土的墙面抹1:2防水水泥砂浆。
9.设备基础.预埋件参相应设备工种施工图。
10.桩底标高有高差时，必须满足图一要求。
11.未尽事宜应遵守现行的有关规范.规程。

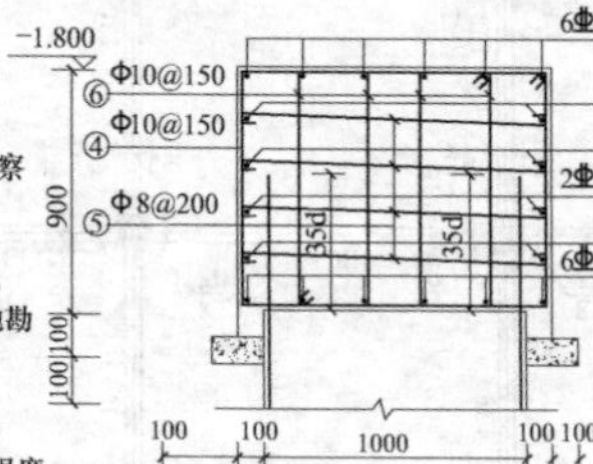

CTL1

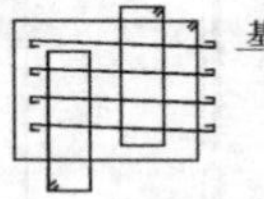

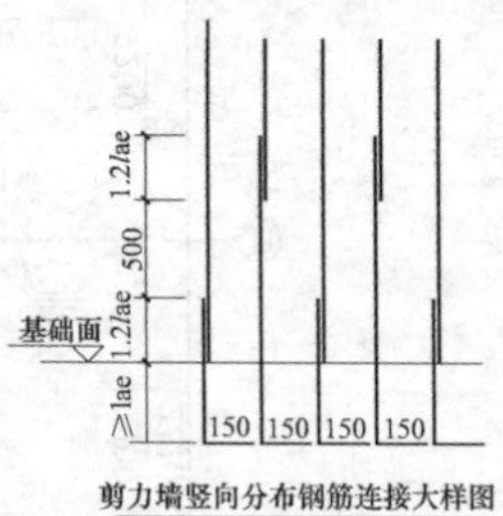

剪力墙竖向分布钢筋连接大样图

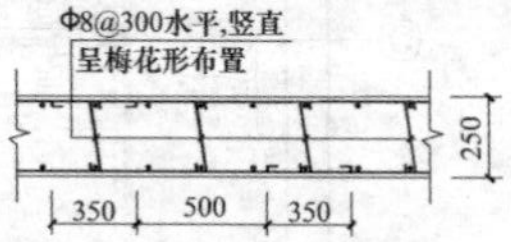

剪力墙水平分布钢筋连接大样图
沿高度每隔一根错开搭接

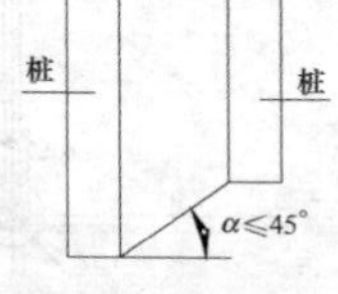

图一 相邻桩高差控制详图

××× 建筑设计研究院				工程名称	某办公楼	
审定		注册师		基础设计说明JL1~JL4 挖孔桩桩身详图CTL1	设计号	2014-01-11
审核		校对			图别	结施
工程负责					图号	03
工种负责		制图			日期	2014年9月

图 9-3 结施-03

(1) 列表注写方式

列表注写方式是在柱平面布置图上（一般只需要采用适当比例绘制一张柱平面布置图，包括框架柱、梁上柱、剪力墙上柱），分别在同一编号的柱中选择一个（有时需选择几个）截面标注几何参数代号；在柱表中注写柱号、柱段起止标高、几何尺寸（含柱截面对轴线的偏心）与配筋的具体参数，并配以各种柱截面形状及箍筋类型图的方式，来表达柱平法施工图。设计人仅需绘制柱平面布置图，柱钢筋的构造详图按《平法图集》11G101-1 中的标准构造详图执行。

柱编号由类型号和序号组成，应符合表 9-1 的规定。编号时，将总高、分段截面尺寸和配筋均相同的编为同一柱号，仅分段截面与轴线的关系不同时，仍可以将其编为同一柱号。

该画法的具体使用方法请用户参照《平法图集》11G101-1。

表 9-1 柱编号

柱类型	代号	序号	柱类型	代号	序号
框架柱	KZ	××	梁上柱	LZ	××
框支柱	KZZ	××	剪力墙上柱	QZ	××
芯柱	XZ	××			

(2) 截面注写方式

截面注写方式，在标准层绘制的柱平面布置图的柱截面上，分别在同一编号的柱中选择一个截面，以直接注写截面尺寸和配筋具体数值的方式来表达柱平法施工图。柱编号规则按表 9-1 执行。

9.3.2 柱表施工图

用 PK 软件的广东地区柱表施工图画法画出柱的施工图，操作过程用户参考本书的第 6 章。

9.3.3 柱断面列表法施工图

柱断面列表法施工图是在柱平面布置图上（一般只需要采用适当比例绘制一张柱平面布置图，包括框架柱、梁上柱、剪力墙上柱），标注柱的编号及截面与轴线的定位尺寸，以列表的形式绘制柱断面，详见图 9-4 结施-04 所示。设计人需要补充绘制柱钢筋构造大样或按照《平法图集》11G101-1 中的标准构造详图执行。

9.3.4 柱大样图画法施工图

柱大样图画法施工图是在柱平面布置图上（一般只需要采用适当比例绘制一张柱平面布置图，包括框架柱、梁上柱、剪力墙上柱），标注柱的编号及截面与轴线的定位尺寸，用 PK 软件的梁、柱分开画的方法绘制柱施工图的大样图。操作过程用户参考本书的第 6 章。

9.3.5 整榀框架画法画柱施工图

对于不规则的框架，如体育场馆的斜框架柱、梁，用以上几种方法无法表达清楚时可以选用此方法。在平面图上标注框架编号，用 PK 软件的框架绘图功能绘制整体框架的施工图，将框架纵剖面，梁、柱断面绘制到一张或几张施工图上。操作过程用户参考本书的第 6 章。

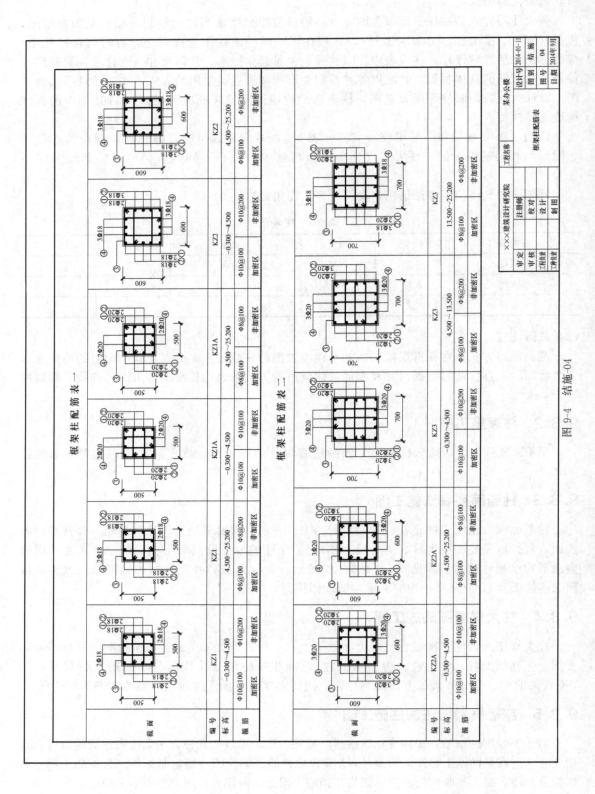

图 9-4 结施-04

9.4 剪力墙施工图

9.4.1 剪力墙平表法施工图

剪力墙平法施工图也是目前比较常用的画法，它也是根据国家建筑标准设计图集《平法图集》11G101-1 中的制图规则绘制的，是在剪力墙平面布置图上采用列表注写方式和截面注写方式表达，钢筋构造要求按图集要求执行。

剪力墙平面布置图可以适当的比例单独绘制，也可以与柱或梁平面布置图合并绘制。

当剪力墙较复杂或采用截面注写方式时，应按标准层分别绘制剪力墙平面布置图。

在剪力墙平法施工图中，还应注明各结构楼层的楼面标高、结构层高及相应的结构层号。

对轴线未居中的剪力墙（包括端柱），应标注其偏心尺寸。

该画法的具体使用方法请用户参照《平法图集》11G101-1。

(1) 列表注写方式

为了表达清楚、简便，剪力墙可视为由剪力墙柱、剪力墙身和剪力墙梁三类构件构成。

列表注写方式是分别在剪力墙柱表、剪力墙梁表和剪力墙身配筋表中，对应剪力墙布置平面图上的编号，用绘制截面配筋图并注写几何尺寸及配筋的具体数值，来表达剪力墙平法施工图，如图 9-5 结施-05 所示。

编号规定：将剪力墙按剪力墙柱、剪力墙身和剪力墙梁（简称为墙柱、墙身和墙梁）三类构件分别编号。

① 墙柱编号。由墙柱类型代号和序号，表达形式应符合表 9-2 的规定。

表 9-2 墙柱编号

墙柱类型	代 号	序 号
约束边缘边缘构件	YBZ	××
构造边缘边缘构件	GBZ	××
非边缘暗柱	AZ	××
扶壁柱	FBZ	××

② 墙身编号。由墙身代号、序号组成，表达形式为：Q××。

③ 墙梁编号。由墙梁类型代号和序号组成，表达形式应符合表 9-3 的规定。

表 9-3 墙梁编号

墙梁类型	代 号	序 号
连梁(无交叉暗撑及无交叉钢筋)	LL	××
连梁(有交叉暗撑)	LL(JC)	××
连梁(有交叉钢筋)	LL(JG)	××
暗梁	AL	××
边框梁	BKL	××

(2) 截面注写方式

截面注写方式是在标准层绘制的剪力墙平面布置图上，直接在墙柱、墙身、墙梁上注写截面尺寸和配筋具体数值的方式来表达剪力墙平法施工图。

绘图时选择适当比例在原位放大绘制剪力墙平面布置图，其中对墙柱绘制配筋截面图；对所有墙柱、墙身和墙梁分别编号，编号原则同列表注写方式，并分别在相同编号的墙柱、墙身、墙梁中选择一根墙柱、一道墙身、一根墙梁进行注写。

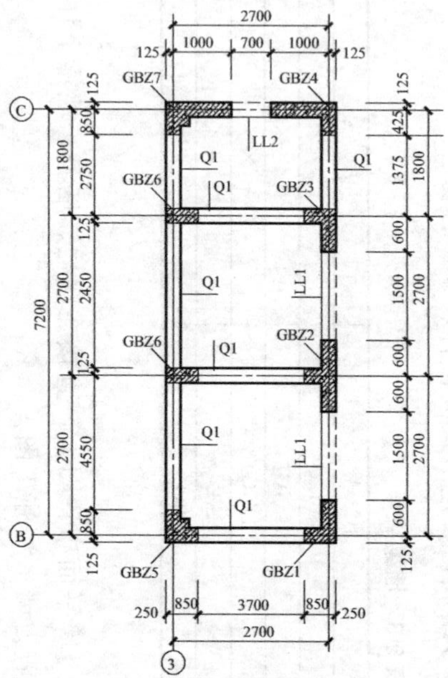

剪力墙柱表

截面	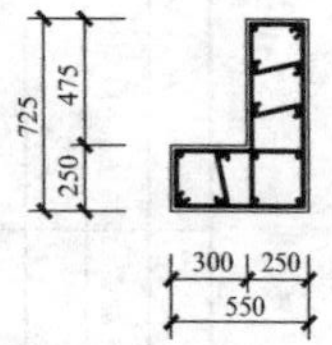 GBZ1	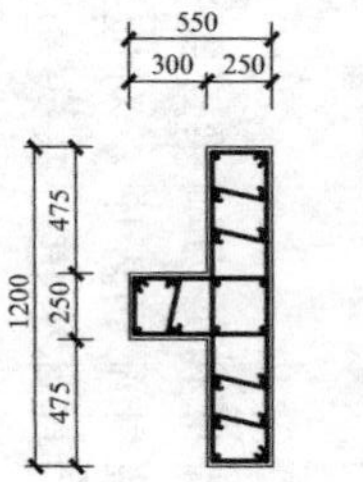 GBZ2	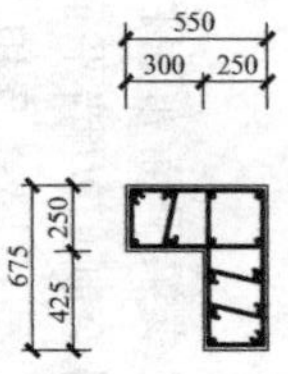 GBZ3
编号	GBZ1	GBZ2	GBZ3
标高	全长	全长	全长
纵筋	14Φ14	20Φ14	14Φ14
箍筋	Φ8@100	Φ8@100	Φ8@100
拉筋	Φ8@200	Φ8@200	Φ8@200

剪力墙梁配筋表

编号	所在楼层号	梁截面 b×h	上部纵筋	下部纵筋	腰筋	箍筋
LL1	1~3	250×2250	4Φ22	4Φ22	Φ12@200	Φ10@100
	4~6	250×1350	4Φ18	4Φ18	Φ12@200	Φ10@100
LL2	1~3	250×2350	4Φ22	4Φ22	Φ12@200	Φ10@100
	4~6	250×1350	4Φ18	4Φ18	Φ12@200	Φ10@100
AL1	每层均设	250×400	4Φ22	4Φ22	2Φ12	Φ10@100

未注明剪力墙连梁、暗梁顶标高均为楼面面标高

剪力墙身配筋表

编号	墙厚(b) mm	标高(m)	水平分部筋	垂直分部筋	拉筋(双向)
Q1	250	-0.300~4.500	Φ10@150	Φ10@150	Φ8@300
	250	4.500~21.300	Φ10@200	Φ10@200	Φ8@400
	250	21.300~25.200	Φ10@150	Φ10@150	Φ8@300

结构楼层楼面面标高 结构层高

层号	标高(m)	层高(m)
6	25.200	3.900
5	21.300	3.900
4	17.400	3.900
3	13.500	4.500
2	9.000	4.500
1	4.500	4.500

剪力墙平面整体配筋图

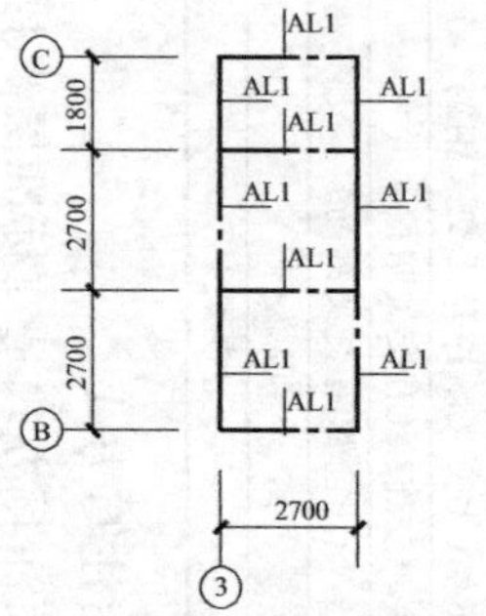

剪力墙暗梁布置图

工程名称	某办公楼	设计号	2014-01-11
	剪力墙配筋图	图别	结施
		图号	05
		日期	2014年9月

×××建筑设计研究院

审定		注册师	
审核		校对	
工程负责		设计	
工种负责		制图	

图 9-5 结施-05

9.4.2　剪力墙大样图画法施工图

剪力墙大样图画法施工图是分别绘制剪力墙平面大样图、剪力墙立面大样图和构件剖面图的方式绘制剪力墙施工图。这是一种传统的绘图方法，对于不规则的剪力墙或用户有特殊要求的剪力墙采用此画法。

9.5　梁施工图

9.5.1　梁平法施工图

梁平法施工图是目前广泛采用的画法，它同样是根据国家建筑标准设计图集《平法图集》11G101-1 中的制图规则绘制的，是在梁平面布置图上采用平面注写方式或截面注写方式表达，钢筋构造要求按图集要求执行，如图 9-6 结施-06 所示。

梁平面布置图，应分别按梁的不同结构标准层，将梁和与其相关的柱、墙、板一起采用适当的比例绘制。

在梁平法施工图中，还应注明各结构楼层的顶面标高及相应的结构层号。

对轴线未居中的梁，应标注其偏心定位尺寸（贴柱边的梁可不注）。

9.5.1.1　平面注写方式

平面注写方式是在梁平面布置图上，分别在不同编号的梁中各选一根梁，在其上注写截面尺寸、配筋和标高的方式来表达梁平法施工图。

平面注写包括集中标注与原位标注，集中标注表达梁的通用数值，原位标注表达梁的特殊数值。当集中标注的某项数值不适用于梁的某部位时，则将该数值原位标注，施工时，原位标注取值优先。

梁编号由梁类型代号、序号、跨数及有无悬挑组成，应符合表 9-4 的规定。

表 9-4　梁编号

梁类型	代号	序号	跨数及有无悬挑
楼面框架梁	KL	××	(××)、(××A)或(××B)
屋面框架梁	WKL	××	(××)、(××A)或(××B)
框支梁	KZL	××	(××)、(××A)或(××B)
非框架梁	L	××	(××)、(××A)或(××B)
悬挑梁	XL	××	
井字梁	JZL	××	(××)、(××A)或(××B)

注：(××A) 为一端悬挑，(××B) 为两端悬挑，悬挑不计入跨数。

例如：KL-7（5A）表示第 7 号框架梁，5 跨，一端悬挑；L-9（7B）表示第 9 号非框架梁，7 跨，两端悬挑。

① 梁集中标注的内容有五项必注值及一项选注值（集中标注可以从梁的任意一跨中引出），规则如下。

a. 梁编号，按表 9-4 规定执行，该项为必注值。

b. 梁截面尺寸，该项为必注值。

c. 梁箍筋，包括钢筋级别、直径、加密区与非加密区间距及肢数，该项为必注值。箍筋的加密区与非加密区的间距及肢数不同时需用斜线"/"分隔；当梁箍筋为同一间距及肢数时，则不需要斜线；当加密区与非加密区的箍筋肢数相同时，则将肢数注写一次；箍筋肢数应写在括号内。加密区范围按图集中相应抗震等级的标准构造执行。

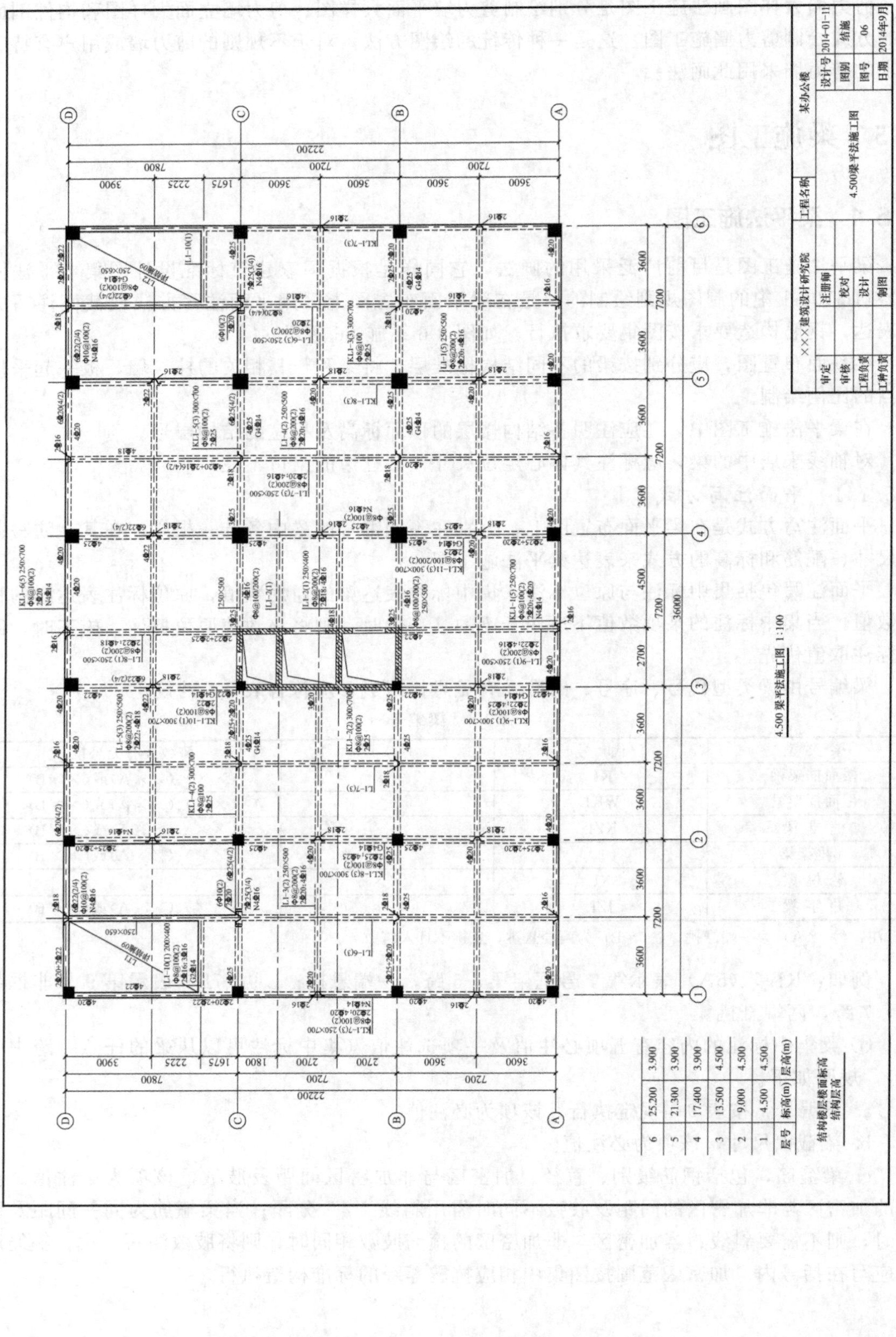

图 9-6 结施-06

例如：Φ10@100/200（4）表示为Ⅰ级钢筋，直径为Φ10，加密区间距为100，非加密区间距200，均为四肢箍筋。Φ8@100（4）/150（2），表示箍筋为Ⅰ级钢筋，直径为Φ8，加密区间距为100，四肢箍；非加密区间距为150，两肢箍。

d. 梁上部通长钢筋或架立钢筋，该项为必注值。

当梁上部纵向钢筋和下部纵向钢筋均为通长钢筋，且多数跨相同时，此项可加注下部纵向钢筋，用分号"；"将上部与下部纵向钢筋分隔开来，少数跨不同者，采用原位标注处理。

例如：3Φ22；3Φ20，则表示梁上部配置3Φ22的通长筋，梁下部配置3Φ20的通长筋。

e. 两侧面纵向构造钢筋或受扭钢筋配置，该项为必注值。

当梁腹板高度 $h_w \geqslant 450\text{mm}$ 时，必须配置纵向构造钢筋，所注规格与根数应符合《混凝土结构设计规范》GB 50010—2010规定。此项注写值以大写字母G打头，注写设置在梁两侧的总配筋值，且对称配置。

例如：G4Φ10，表示梁的两侧共配置4Φ10的纵向构造钢筋。每侧各配置2Φ10。

当梁侧面需配置受扭纵向钢筋时，此项注写值以大写字母N打头，注写配值在梁两个侧面的总配筋值，且对称配置。

例如：N6Φ16，表示梁的两侧共配置6Φ16的纵向抗扭钢筋。每侧各配置3Φ16。

f. 梁顶面标高与楼面标高的高差，该项为选注值。

例如：（-0.450），表示梁顶标高比相对应的楼面标高低450mm。

② 梁原位标注的内容规定如下。

a. 梁支座上部钢筋，该部位含通长钢筋在内的所有纵筋。

• 当上部钢筋多于一排时，用斜线"/"将各排纵筋自上而下分开。例如：梁上部纵向钢筋注写为6Φ22 4/2，则表示梁上部纵向钢筋的上一排纵向钢筋为4Φ22，下一排纵向钢筋为2Φ22。

• 当同排纵筋有两种直径时，用加号"+"将两种直径的纵筋相连，注写时将角部纵向钢筋写在前面。例如：梁上部纵向钢筋注写为2Φ22+2Φ20，则表示梁支座上部钢筋为四根，2Φ22放在角部，2Φ20放在中部。

• 当梁中支座两边的上部钢筋不同时，应在支座两边分别标注；当梁中支座两边的上部钢筋相同时，仅需在支座的一边标注钢筋值，另一边省去不注。

b. 梁下部钢筋

• 当下部钢筋多于一排时，用斜线"/"将各排纵筋自上而下分开。例如：梁下部纵向钢筋注写为6Φ22 2/4，则表示梁下部纵向钢筋的上一排纵向钢筋为2Φ22，下一排纵向钢筋为4Φ22，全部伸入支座。

• 当同排纵筋有两种直径时，用加号"+"将两种直径的纵筋相连，注写时将角部纵向钢筋写在前面。

• 当梁的集中标注中已标注梁上部和下部钢筋均为通长值，且此处的梁下部钢筋与集中标注相同时，则不需要在梁下部重复进行原位标注。

c. 附加箍筋或吊筋，将其直接画在平面图中的主梁上，用引线引注总配筋值（附加箍筋的肢数注在括号内），多数附加箍筋或吊筋相同时，可在梁平法施工图中统一注明，少数与统一注明值不同时，再原位引注。

d. 当在梁上集中标注的内容（即梁截面尺寸、箍筋、上部通长筋或架立筋，两侧向构造筋或受扭筋，以及梁顶面标高差的某一项或几项值）不适用于某跨或某悬挑部分时，则将其不同数值原位标注在该跨或某悬挑梁部位，施工时应按原位标注数值取用。

9.5.1.2 截面注写方式

截面注写方式是在标准层绘制的梁平面布置图上，分别在不同编号的梁中各选择一根梁用剖面号引出配筋图，并在其上注写配筋尺寸和配筋具体数值的方式来表达梁平法施工图。

9.5.2 梁大样图画法施工图

梁大样图画法施工图是在梁平面布置图上（一般只需要采用适当比例绘制一张梁平面布置图，将梁和与其相关的柱、墙、板一起采用适当的比例绘制，包括框架柱、框架梁、非框架梁和剪力墙等），标注梁的编号及截面与轴线的定位尺寸，用 PK 软件的梁、柱分开画的方法绘制梁施工图的大样图。

9.5.3 整榀框架画法梁施工图

此画法在整榀框架画法画柱施工图中已经介绍了，这里就不再介绍。

9.6 楼板施工图

9.6.1 现浇板结构布置图

现浇板结构平面布置图是在结构布置平面图上（一般只需要采用适当比例绘制一张与板相关的梁、柱、墙以及装饰构件的板布置图），绘制板受力钢筋，并标注钢筋的序号、级别、直径及间距，采用分离式布置时应注明支座上部钢筋的切断位置；注明楼面标高，某个房间的板面标高与楼面标高有高差时应注明高差关系；注明板厚，某个房间的板厚与注明的板厚不同时应单独注明。

图 9-7 所示的即为现浇板结构布置平面图，图中①～③轴的板上部钢筋部分采用集中注写方式，即在图中相邻板块上，相同的钢筋不是每块板都标注，而是标注一根钢筋的起始布置和终止布置的范围。

在布置板钢筋时，相同的板底钢筋只需注明其中一根的级别、直径及间距，其他仅需注明序号即可；相同的板面钢筋同样只需注明其中一根的级别、直径、间距和切断点的位置，其他仅需注明序号即可。

9.6.2 预制板结构布置图

当楼板采用预应力空心板时，需要绘出预制板布置图，即在结构布置平面图上（一般只需要采用适当比例绘制一张与板相关的梁、柱、墙以及装饰构件的板布置图），布置预应力空心板；注明楼面标高，某个房间的板面标高与楼面标高有高差时应注明高差关系。

预制板布置图根据铺板的方式可以分为板在梁上布置和板在梁边布置两种，如图 9-8 所示。

对于平面布置简单的可以采用编号归并布置方式，即将预制板布置相同的房间，选择其中之一布置预制板，其他房间仅注明房间编号；对于平面布置较复杂的需要对每个房间布置预制板。

对于预制板布置图，需要在布置图中注明预制板的型号、数量、铺板方向、现浇板带及预制板板缝。预制板板缝的宽度一般是采用统一说明的方式表达，不必在平面图中绘出。

对于结构布置平面图中的个别现浇板可以采用原位标注的方式绘出现浇板的相关信息，也可以索引出用适当的比例放大后单独绘出。

9.7 楼梯施工图

楼梯施工图包括楼梯结构布置平面图与楼梯构件配筋图两部分。

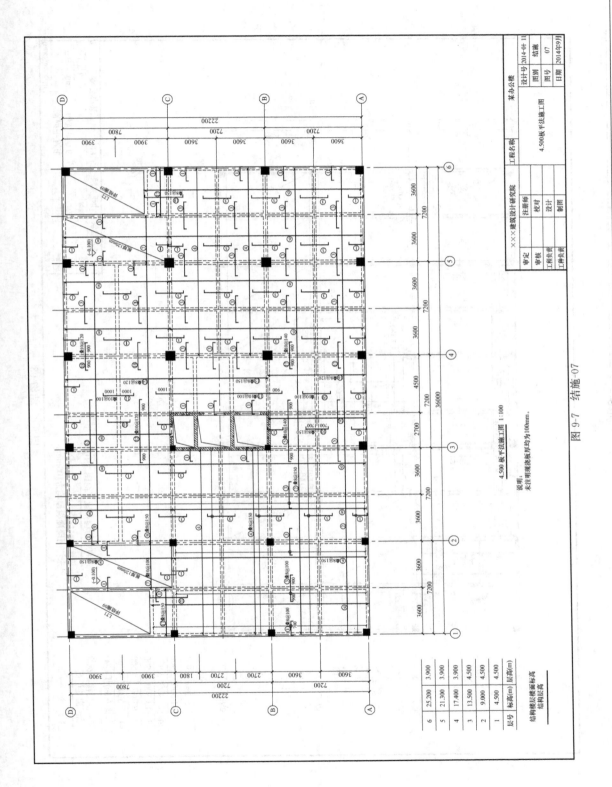

4.500 板平法施工图 1:100

说明：
未注明瓷砖瓷板厚均为100mm。

图 9-7　结施-07

222

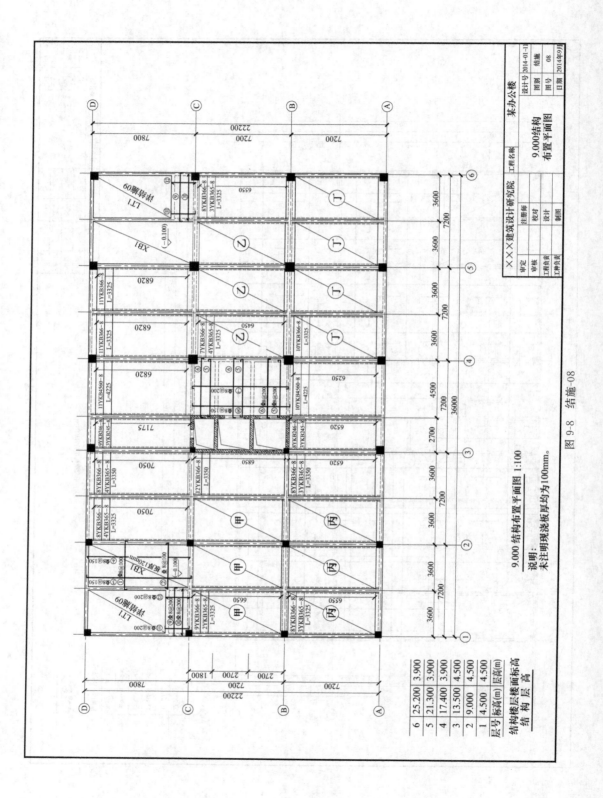

图 9-8 结施-08

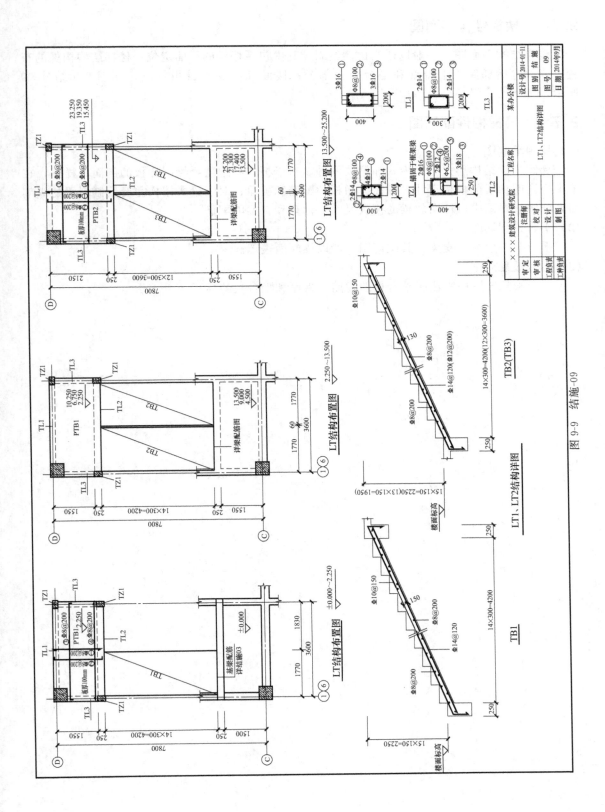

图 9-9　结施-09

9.7.1 楼梯结构平面图

楼梯结构平面图，一般以适当比例绘制，其中包括楼梯的平面定位；楼梯结构构件的布置，一般包括梯跑、平台梁和平台板三部分；楼面标高及平台板标高，如图 9-9 结施-09 所示。

9.7.2 楼梯构件配筋图

(1) 梯跑配筋图

梯跑根据结构形式分为板式和梁式两种。对于板式梯跑需要绘制梯板的剖面大样图，在图中应注明梯板的模板尺寸、标高、梯板的配筋和板厚；对于梁式楼梯需要绘制斜梁的纵剖面大样图，在图中应注明斜梁的模板尺寸、标高和斜梁的配筋。

(2) 平台梁配筋图

平台梁一般为简支梁，其配筋图一般以梁断面表示。

(3) 平台板配筋图

平台板配筋图中需注明平台板的配筋、板厚和平台板的标高。

附　　录

附录 A　SATWE 错误信息表

　　错误信息分两类。一类为致命性错误信息，致命性错误信息在屏幕上用红色汉字提示，在数检报告中以 Error 为题头，对于这类错误信息，用户必须修改；否则，程序无法继续运行，或者即使能够运行，其运行结果也是错误的。另一类为警告性错误，这类错误信息在屏幕上用黄色汉字提示，在数检报告中以 Warn 为题头，在下表中序号后带"＊"者，对于警告性错误信息，希望用户尽可能修改，若工程实际的确如此，也可不改，不影响程序的正常运行。

　　下面列出 SATWE 错误信息。

几何数据文件错误信息表

序号	报错信息	序号	报错信息
1	结点没有被层索引，编号，坐标	24	混凝土梁指定为门式钢梁，编号，层号，端点坐标
2	模型存在重合结点（＜50mm），编号，结点坐标	25	梁的刚度放大系数小于 0，编号，层号，端点坐标
3	线段的端点索引无效，编号，层号，端点坐标	26	柱指定在端点重合的线上，编号，层号，端点坐标
4	线段的端点重合，编号，层号，端点坐标	27	柱塔号超过本层最大塔数，编号，层号，端点坐标
5	网格线与关联刚性板不同层，编号，层号，端点坐标	28	柱指定的线索引无效，编号，层号，端点坐标
6	墙连接关系混乱，编号，定位坐标，编号，定位坐标	29	柱两端均被固定，编号，层号，端点坐标
7	弹性板边存在重叠网格线，板编号，层号，网格线端点坐标	30	柱指定的截面索引无效，编号，层号，端点坐标
8	墙边界存在重叠网格线，墙编号，层号，网格线端点坐标	31	组合截面柱材料指定为钢，编号，层号，端点坐标
9	板定义错误（面积为 0），编号，层号，形心坐标	32	柱的长度小于 50mm，编号，层号，端点坐标
10	墙定义错误（面积为 0），编号，层号，形心坐标	33	横向构件指定为柱，编号，层号，端点坐标
11	区域引用了端点重合的线，编号，层号，形心坐标	34	柱悬空，编号，层号，端点坐标
12	墙区域不封闭，编号，层号，形心坐标	35	与板相连杆件指定为柱，编号，层号，端点坐标
13	区域结点不共面，编号，层号，形心坐标	36	混凝土柱指定为门式刚柱，编号，层号，端点坐标
14	板结点不共面，编号，层号，形心坐标	37	支撑指定在端点重合的线上，编号，层号，端点坐标
15	墙严重扭曲，编号，层号，形心坐标	38	支撑塔号超过本层最大塔数，编号，层号，端点坐标
16	梁塔号超过本层最大塔数，编号，层号，端点坐标	39	支撑指定的线索引无效，编号，层号，端点坐标
17	梁指定的线索引无效，编号，层号，端点坐标	40	支撑两端均被固定，编号，层号，端点坐标
18	梁两端均被固定，编号，层号，端点坐标	41	支撑指定的截面索引无效，编号，层号，端点坐标
19	梁指定的截面索引无效，编号，层号，端点坐标	42	组合截面支撑材料指定为钢，编号，层号，端点坐标
20	组合截面梁材料指定为钢，编号，层号，端点坐标	43	支撑的长度小于 50mm，编号，层号，端点坐标
21	梁的长度小于 50mm，编号，层号，端点坐标	44	支撑悬空，编号，层号，端点坐标
22	梁悬空，编号，层号，端点坐标	45	墙的塔号超过本层最大塔数，编号，层号，上边坐标
23	梁上荷载作用区间错误，编号，层号，端点坐标	46	墙指定的区域索引无效，编号，层号，上边坐标

序号	报 错 信 息	序号	报 错 信 息
47	墙指定的区域存在重合节点,编号,层号,上边坐标	79*	圆弧角度小于 5 度,编号,层号,端点坐标
48	墙的厚度小于 10mm,编号,层号,上边坐标	80*	直线网格线重叠,编号,端点坐标
49	墙的长度小于 60mm,编号,层号,上边坐标	81*	弧线网格线重叠,编号,端点坐标
50	墙洞口参数定义错误,编号,层号,上边坐标	82*	板边界存在重叠网格线,板编号,层号,网格线,网格线端点坐标
51	墙悬空,编号,层号,上边坐标		
52	墙上荷载指定网格线为 0,编号,层号,上边坐标	83*	板区域不封闭,编号,层号,形心坐标
53	墙上荷载指定网格线不在墙内,编号,层号,上边坐标	84*	墙结点不共面,编号,层号,形心坐标
54	板的塔号超过本层最大塔数,编号,层号,形心坐标	85*	梁指定在端点重合的线上,编号,层号,端点坐标
55	板指定的区域索引无效,编号,层号,形心坐标	86*	梁的长度小于 200mm,编号,层号,端点坐标
56	斜板采用了平面内刚性假定,编号,层号,形心坐标	87*	梁的砼强度等级小于 C20,编号,层号,端点坐标
57	板悬空,编号,层号,形心坐标	88*	竖向构件指定为梁,编号,层号,端点坐标
58	刚性板无效约束,编号,层号,形心坐标	89*	梁的倾角超过 45°,编号,层号,端点坐标
59	指定层不含任何构件,层号	90*	梁上加有非适当约束,编号,层号,端点坐标
60	指定层刚性板区域超过 99,层号	91*	梁为悬臂梁,编号,层号,端点坐标
61	指定层不含任何结点,层号	92*	梁长小于与其相交的梁截面,编号,层号,端点坐标
62	结点与关联刚性板不同层,刚性板层号,结点编号,结点坐标	93*	柱的长度小于 300mm,编号,层号,端点坐标
		94*	柱的砼强度等级小于 C20,编号,层号,端点坐标
63	结点约束指定错误,层号,结点坐标	95*	柱的倾角超过 45 度,编号,层号,端点坐标
64	指定层刚性板区域相互连接,层号,板编号	96*	柱上加有非适当约束,编号,层号,端点坐标
65	支座位移不在底层,编号,层号,坐标	97*	支撑的长度小于 200mm,编号,层号,端点坐标
66	工字形截面定义错误,编号	98*	支撑的砼强度等级小于 C20,编号,层号,端点坐标
67	槽形截面定义错误,编号	99*	支撑上加有非适当约束,编号,层号,端点坐标
68	十字形截面定义错误,编号	100*	墙的砼强度等级小于 C20,编号,层号,上边坐标
69	箱形截面定义错误,编号	101*	墙的长度小于 300mm,编号,层号,上边坐标
70	环形截面定义错误,编号	102*	墙被近似为全开洞墙,编号,层号,上边坐标
71	组合槽形截面定义错误,编号	103*	墙上加有非适当约束,编号,层号,上边坐标
72	交叉工字钢截面定义错误,编号	104*	正梯形墙墙梁/柱无法定义,编号,层号,上边坐标
73	钢管混凝土截面定义错误,编号	105*	弹性层号,形心坐标
74	型钢混凝土组合截面定义错误,编号	106*	板的面积过小,编号,层号,形心坐标
75	结点及其关联构件悬空,编号,坐标	107*	板的砼强度等级小于 C20,编号,层号,形心坐标
76	结点关联构件塔号不同,层号,结点编号,结点坐标,关联塔号	108*	板上加有非适当约束,编号,层号,形心坐标
		109*	结点转动自由度将被释放,编号,层号,坐标
77	结点关联杆件均为铰接,编号,层号,结点坐标	110*	结点关联杆件均为虚梁,编号,层号,坐标
78*	线段的长度过短,编号,层号,端点坐标	111*	墙的长度大于 40m,编号,层号,上边坐标

附录 B PKPM 命令方式与简化命令

在 PKPM 系列软件中的常用命令功能都有一个英文命令表示,用户可以直接在屏幕下方的命令提示区输入命令执行其对应的操作。下表为用户提供常用命令及命令别名。

CFG 命令速查表

命令全名	命令别名	说明	命令全名	命令别名	说明
InsFile	I	插入图形	ZFFont	ST	定义字体
InsFile	Ins	插入图形	Text	DT	标注字符
Plot	Print	打印绘图	Number	Num	标注数字
DosC	Dos	DOS 命令	Chinese	CHN	标注中文
Calculat	Calc	计算器	DimPP	DIM	标注点点距离
ToolBars	TO	工 具 条	DimPP	DPP	标注点点距离

命令全名	命令别名	说明	命令全名	命令别名	说明
SnapUcs	UCS	选坐标系	DimPL	DPL	标注点线距离
MoveUcs	MU	拖动 UCS	DimLL	DLL	标注线线间距
Layer	LA	设线宽色	DimCC	DCC	标注弧弧间距
Line	L	两点直线	DimLine	DimL	标注直线
Parallel	LineP	平行直线	DimAngle	DimA	标注角度
PolyLine	Pol	折　线	DimRound	Round	标注精度
DualLine	ML	双折线	InqPP	DI	查询点点距离
DualLine	MLINE	双折线	InqPP	DIST	查询点点距离
DualLine	DL	双折线	InqPP	IPP	查询点点距离
Rectangl	Rec	矩　形	InqPL	DIPL	查询点线距离
Circle	C	圆　环	InqPL	IPL	查询点线距离
Arc	A	圆　弧	InqLL	DILL	查询线线间距
Erase	E	删除图素	InqLL	ILL	查询线线间距
Erase	DEL	删除图素	InqCC	DICC	查询弧弧间距
UNDO	U	撤消一次操作	InqCC	ICC	查询弧弧间距
Rotate	RO	图素旋转	InqR	IR	查询半径
Mirror	MI	图素镜像	InqD	ID	查询直径
Offset	O	偏移复制	InqAngle	IA	查询角度
MoveCopy	AR	平移复制	Layer	LA	设置图层
RotaCopy	ARR	旋转复制	Redraw	R	重新显示
MirrCopy	MC	镜像复制	ZoomAll	RA	显示全图
DragMove	M	图素拖动	ZoomWin	Z	窗口放大
DragEndM	S	端点拖动	ZoomWin	ZW	窗口放大
DragCopy	CP	拖动复制	ZoomPan	P	平移显示
Break	BR	图素截断	ZoomPan	PAN	平移显示
Trim	TR	图素修剪	Zoom2X	Z2X	放大一倍
Extend	EX	图素延伸	ZoomX2	ZX2	缩小一半
Explode	X	图素分解	ZoomX	ZX	比例缩放
Transfor	SC	图素变换	ZoomPIP	ZD	局部放大
Fillet	F	直线圆角	ZoomExt	ZE	充满显示
Change	CH	图素修改	ZoomPrv	ZP	恢复显示
SnpEditT	ET	点取修改字符	ZoomSM	ZSM	实时平移
ReplaceT	RT	文字替换	ZSX	ZSX	实时缩放
			Fill	Fill	填充开关

命令别名是为某条命令定义的别名，一条命令可以有多个别名，程序读取命令别名文件（CFG. ALI）后命令别名与命令全名便具有相同效力，别名重名时以先定义者为准，程序启动后，将到 CFG 目录读取命令别名文件（CFG. ALI）。该文件定义格式如下：每条命令别名定义占一行，包括三项内容：命令别名、命令全名及说明文字。每项以单引号括起来，第一、第二项必须是 9 个字符宽（半角），不够的用空格填满，大、小写无关，第三项说明文字可长可短（但不能换行）。所有命令别名定义完后，以三个“EndOfFile”作为结束行。命令别名及说明文字可由用户指定，但命令全名是系统预设的，不能修改。

PMCAD 软件也可以定义命令别名，命名方法同 CFG 命令别名。取命令别名文件在 PM 安装目录下，文件名为 WORK. ALL。

参 考 文 献

[1] 范幸义. 建筑结构微机 CAD 基础与应用. 重庆：重庆大学出版社，1993.

[2] 范幸义. 建筑结构 CAD 设计与应用. 北京：中国电力出版社，2003.

[3] 甘民. 建筑结构 CAD 设计与实例. 北京：化学工业出版社，2009.

[4] 房屋建筑制图统一标准 (GB/T 50001—2010). 北京：中国计划出版社，2011.

[5] 建筑制图标准 (GB/T 50104—2010). 北京：中国计划出版社，2011.

[6] 建筑结构制图标准 (GB/T 50105—2010). 北京：中国建筑工业出版社，2010.

[7] 混凝土结构设计规范 (GB 50010—2010). 北京：中国建筑工业出版社，2011.

[8] 建筑抗震设计规范 (GB 500112—2010). 北京：中国建筑工业出版社，2010.

[9] 建筑结构荷载规范 (GB 500092—2012). 北京：中国建筑工业出版社，2012.

[10] 砌体结构设计规范 (GB 500032—2011). 北京：中国建筑工业出版社，2012.

[11] 高层建筑混凝土结构技术规程 (JGJ 3—2010). 北京：中国建筑工业出版社，2011.

[12] 平面整体表示方法制图规则和构造详图 (11G101-1). 北京：中国计划出版社，2011.